智能制造领域高素质技术技能人才培养系列教材

西门子数控系统结构及应用
(SINUMERIK 840D sl)

主　编　左　维　陈昌安
副主编　付　强　潘一雷
参　编　吕　洋　骆　鸣　李　巍　孟祥懿
　　　　曾庆炜　包钟彬　张　豪
主　审　杨中力

机 械 工 业 出 版 社

本书较全面地介绍了西门子 SINUMEIRK 840D sl 系统，内容分为 10 章，从系统硬件构建、开机调试、PLC 程序编制调试、驱动分配、精度补偿、网络数据共享到机床联网，贯穿了数控系统调试组网的全过程。本书涉及解决工程中实际问题的众多知识点，覆盖面广，尤其是在系统报警文本编辑与机床联网部分，目前国内少有论述。

本书可作为应用型本科及普通本科数控专业教材，高职高专相关专业师生可选取部分内容进行学习，还可供数控技术人员进行系统调试时参考。

本书配套资源丰富，视频操作以二维码形式穿插于书中，电子教案、习题答案和 PPT 课件可于 www. cmpedu. com 网站下载。

图书在版编目（CIP）数据

西门子数控系统结构及应用：SINUMERIK 840D sl/左维，陈昌安主编. —北京：机械工业出版社，2020. 8（2024. 6 重印）
智能制造领域高素质技术技能人才培养系列教材
ISBN 978-7-111-66253-2

Ⅰ. ①西…　Ⅱ. ①左…　②陈…　Ⅲ. ①数控机床-数控系统-教材
Ⅳ. ①TG659

中国版本图书馆 CIP 数据核字（2020）第 140878 号

机械工业出版社（北京市百万庄大街 22 号　邮政编码 100037）
策划编辑：赵红梅　责任编辑：赵红梅
责任校对：张　力　封面设计：鞠　杨
责任印制：常天培
固安县铭成印刷有限公司印刷
2024 年 6 月第 1 版第 3 次印刷
184mm×260mm · 11. 5 印张 · 284 千字
标准书号：ISBN 978-7-111-66253-2
定价：39. 00 元

电话服务　　　　　　　　　网络服务
客服电话：010-88361066　　机　工　官　网：www. cmpbook. com
　　　　　010-88379833　　机　工　官　博：weibo. com/cmp1952
　　　　　010-68326294　　金　　书　　网：www. golden-book. com
　机工教育服务网：www. cmpedu. com

前　言

Preface

伴随着“中国制造2025”发展纲要的实施，以及国家对高端装备制造技术的日趋重视和国内装备制造技术的发展，搭载高端数控系统的机床尤其是涉及五轴数控机床及机床的网络化、数据化应用越来越广泛，数控行业对从业者的学习能力与技能要求也逐年提升。目前国内高端数控机床安装、调试、维修、升级改造等方面的中高端人才尤为缺乏。在这种人才需求的基础上，编者特联合多年从事西门子数控系统教学科研的教师，吸纳国外在高技能人才培养中先进的经验和理念，结合我国应用型本科的教育特点，精心组织编写了本书。

在现代企业提倡大数据、智能化的背景下，更应该注意到技术型人才的重要性。在应用型本科教学的过程中，编者对此深有体会。应用型本科及高职学生在数控系统领域内应该具备的主要知识及技能有数控系统的软硬件结构、系统的驱动分配与拓扑识别、PLC 的程序编制与开机调试、报警文本的内容编制、精度检测与补偿、CF 卡及硬盘的数据备份与还原、FTP 传输与机床联网等。

目前数控系统的应用广泛，国外厂商中西门子、发那科、海德汉、三菱，国内厂商中广州数控、华中数控等均有较强的特点及社会影响力。但在高端系统的应用中，西门子数控系统无论在五轴机床应用性及多通道稳定性上，尤其在易用性及开放性上具备较强的优势。本书针对西门子高端数控系统 SINUMERIK 840D sl，从系统概述、系统硬件连接、系统开机调试、NC 参数设置、PLC 开机调试、系统报警文本编辑、驱动优化、精度检测与补偿、数据备份及授权管理、系统网络通信与机床联网 10 个方面进行了系统性阐述，并涉及许多对数控系统的使用经验与思考。本书各章结构、内容之间关系如下图：

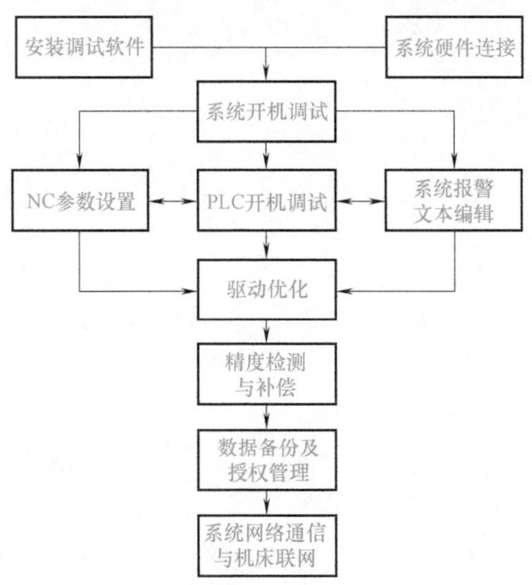

本书配套立体化教学资源，包括PPT课件、电子教案、操作视频、习题答案等内容，方便教学。

本书由天津中德应用技术大学左维、亚龙智能装备集团股份有限公司陈昌安任主编；亚龙智能装备集团股份有限公司付强、潘一雷任副主编；亚龙智能装备集团股份有限公司吕洋、曾庆炜、包钟彬、张豪，天津中德应用技术大学骆鸣、李巍、孟祥懿参与编写。全书由左维统稿，由天津中德应用技术大学杨中力教授主审。感谢西门子（中国）公司数字化工厂集团杨铁峰，天津中德应用技术大学郭泽、裴佳桐、王永强、刘全苗在本书编写过程中给予的支持和帮助。在编写过程中参考了多位同行出版的图书资料，在此表示由衷的感谢。

受限于编者水平，书中难免有不妥和疏漏之处，敬请广大读者批评指正。

编　者

目 录

Contents

第1章 Chapter 1

SINUMERIK 840D sl系统概述

本章将介绍西门子数控系统的简要发展历史及目前西门子数控系统的主要型号类型及其特点，使读者对西门子 SINUMERIK 系列数控系统特别是其中的高端型号 840D sl 有一个总体的认识。在此基础上，介绍西门子 SINUMERIK 840D sl 数控系统常用的调试软件，为后续进一步学习 SINUMERIK 840D sl 数控系统的安装调试奠定坚实的基础。

1.1 西门子数控系统介绍

德国西门子（SIEMENS）股份有限公司是欧洲最大的电器电子公司，是世界十大电子公司之一，是世界排名领先的家用电器制造商。西门子公司生产的产品主要包括电子和通信产品、能源及工业设备、交通和医疗器械，业务遍布欧洲、美洲、亚洲、非洲和澳洲。西门子工业自动化产品，尤其是数控系统产品及其衍生产品，以其性能稳定、功能全面、人机交互界面友好等特点，在企业生产中得到了广泛的应用。

西门子数控产品的研发与应用始于 1960 年，经过 60 年的积累、创新与不断改进，时至今日，已发展成为覆盖低、中、高端，功能全面并能够支持未来智能化制造应用的优良数控产品。

20 世纪 60 年代，西门子工业数控系统在市场上出现，这一代西门子数控系统以继电器控制为主，以模拟量控制和绝对编码器为基础。1964 年，西门子为其数控系统注册了 SINUMERIK 数控品牌并沿用至今。

后来，西门子公司以上述数控系统为基础，推出用于车床、铣床和磨床的基于晶体管技术的硬件产品。

西门子 SINUMERIK 550 数控系统如图 1-1 所示，这一代西门子数控系统开始应用微型计算机和微处理器。在该系统中，PLC（Programmable Logic Controller，可编程逻辑控制器）开始集成到控制器中。

西门子 SINUMERIK 3 数控系统如图 1-2 所示，西门子 SINUMERIK 840C 数控系统如图 1-3 所示。自西门子 SINUMERIK 840C 数控系统推出后，西门子公司开始开放数控自定义功能，公布 PC 和 HMI 开放式软件包。基于系统的开放性，显著地扩大了西门子 OEM 机床制造商定制其设备的可能性。

西门子 SINUMERIK 840D 数控系统、SINUMERIK 810D 数控系统、SINUMERIK 802D 数控系统如图 1-4～图 1-6 所示。此系列数控系统将人与机器相关的安全功能集成到软件中，并采用面向图形界面编程的 ShopMill 和 ShopTurn 帮助操作人员通过简单的培训快速上手，易于实现操作和编程。

图 1-1　SINUMERIK 550 数控系统

图 1-2　SINUMERIK 3 数控系统

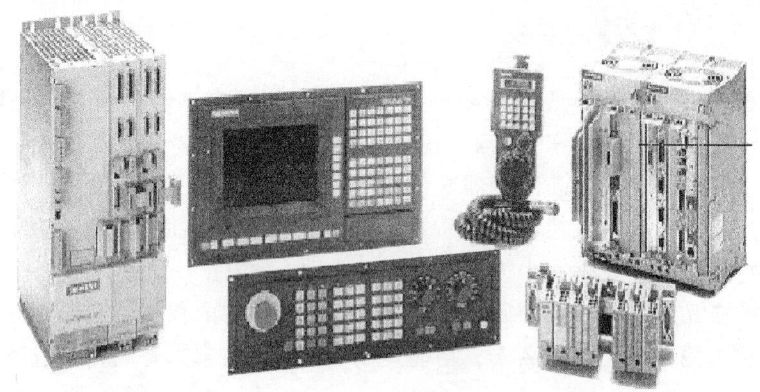

图 1-3　SINUMERIK 840C 数控系统

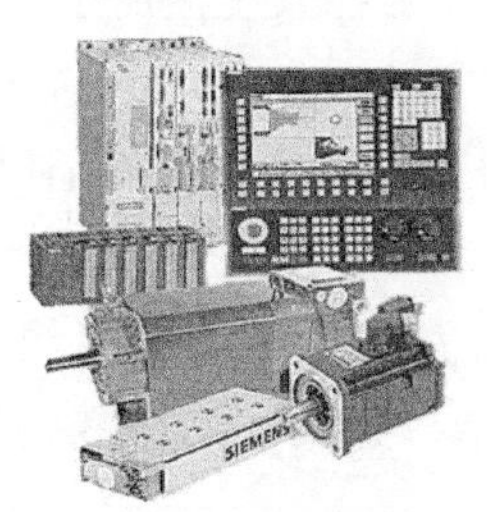

图 1-4　SINUMERIK 840D 数控系统

图 1-5　SINUMERIK 810D 数控系统

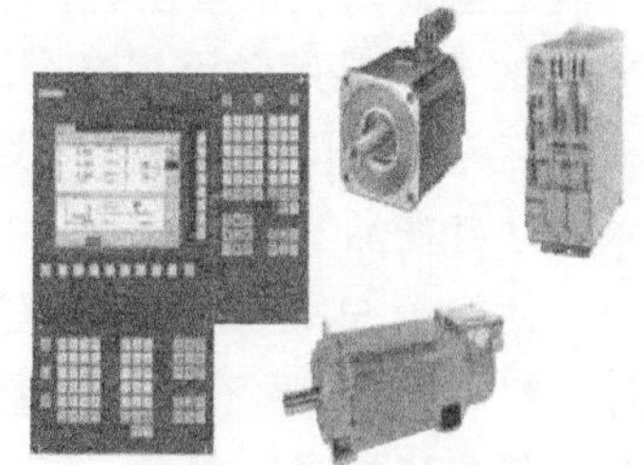

图 1-6　SINUMERIK 802D 数控系统

2013 年后，西门子公司顺应潮流，推出了最新的 SINUMERIK840D sl、828D 和 808D 数控系统。

1. SINUMERIK 808D 数控系统简介

SINUMERIK 808D 系列数控系统为西门子公司面向新一代智能制造的普及型数控系统系列，采用基于操作面板的紧凑型结构，可应用于高性能普及型数控车床与数控铣床，目前为西门子公司主推的普及型数控系统系列，可取代 SINUMERIK 802S/C 数控系统。

目前，SINUMERIK 808D 数控系统主要有 SINUMERIK 808D 和 SINUMERIK 808D ADVANCED 两个型号，这两个型号在支持的控制轴数量和匹配的硬件上有所区别。它们的主要性能比较见表 1-1。

表 1-1 SINUMERIK 808D 不同型号的性能比较

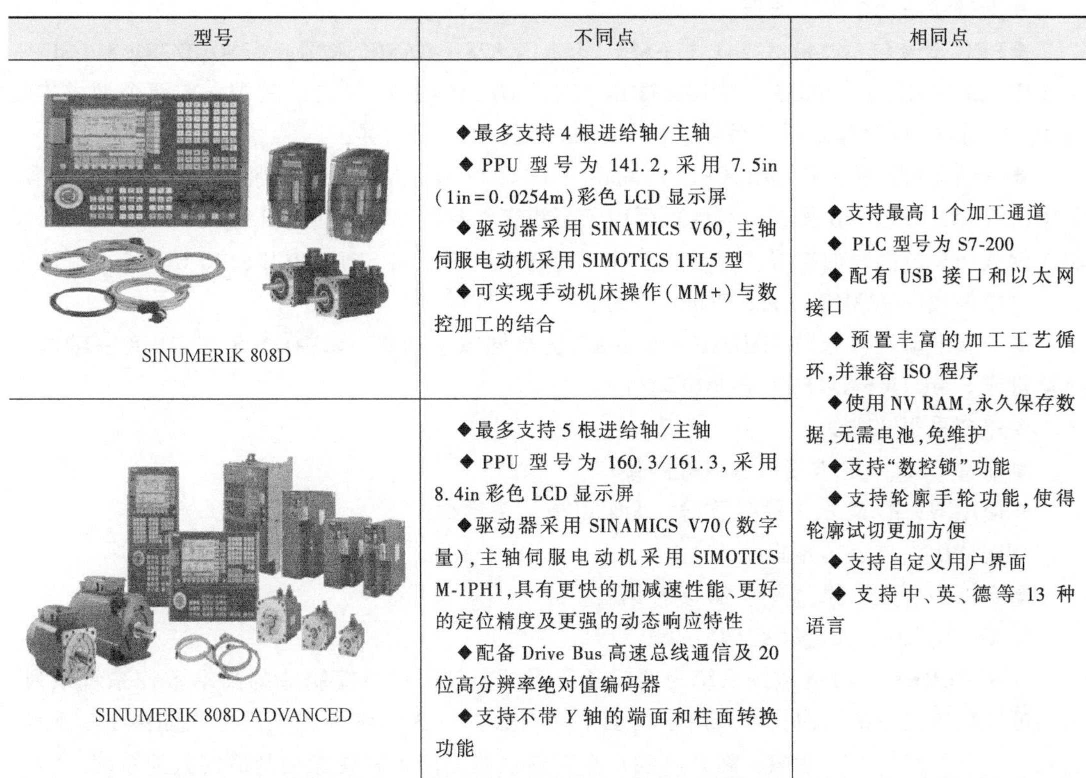

型号	不同点	相同点
SINUMERIK 808D	◆最多支持 4 根进给轴/主轴 ◆ PPU 型号为 141.2，采用 7.5in (1in=0.0254m)彩色 LCD 显示屏 ◆驱动器采用 SINAMICS V60，主轴伺服电动机采用 SIMOTICS 1FL5 型 ◆可实现手动机床操作(MM+)与数控加工的结合	◆支持最高 1 个加工通道 ◆ PLC 型号为 S7-200 ◆配有 USB 接口和以太网接口 ◆预置丰富的加工工艺循环，并兼容 ISO 程序 ◆使用 NV RAM，永久保存数据，无需电池，免维护 ◆支持"数控锁"功能 ◆支持轮廓手轮功能，使得轮廓试切更加方便 ◆支持自定义用户界面 ◆支持中、英、德等 13 种语言
SINUMERIK 808D ADVANCED	◆最多支持 5 根进给轴/主轴 ◆ PPU 型号为 160.3/161.3，采用 8.4in 彩色 LCD 显示屏 ◆驱动器采用 SINAMICS V70(数字量)，主轴伺服电动机采用 SIMOTICS M-1PH1，具有更快的加减速性能、更好的定位精度及更强的动态响应特性 ◆配备 Drive Bus 高速总线通信及 20 位高分辨率绝对值编码器 ◆支持不带 Y 轴的端面和柱面转换功能	

2. SINUMERIK 828D 数控系统简介

SINUMERIK 828D 系列数控系统为西门子公司面向新一代智能制造的标准型车削、铣削和磨削机床，采用基于操作面板的紧凑型数控系统，如图 1-7 所示。该系统适用于数控加工中心和基本型卧式加工中心，平面及内外圆磨床，支持配置副主轴、动力刀头和 Y 轴的双

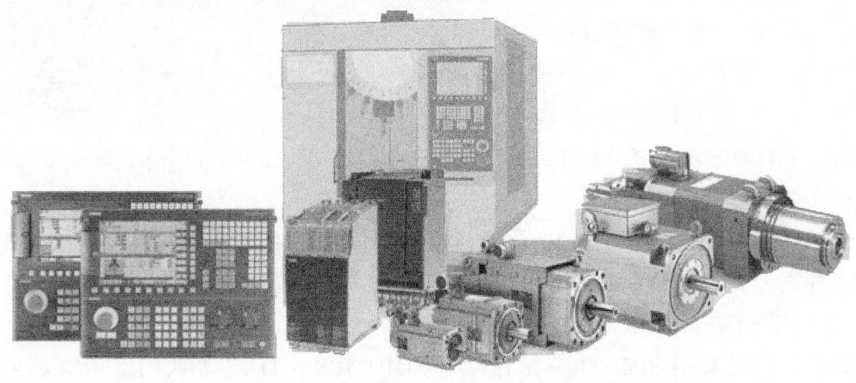

图 1-7 SINUMERIK 828D 数控系统

通道车床。其优秀的智能控制算法及出色的驱动和电动机技术确保了系统极高的动态响应性能和加工精度。

SINUMERIK 828D 系列数控系统目前包括 SINUMERIK 828D BASIC、SINUMERIK 828D 和 SINUMERIK 828D ADVANCED 三个型号，其主要特点如下：

◆支持最多 10 根进给轴/主轴；

◆支持最高两个加工通道；

◆PPU 型号包括 240.3/241.3（SINUMERIK 828D BASIC 采用）、280.3/281.3（SINUMERIK 828D 采用）、290.3（SINUMERIK 828D ADVANCED 采用）。其中，前两个型号均配备 10.4in 彩色 LCD 显示屏，后者采用 15.6in 彩色 LCD 显示屏；

◆驱动器可选用 SINAMICS S120 Combi 一体型和 SINAMICS S120 紧凑书本型两个型号。其中，SINAMICS S120 紧凑书本型既可用于当机床轴数较多且超过 SINAMICS S120 Combi 控制的轴数功率范围时的扩展，也可用于当机床功率范围超出 SINAMICS S120 Combi 控制能力时，直接替代 SINAMICS S120 Combi 使用；

◆伺服电动机可选用 SIMOTICS S-1FK7 进给伺服电动机、SIMOTICS M-1PH8 主轴伺服电动机或 SIMOTICS T-1FW6 转矩电动机；

◆PLC 采用 S7-200；

◆配有 USB、CF 卡接口和以太网接口；

◆使用 NV RAM 永久保存数据，无需电池，免维护；

◆支持用户自定义界面；

◆支持中、英、德、法等 20 多种语言。

3. SINUMERIK 840D sl 数控系统简介

SINUMERIK 840D sl 数控系统为西门子公司面向新一代智能制造的高端数控系统系列，采用模块化数控系统结构，可应用于市面上所有数控机床的各种加工任务，如图 1-8 所示，它是一种高稳定性、高性能、高开放性、高扩展性且面向未来智能化制造的数控系统。

SINUMERIK 840D sl 数控系统系列目前包括 SINUMERIK 840D sl BASIC、SINUMERIK 840D sl 两个型号。其主要性能特点如下：

◆支持最多 93 根进给轴/主轴；

◆支持最高 30 个加工通道；

◆将 CNC、HMI、PLC、闭环控制和通信功能组合在一个 SINUMERIK 数控单元（NCU）上，并可通过配合使用 PCU 提高操作性能；

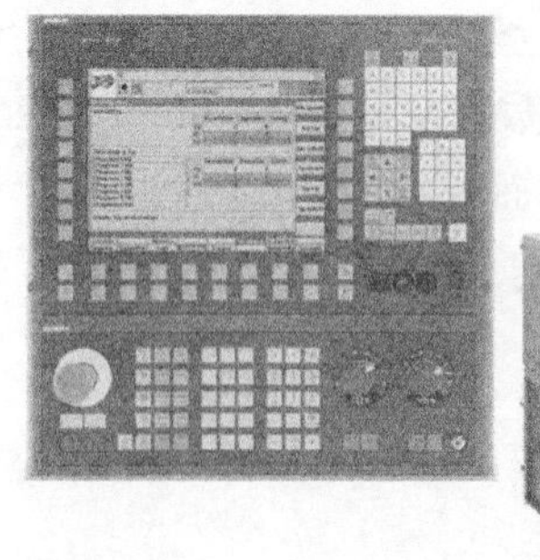

图 1-8　SINUMERIK 840D sl 数控系统

◆驱动器可选用 SINAMICS S120 系列，根据具体使用情况的不同可以有 Combi、紧凑书本型（这两种主要用于 SINUMERIK 840D sl BASIC），以及模块型、书本型、装机装柜型（这三种主要用于 SINUMERIK 840D sl）；

◆伺服电动机可选用 SIMOTICS S-1FK7、SIMOTICS S-1FT7 等西门子所有型号的进给和主轴伺服电动机，包括同步电动机、异步电动机、直线电动机等；

◆PLC 采用 S7-300；

◆开放的 HMI 和 NCK 使机床能满足不同客户的个性化需求；

◆具有基于以太网的通信解决方案和强大的 PLC/PLC 通信功能；

◆支持以太网、DRIVE-CLiQ 网络、PROFIBUS 网络通信。CNC 程序和数据主存储器（缓存）最大可达 10MB，还可使用 CF 卡扩展。数据存储和备份支持软盘、U 盘、CF 卡、硬盘及以太网方式；

◆采用 DRIVE-CLiQ 接口的通信方式显著降低设备的布线成本，且组件间的距离可达 100m；

◆诊断方式提供报警与提示信息、报警及信息履历、梯形图的动态显示、远程诊断功能；

◆支持中、英、德、法等 20 多种语言。

本书后面将重点对 SINUMERIK 840D sl 数控系统的相关内容进行介绍。

1.2 SINUMERIK 840D sl 常用调试软件介绍

SINUMERIK 840D sl 数控系统在进行连接调试、硬件组态、PLC 编译等过程中，需要使用多种专用软件，涉及的种类比较庞杂。为了便于读者后续学习和实践，这里对 SINUMERIK 840D sl 数控系统调试过程中经常使用的软件进行介绍。读者可以先下载并安装相关软件，以方便在后续学习中使用。

1. STEP7

STEP7 是西门子公司出品的一款编程软件，用于西门子系列工控产品，包括 SIMATIC S7、M7、C7 和基于 PC 的 WinAC 的编程、监控和参数设置，是 SIMATIC 工业软件的重要组成部分。

STEP7 的软件版本包括 STEP7 Basic、STEP7、STEP7 Professional、STEP7 Lite 和 STEP7 Micro 等。其中，STEP7 是用于 S7-300/400 的编程软件，编程方式可使用 LAD（Ladder，梯形图）、STL（Step Ladder Instruction，步进梯形图）和 FBD（Functional Block Diagram，功能框图）三种编程语言。

2. SINUMERIK 840D sl Toolbox

SINUMERIK 840D sl Toolbox 用于 PLC 创建用户程序，为 PLC 用户程序的创建提供基本程序及其他组件。该软件应在已经安装 STEP7 软件的前提下才可以使用，并且所安装的 Toolbox 版本为 V4.7。

3. Access MyMachine

Access MyMachine 用于实现 SINUMERIK 840D sl 控制器与运行 Windows 操作系统的计算机之间的远程操作。该软件可用于在远程计算机与控制器之间传输数据（如零件程序）。其中包含一个查看器，用于远程查看和更改控制器设置（具体取决于访问权限）。此外，该软件也可用于用户报警文本的编辑，以及创建和恢复控制系统 CF 卡上的镜像文件，方便执行维修和调试任务。

4. WinSCP

WinSCP 用于实现 SINUMERIK 840D sl 控制器与运行 Windows 操作系统的计算机之间的

远程操作，例如，传输、复制、删除 NCU 中的文件。另外，请谨慎删除 NCU 系统文件，否则可能会造成系统崩溃。图 1-9 为建立连接后的 WinSCP 界面。WinSCP 与 NCU 的连接这里不再赘述，请读者参阅 SINUMERIK 840D sl 简明装调手册进行学习。

5. VNC-Viewer

SINUMERIK 840D sl 的 NCU 内置有 VNC Server。通过使用 VNC-Viewer 软件，可以显示和操作 SINUMERIK 840D sl 的 HMI/Operate。图 1-10 为 VNC-Viewer 软件连接界面。具体连接 HMI/Operate 的方法请参阅 SINUMERIK 840D sl 简明装调手册。

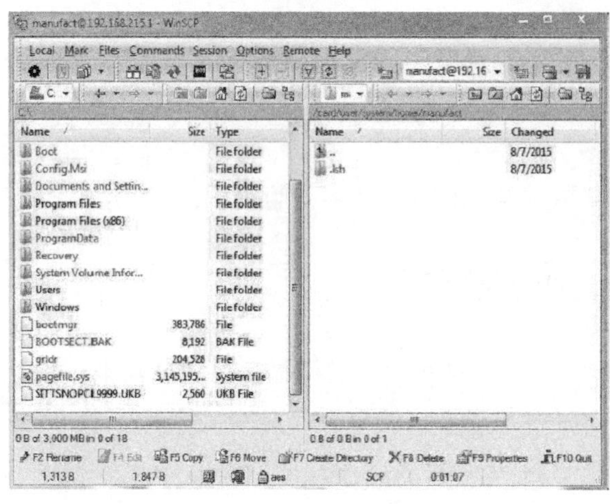

图 1-9 WinSCP 软件界面

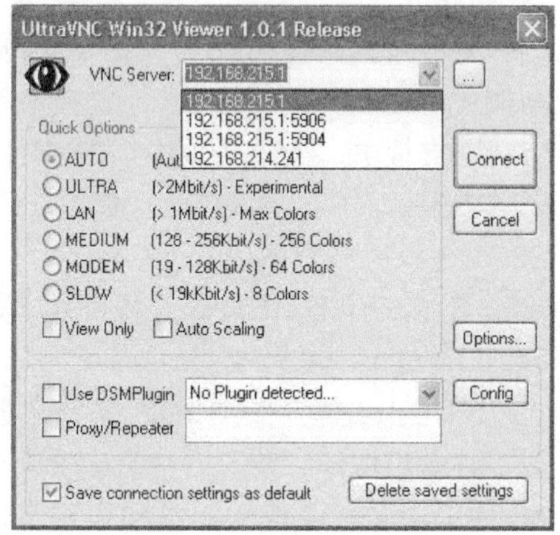

图 1-10 VNC-Viewer 软件连接界面

6. STARTER

STARTER 软件用于 SINAMICS 驱动系统的调试，能够实现在线监控、参数修改、故障检测和复位，以及跟踪记录等强大功能。在安装 STARTER 软件前，请确保已经安装了 STEP7。安装完成后，应确定是否安装了 SSP SINUMERIK SINAMICS Int V4.7 补丁，若没有，请完成相关的安装。STARTER 软件的使用界面如图 1-11 所示，具体使用方法请参阅

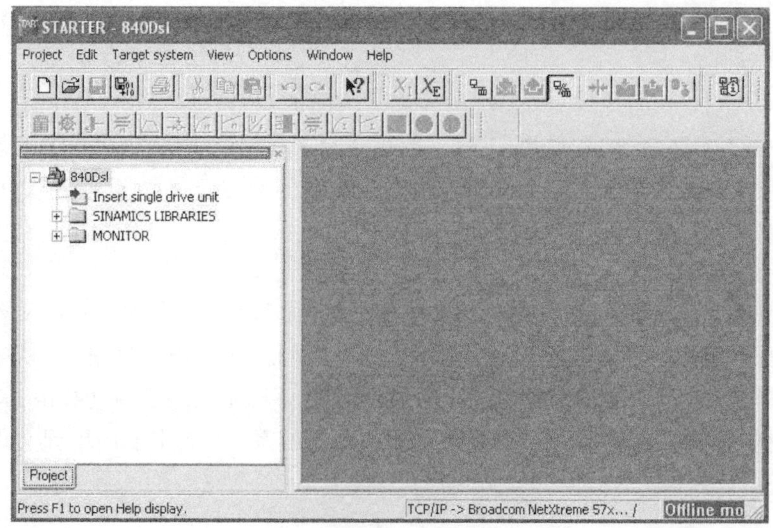

图 1-11 STARTER 软件使用界面

SINUMERIK 840D sl 简明装调手册。

1.3 STEP7 V5.5 软件的安装

STEP7 V5.5 软件的安装步骤如下。

STEP7 V5.5 4 软件安装

1）下载 STEP7 V5.5 软件并解压后，进入文件夹，双击图 1-12 所示圈注的应用程序图标。

CD_1	2015/9/11 18:46	文件夹	
CD_2	2015/9/11 18:46	文件夹	
Autorun.inf	2008/4/15 1:20	安装信息	1 KB
README.RTF	2010/10/13 3:18	RTF 文档	710 KB
ReadMe_OSS.rtf	2010/6/16 6:15	RTF 文档	582 KB
READMEK.RTF	2010/10/12 1:21	RTF 文档	1,521 KB
READMEK_OSS.rtf	2010/9/23 2:32	RTF 文档	582 KB
Setup.exe	2010/2/11 6:50	应用程序	252 KB
Setups.cfg	2008/2/22 3:48	CFG 文件	1 KB

图 1-12 STEP7 软件的安装（一）

2）点选安装程序界面的语言版本，然后单击“Next”按钮，如图 1-13 所示。

3）在图 1-14 所示界面中选择接受上述条款（图中黑点所选项目），然后单击“Next”按钮。

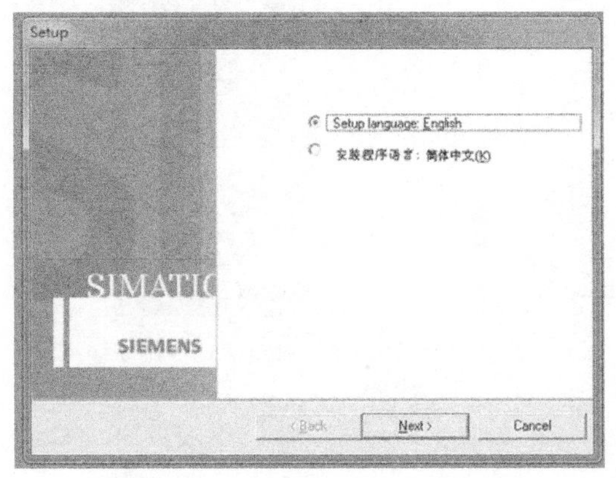

图 1-13 STEP7 软件的安装（二）

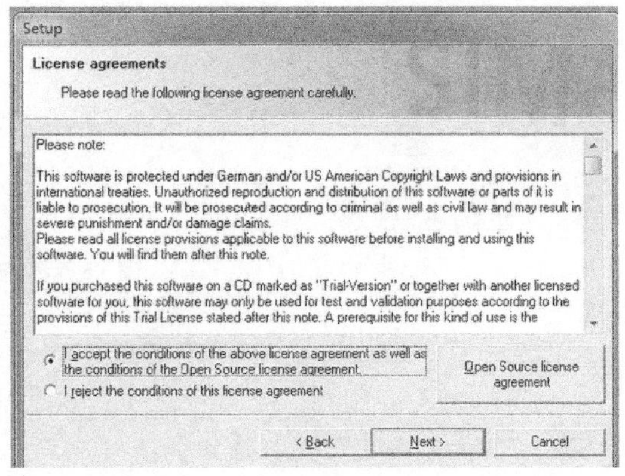

图 1-14 STEP7 软件的安装（三）

4）在图 1-15 所示界面中选择所要安装的组件（建议全部选中），若欲修改安装路径，请单击“Browse”按钮调整路径。

5）进入图 1-16 所示界面后，勾选“I accept the change to the system settings”，然后单击“Next”按钮。

6）之后一直单击“Next”按钮直至完成安装，期间会要求输入名称（用户名、公司名）、选择安装方式（Typical、Minimal、Custom）、选择安装软件语言等，以上均可以按照默认方式进行安装，这里不再列图说明。

7）安装完成后，会提示重新启动操作系统，如图 1-17 所示，此时，重新启动即可。

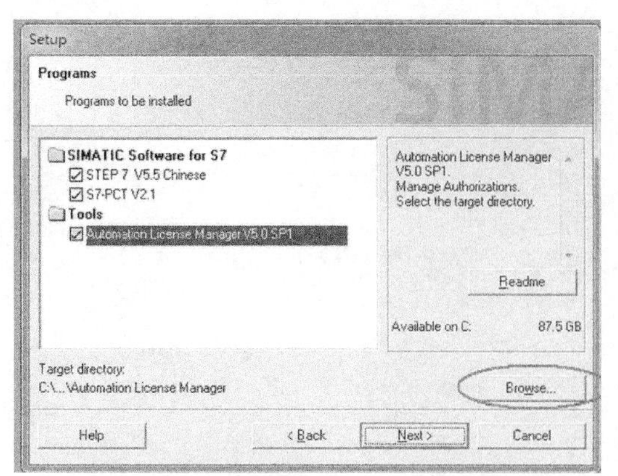

图 1-15　STEP7 软件的安装（四）

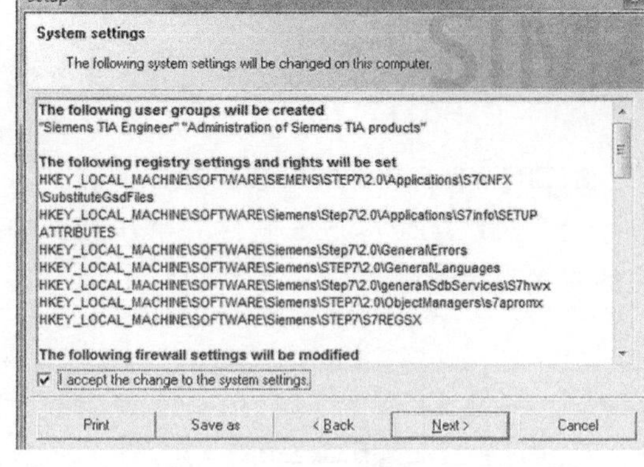

图 1-16　STEP7 软件的安装（五）

8）全部完成后，会在计算机桌面上出现图 1-18 所示的图标，其中，SIMATIC Manager 为 STPE7 主程序，使用时单击该图标即可，至此，软件安装完成。

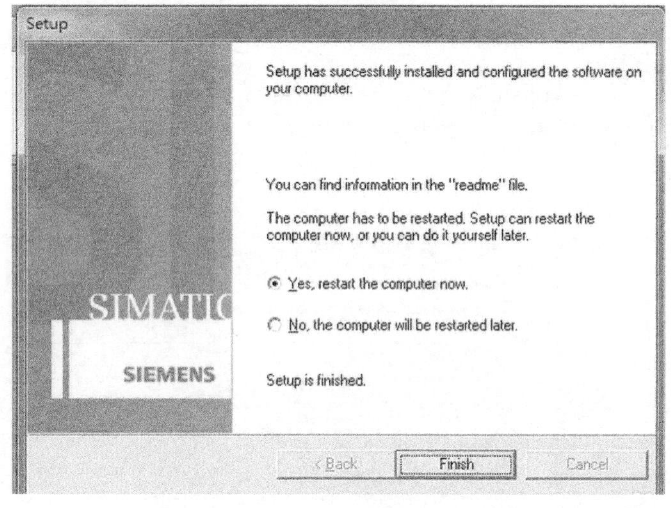

图 1-17　STEP7 软件的安装（六）

图 1-18　STEP7 软件的安装（七）

STEP7 V5.5 软件安装经验分享：

1）STEP7 V5.5 以上版本支持安装在 Windows 10 操作系统中，因此，若在 Windows 10 操作系统中安装，请下载 V5.5 以上版本；

2）在安装过程中，请确保安装软件所在路径和软件安装路径中全部为英文字符；

3）若在安装过程中出现要求重新启动操作系统的对话框，且重新启动后仍然弹出该对话框影响软件安装的情况，可尝试进入操作系统注册表，将“HKEY_ LOCAL_ MACHINE \ SYSTEM \ CurrentControlSet \ Control \ Session Manager”路径下的“Pending-File Rename Operations”删除，即可解决该问题（注意：该键值在系统重新启动后会再次生成，因此若多次安装软件，需反复删除该键值）；

4）在进行软件安装时有先后顺序的要求，在安装 Toolbox 软件前需要先安装 STEP7 软件。

1.4 SINUMERIK 840D sl Toolbox 软件的安装

Toolbox 软件安装

Toolbox 软件的安装步骤如下。

1）图 1-19 所示为 SINUMERIK 840D sl Toolbox 软件文件夹下的文件，双击 Setup 文件，一直单击“Next”按钮完成安装即可。图 1-20 为 SINUMERIK 840D sl Toolbox 文件夹中的内容。

8x0d	2017/9/4 11:28	文件夹	
BasicProgramArchive	2017/9/4 11:28	文件夹	
Licenses	2017/9/4 11:28	文件夹	
Readme_OSS	2017/9/4 11:28	文件夹	
autorun	2010/3/4 16:08	安装信息	1 KB
liesmich	2014/4/14 15:25	Rich Text Format	12 KB
readme	2014/4/14 15:26	Rich Text Format	12 KB
Setup	2015/1/13 11:53	应用程序	1,527 KB
Setups.cfg	2015/2/9 17:32	CFG 文件	1 KB

图 1-19　SINUMERIK 840D sl Toolbox 安装文件

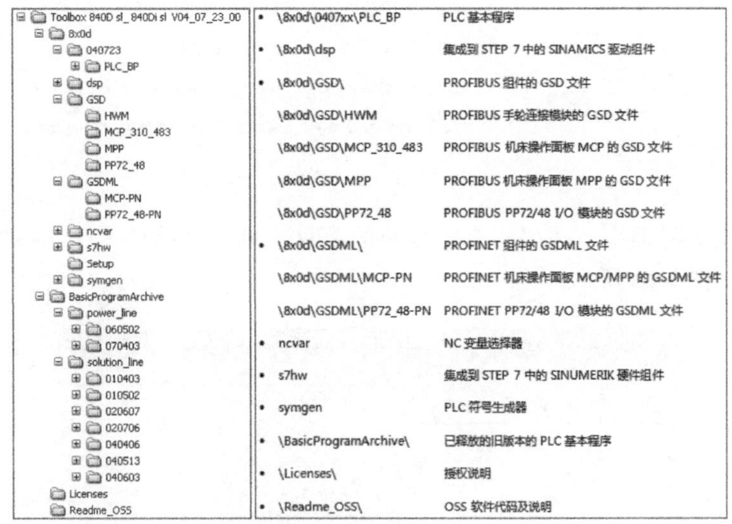

图 1-20　SINUMERIK 840D sl Toolbox 文件结构

2）在 SINUMERIK 840D sl Toolbox 软件安装过程中，当出现图 1-21 所示界面时，选项中，PLC-Basic Program for 840D sl 和 SINUMERIK Add-on for STEP7 必须选择安装，NC-VAR Selector 和 PLC Symbols Generator 可根据需要选择安装。其中，NC-VAR Selector 用于 PLC 程序读写 NCK 和驱动变量选择、保存。PLC Symbols Generator 用于生成 STEP7 项目的符号，保存到 NCU 的 CF 卡中，以便在 SINUMERIK 操作中可以显示 PLC 符号注释。

3）图 1-22 所示的文件为 MCP/MPP、PP72/48 的硬件文件，在标准的 STEP7 硬件列表中是不包含这些文件的，因此需要安装这些 GSD/GSDML 文件，其流程如下：

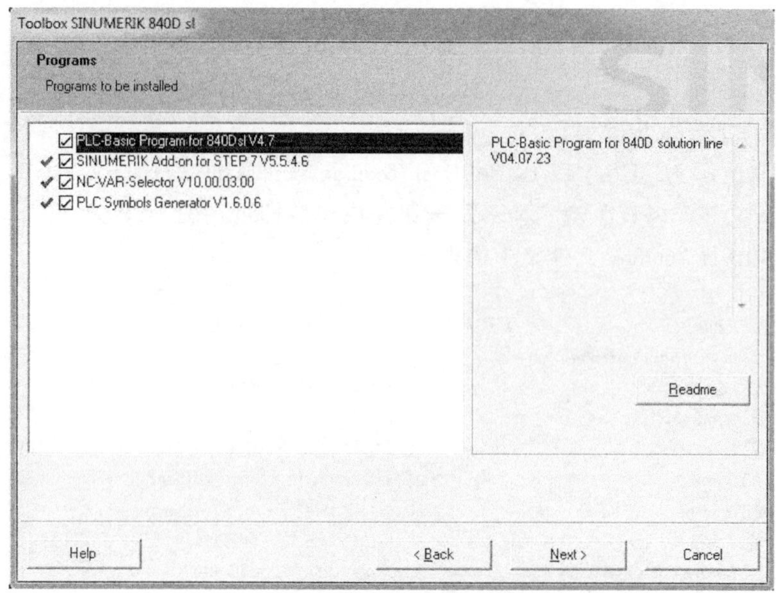

图 1-21　SINUMERIK 840D sl Toolbox 安装界面

图 1-22　MCP/MPP、PP72/48 硬件文件

① 在硬件组态界面中，关闭所有已打开的项目，单击菜单栏“Options”下的“Install GSD File…”，如图 1-23 所示。

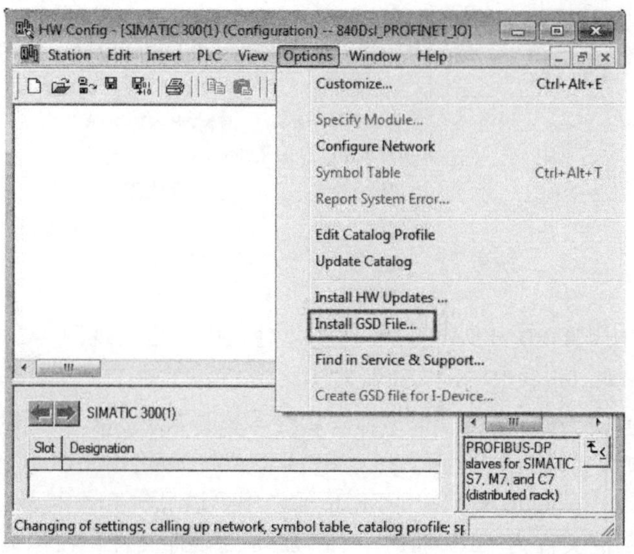

图 1-23　安装 PROFIBUS/PROFINET 组件（一）

② 在弹出的界面中单击“Browse”按钮，找到 GSD/GSDML 文件所在目录（注意：需要预先将包含 GSD/GSDML 的文件复制到硬盘根目录下），单击“OK”按钮，选择需要安装的文件，单击“Install”按钮进行安装，如图 1-24 所示。

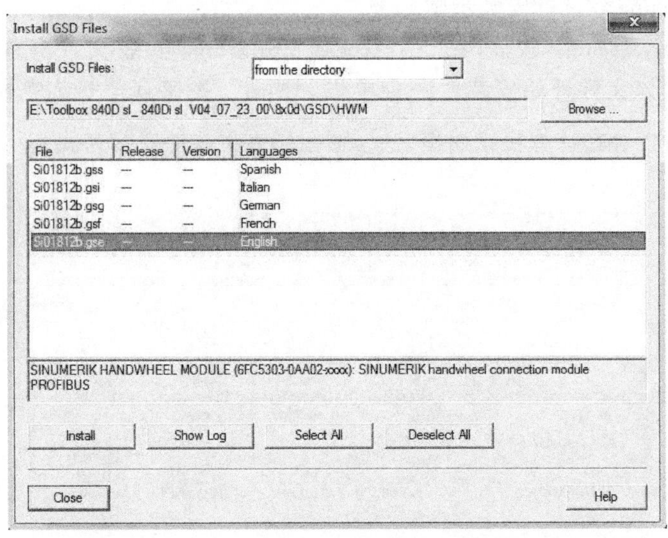

图 1-24 安装 PROFIBUS/PROFINET 组件（二）

安装完成后，出现图 1-25 所示的提示框，此时单击“OK”按钮。

③ 在硬件组态界面中单击菜单栏“Options”中的“Update Catalog”更新硬件列表。更新完成后，在硬件列表中便可以找到“MCP/MPP”“PP 72/48”，如图 1-26 所示。

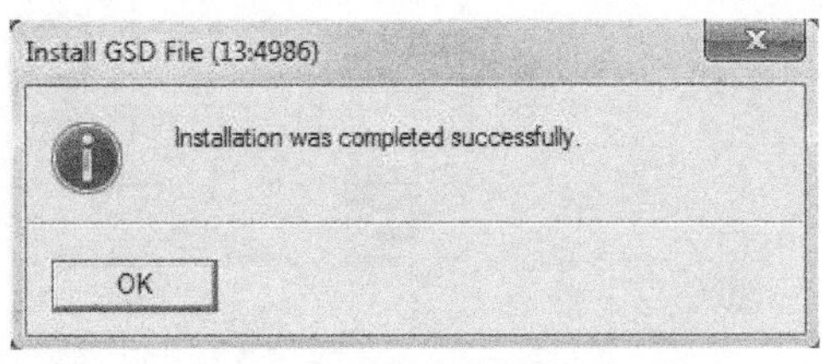

图 1-25 安装 PROFIBUS/PROFINET 组件（三）

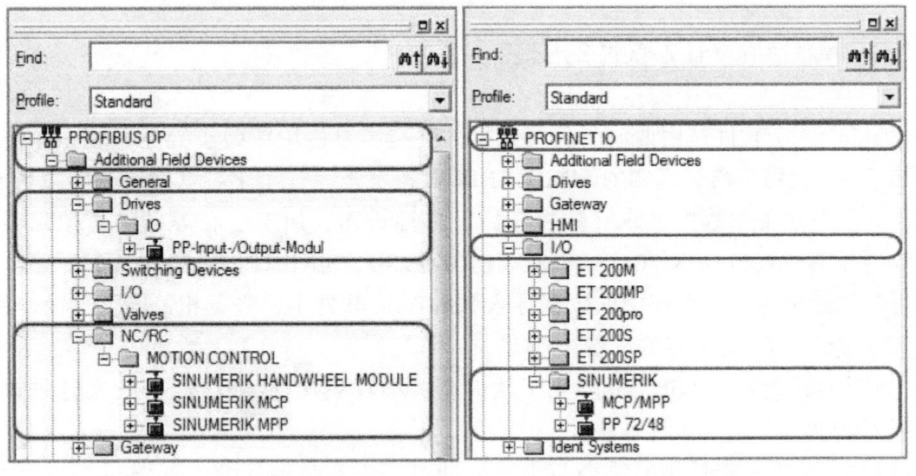

图 1-26 安装 PROFIBUS/PROFINET 组件（四）

1.5 Access MyMachine 软件的安装

Access MyMachine 软件的安装步骤如下。

安装 Access MyMachine 软件时，在 Access MyMachine 安装文件夹根目录下找到 Setup. exe 文件，双击该文件开始安装，一直单击“Next”按钮直至安装完成即可，如图 1-27 所示。安装完成后，会在计算机桌面出现图标，表明软件安装完成。

图 1-27　Access MyMachine 安装文件

1.6 SinuTrain V4.7 软件的安装

SinuTrain V4.7 软件是由西门子公司开发的，是学习使用西门子数控系统一个不可或缺的、安装于 PC 上用于模拟真实的 SINUMERIK 数控系统运行操作环境的一款模拟仿真软件。使用该软件，可在常用数控机床（数控车床、数控铣床、加工中心等）中虚拟出西门子数控系统各型号（SINUMERIK 808D、SINUMERIK 828D、SINUMERIK 840D sl）的真实操作环境，并可将实际机床数控系统中的数据导入 SinuTrain 软件中，进行相关验证与操作。

1. SinuTrain V4.7 软件的安装

1）如图 1-28 所示为 SinuTrain V4.7 软件相关的安装文件，双击 setup 文件进入安装界面，如图 1-29 所示。

2）根据安装提示选择相关语言与组件，即可完成软件的安装，如图 1-30 和图 1-31 所示。安装完成后，会在计算机桌面出现图标，表明软件安装完成。

名称	修改日期	类型	大小
licenses	2016/11/1 11:33	文件夹	
setup	2016/11/1 11:34	文件夹	
autorun	2010/4/22 19:06	安装信息	1 KB
liesmich	2016/7/22 20:59	Rich Text Format	1,556 KB
readme	2016/7/22 20:59	Rich Text Format	1,497 KB
setup	2013/3/8 17:42	应用程序	293 KB
Setups.cfg	2013/3/13 21:06	CFG 文件	1 KB
siemensd	2016/8/1 14:12	文本文档	2 KB
siemense	2016/8/1 14:12	文本文档	2 KB
SinuTrain_booklet	2016/7/26 19:38	Adobe Acrobat ...	2,194 KB

图 1-28　SinuTrain V4.7 安装文件

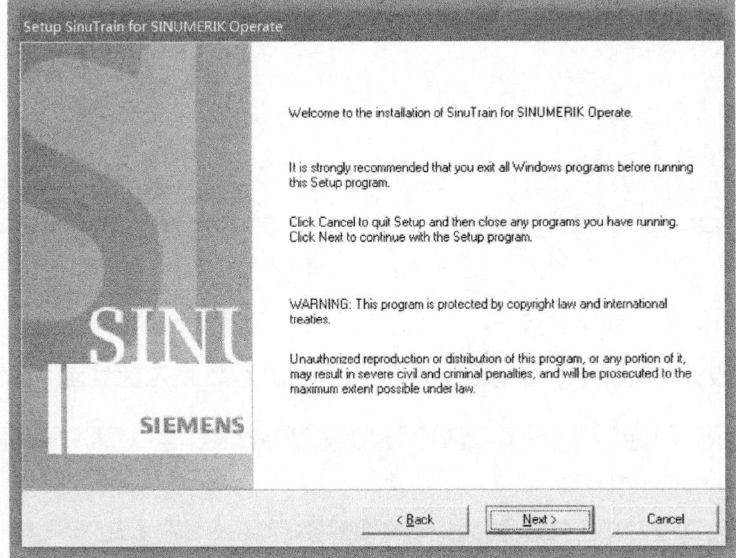

图 1-29　SinuTrain V4.7 安装界面（一）

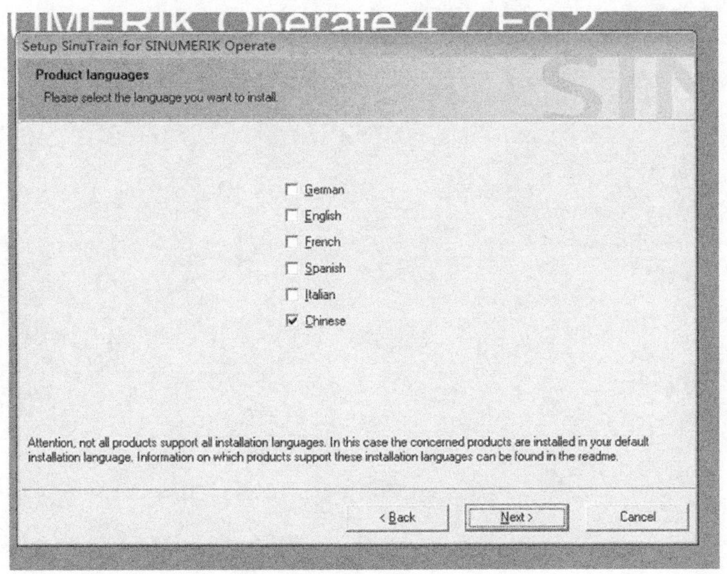

图 1-30　SinuTrain V4.7 安装界面（二）

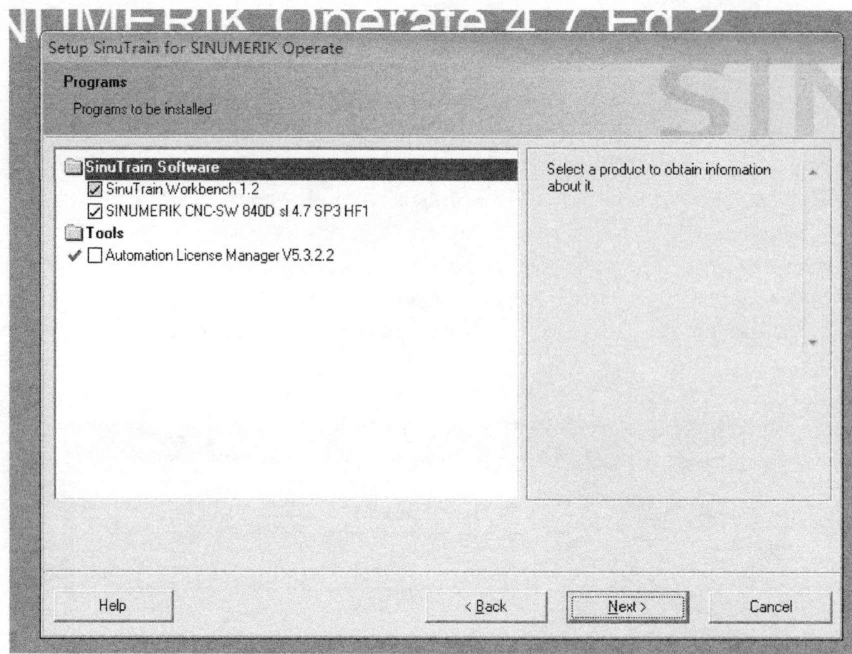

图 1-31　SinuTrain V4.7 安装界面（三）

2. SinuTrain V4.7 软件应用

1）使用模板创建新机床。双击图标，弹出如图 1-32 所示的界面。

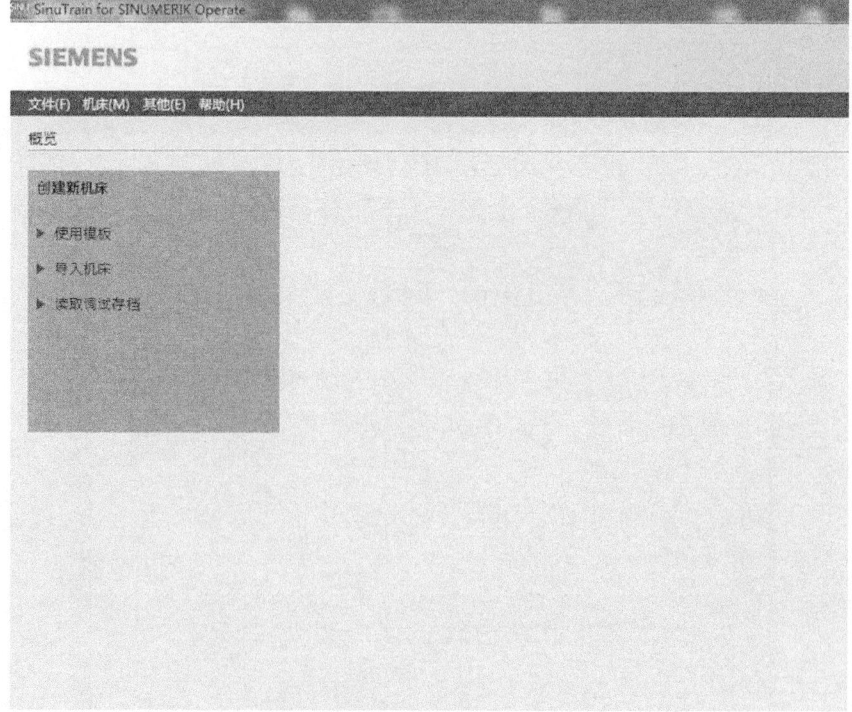

图 1-32　SinuTrain V4.7 主界面

单击“使用模板”选项，即可显示如图 1-33 所示的机床配置界面，根据使用需要选择系统型号和机床类型，再单击“创建”按钮即可完成机床的创建，进入图 1-34 所示的模拟操作界面。

SINUTRAIN FOR
机床类型　DEMO-Lathe
通过数控软件创建　840D sl 4.7 SP2 HF1
机床名称　DEMO-Lathe
描述　SP1-spindle (main spindle), X-axis (linear geometry axis), Z-axis (linear geometry axis), SP3-spindle (driven tool)
导入图片　请选择一幅图片。
分辨率　640x480
语言　Simplified Chinese - 简体中文
创建　取消

图 1-33　“使用模板”创建机床的配置界面

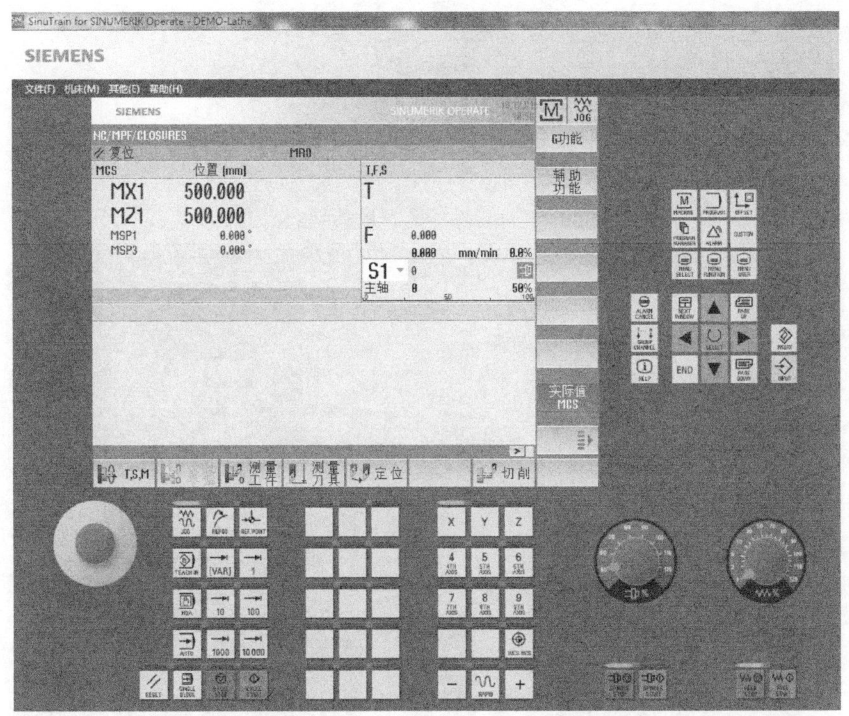

图 1-34　“使用模板”创建的机床模拟操作界面

2）使用真实机床数据创建模拟机床。在图 1-32 所示 SinuTrain V4.7 主界面中，单击“读取调试存档”选项，从计算机中选中真实机床备份的调试文档，如图 1-35 所示，填写机床名称，再单击“读取调试存档”按钮，在 SinuTrain V4.7 软件主界面中便自动生成图 1-36 所示机床图标，单击该图标可进入模拟机床操作界面，如图 1-37 所示。

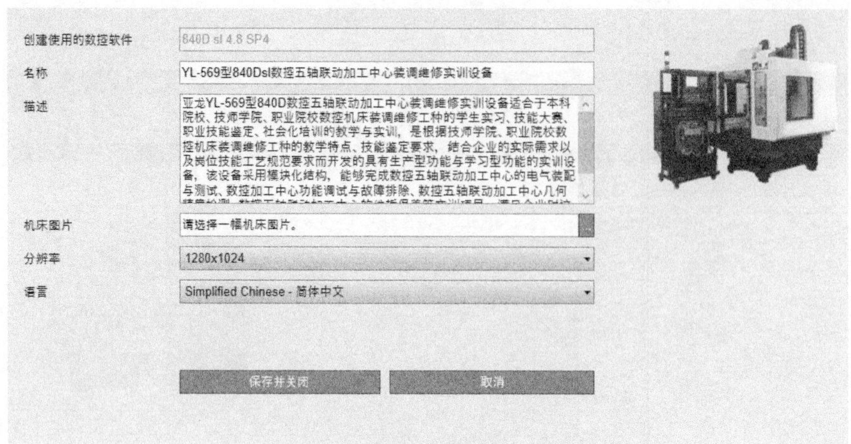

图 1-35 SinuTrain V4.7 读取调试存档界面

图 1-36 SinuTrain V4.7 生成的机床图标

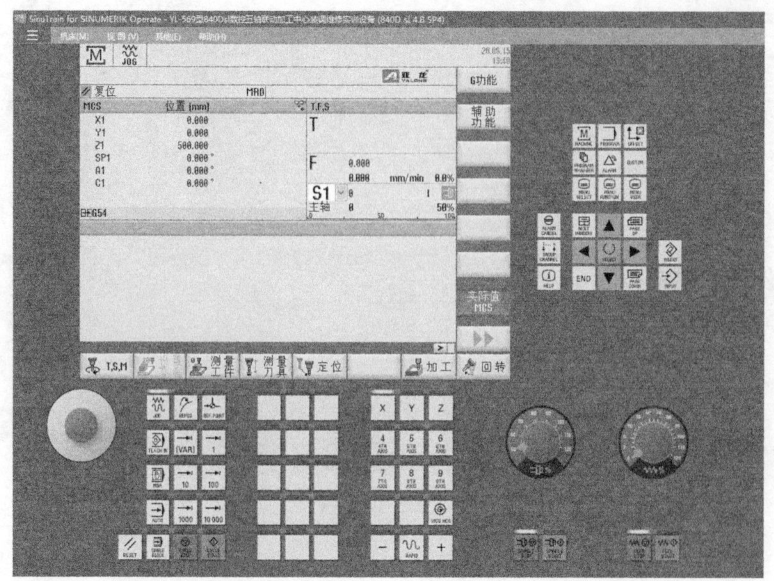

图 1-37 读取调试存档生成的机床模拟操作界面

SinuTrain V4.7 软件使用经验分享：

1）SinuTrain V4.7 软件支持在 Windows 7 操作系统专业版、旗舰版中安装，不支持在 Windows XP 操作系统中安装；

2）SinuTrain V4.7 软件读取的调试存档文件扩展名必须为 arc，不能读取 828D 数控系统中扩展名为 ard 的调试存档文件；

3）在模拟机床操作界面中，单击菜单选择按键 MENU SELECT 无效，需单击模拟显示器左上角 M 按键，才能显示主菜单。

[思考练习]

1. 简述 SINUMERIK 数控系统目前有几个主流系列，并说出它们的性能特点。

2. 简述 SINUMERIK 840D sl 数控系统调试时常用的软件。

3. Access MyMachine 软件有哪些用途？

4. 简述 SINUMERIK 840D sl 数控系统调试软件在安装时的注意事项。

5. 请尝试用 SinuTrain V4.7 软件模拟一台配置有 SINUMERIK 840D sl 数控系统的亚龙 YL-569 型 840D 数控五轴五联动立式加工中心实训设备（见图 1-38）。

图 1-38 题图

第2章 Chapter 2

SINUMERIK 840D sl系统连接

SINUMERIK 840D sl 数控系统在进行开机调试与系统优化前，先要完成硬件的连接。本章将介绍 SINUMERIK 840D sl 数控系统的各个硬件及其功能，并介绍不同硬件的组成形式及其功能特点。在此基础上，以一台数控铣床介绍 SINUMERIK 840D sl 数控系统的硬件连接，学习 SINUMERIK 840D sl 数控系统的连接方法。

2.1 SINUMERIK 840D sl 硬件构成

西门子 SINUMERIK 840D sl 数控系统的硬件主要由操作部件（控制面板+操作面板）、NCU（数字控制单元）、伺服驱动单元、PLC I/O 模块、辅助元件等几个部分组成，如图 2-1

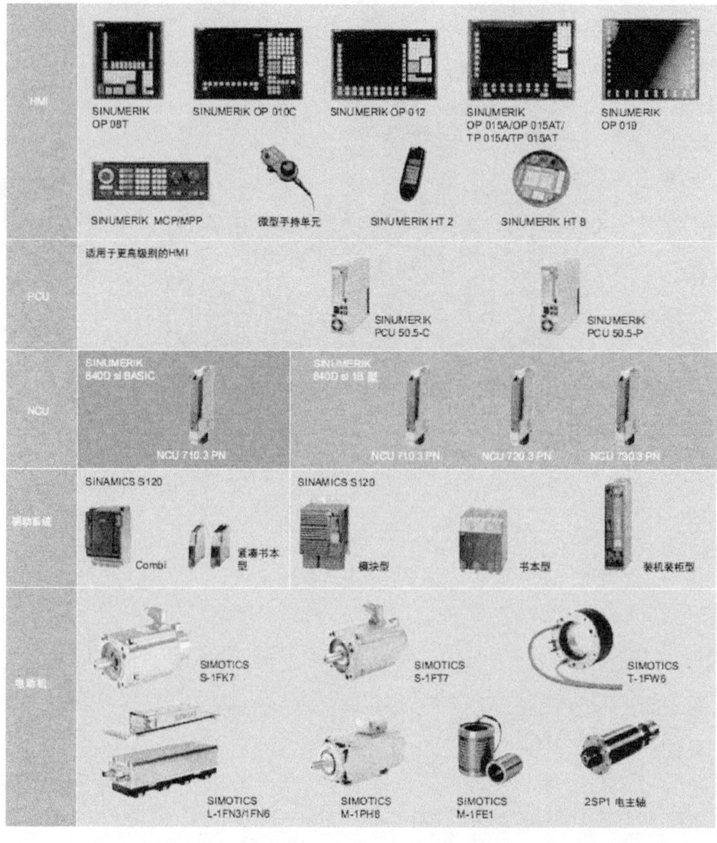

图 2-1 SINUMERIK 840D sl 数控系统硬件组成

所示。下面对这些硬件分别进行介绍。

1. 操作部件

SINUMERIK 840D sl 数控系统的操作部件包括 MCP、PCU、TCU、OP、手持单元等，主要用于在操作过程中显示相关信息并实现操作者与数控系统的人机交互（Human-Machine Interaction，HMI）。

（1）机床控制面板 MCP（Machine Control Panel）

SINUMERIK 840D sl 数控系统的控制面板主要由操作面板和辅助操作面板两部分组成，主要用于操作者与数控系统的信息交互，如输入数控加工程序、改变工作模式、调整倍率等。

1）面板的分类。SINUMERIK 840D sl 数控系统为用户提供了 4 种控制面板选项，见表 2-1。其中，MCP 后面的数字代表控制面板的宽度（例如，483 表示面板宽度为 483mm），PN 代表面板的通信接口为 PROFINET（工业以太网）。

表 2-1 SINUMERIK 840D sl 数控系统控制面板类型

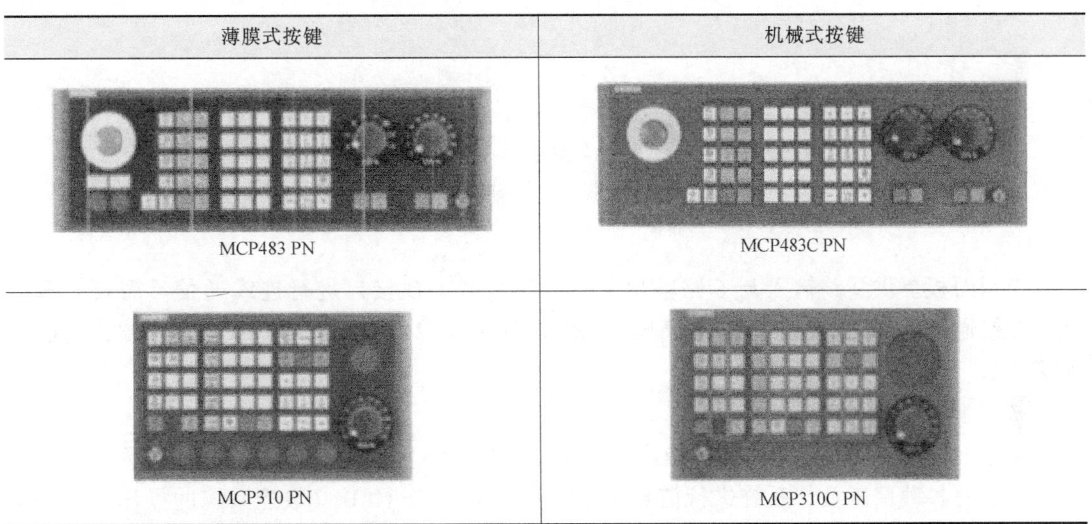

薄膜式按键	机械式按键
MCP483 PN	MCP483C PN
MCP310 PN	MCP310C PN

2）面板的按键布局（以 MCP483C PN 为例）。如图 2-2 所示，为 MCP483C PN 型控制面板的按键布局及按键定义。

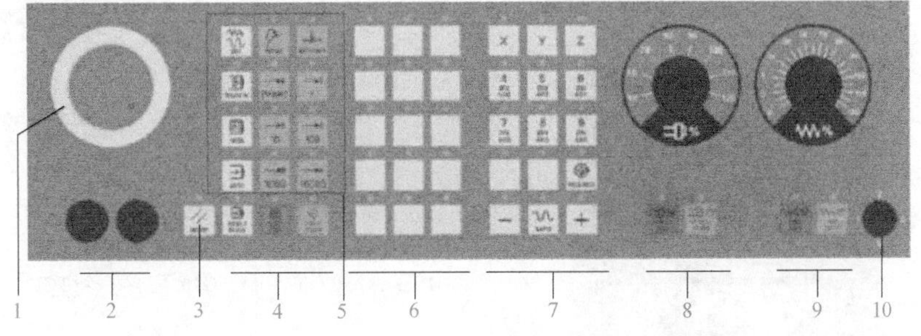

图 2-2 MCP483C PN 型控制面板的按键布局及按键定义

1—急停按钮 2—预留开关位置（d=16mm 位置） 3—复位按钮 4—程序控制区
5—操作模式，机床功能按键 6—用户自定义键 7—带有快速倍率的方向键（R1～R15）
8—带倍率开关的主轴控制键 9—带倍率开关的进给控制键 10—钥匙开关

3）面板的接口定义（以 MCP483C PN 为例）。图 2-3 所示为 MCP483C PN 型控制面板的接口定义。

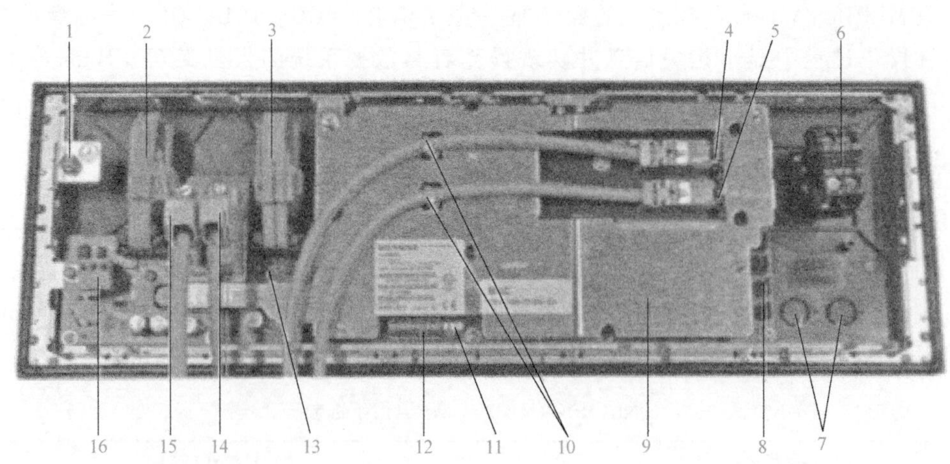

图 2-3 MCP483C PN 型控制面板的接口定义

1—接地端子 2—进给倍率接口 X30 3—主轴倍率接口 X31 4—以太网固定接口 1 X20
5—以太网固定接口 2 X21 6—急停按钮 7—预留开关位置（d=16mm 位置）
8—MCP 板载 I/O 9—盖板 10—以太网电缆固定座 11—显示灯 12—开关 S2
13—开关 S1 14—手轮接口 X61 15—手轮接口 X60 16—电源接口 X10

控制面板提供 9 路输入与 6 路输出，均通过板载 I/O 接口进行连线通信。需要注意的是：若想通过该接口接线，则需订购 MCP 附件 6FC5247-0AA35-0AA0（共 60 根）进行连接。

（2）操作面板 OP

操作面板由液晶显示屏和 NC 操作面板组成，用于显示 SINUMERIK 840D sl 数控系统运行过程中的各种调试及与系统进行信息交互。SINUMERIK 840D sl 数控系统的操作面板类型众多，它们的类型及特点见表 2-2。

表 2-2 SINUMERIK 840D sl 数控系统操作面板的类型及特点

序号	面板名称	屏幕及安装尺寸	备注
1	OP 08T	8in 310mm×330mm	①薄膜式按键 ②标配含 1 个 TCU

（续）

序号	面板名称	屏幕及安装尺寸	备注
2	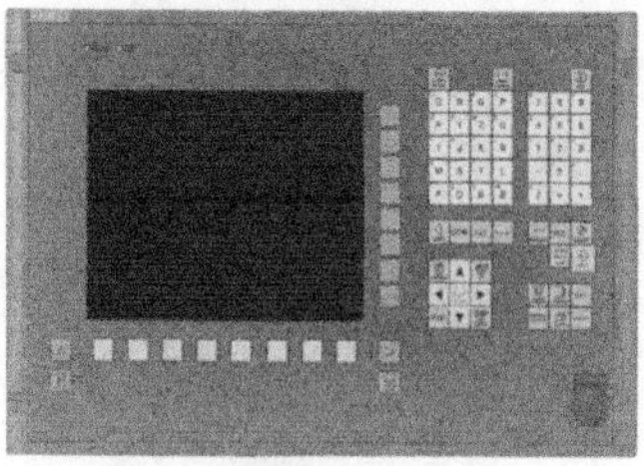 OP 010	10in 483mm×310mm	①薄膜式按键 ②无 TCU 或 PCU,需要单独配置
3	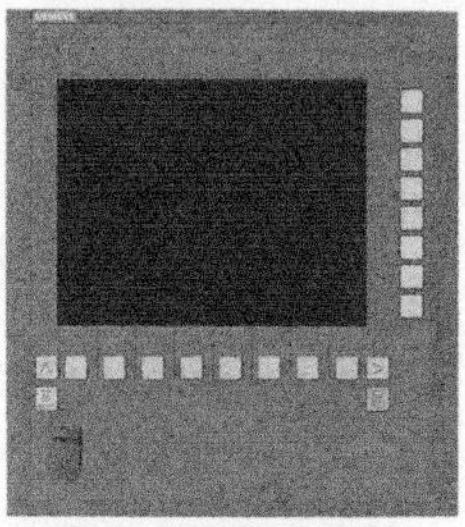 OP 010S	10in 310mm×330mm	①机械式按键 ②无英文字母与数字按键,但支持单独配置 ③无 TCU 或 PCU,需要单独配置
4	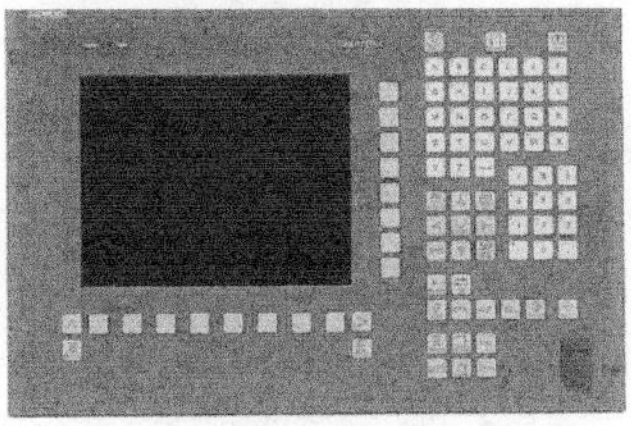 OP 010C	10in 483mm×310mm	①机械式按键 ②无 TCU 或 PCU,需要单独配置
5	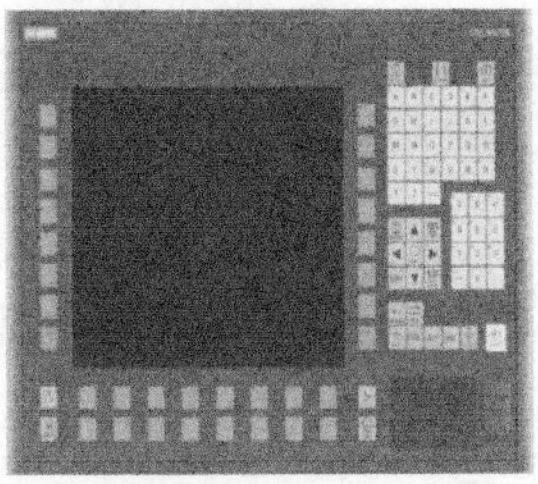 OP 012	12in 483mm×310mm	①薄膜式按键,显示屏幕左右和下侧均有按键 ②无 TCU 或 PCU,需要单独配置 ③右下角配置触控面板操作区,可模拟鼠标进行相关操作
6	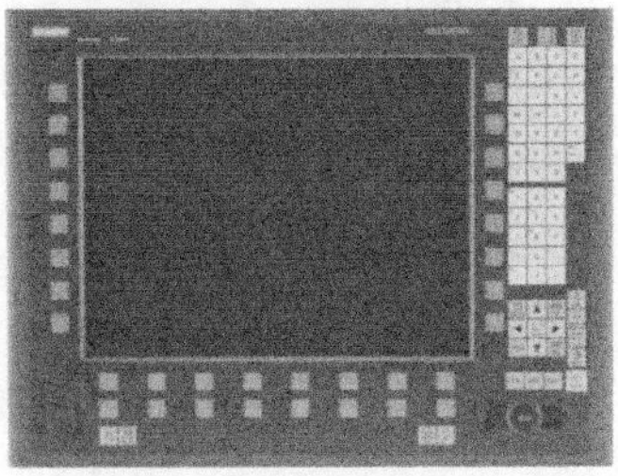 OP 015A	15in 483mm×365mm	①薄膜式按键,显示屏幕左右和下侧均有按键 ②无 TCU 或 PCU,需要单独配置 ③右下角配置触控面板操作区,可模拟鼠标进行相关操作

（续）

序号	面板名称	屏幕及安装尺寸	备注
7	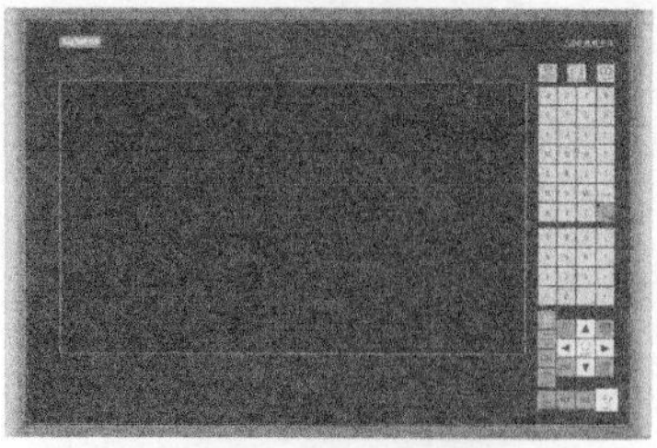 OP 015 black	15in 483mm×310mm	①薄膜式按键 ②配备电容式触摸屏，支持多点触控
8	 OP 019	19in 483mm×399mm	①薄膜式按键 ②配备电容式触摸屏，支持多点触控 ②配备 1 个 PCU50.5
9	OP 019 black	19in 483mm×337mm	①配备电容式触摸屏，支持多点触控 ②配备 1 个 TCU

（3）TCU（Thin Client Unit）

TCU 直译为精简型客户端单元，用于显示 HMI 数据，类似于家用计算机中的显卡（即 GPU）或理解为无盘终端。但 TCU 自身不带有硬盘，无法安装 HMI 软件，因此其显示的 HMI 数据来自于 PCU 或 NCU 内部集成的 HMI 软件。

1）TCU 型号及性能特点。SINUMERIK 840D sl 使用的 TCU 主要有两个型号：TCU 20.2 和 TCU 30.2，它们的类型及特点见表 2-3。

表 2-3　SINUMERIK 840D sl 数控系统 TCU 的类型及特点

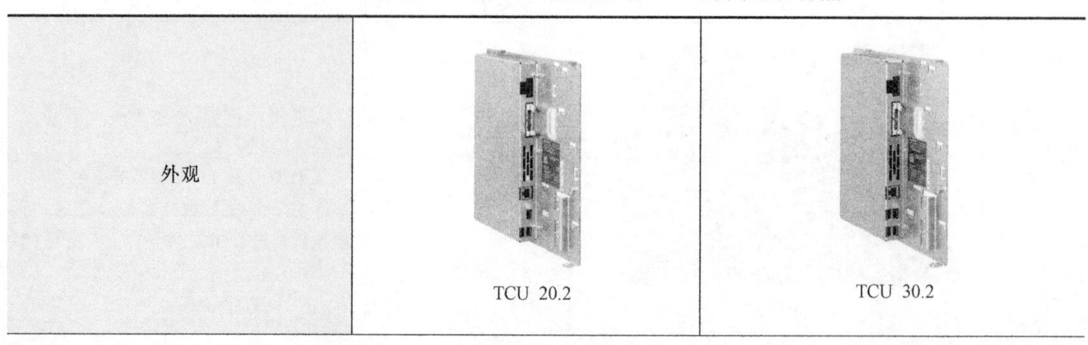

外观	TCU 20.2	TCU 30.2

（续）

支持 OP 型号	OP 010、OP 010C、OP 010S OP 012、OP 015A	OP 019
最大分辨率	640×480/1024×768 像素	640×480/1280×1024 像素
色深	16	16
以太网传输速率	10/100Mbit/s	10/100/1000Mbit/s
USB 2.0 接口数量	3 个	5 个

2）TCU 接口定义。如图 2-4 和图 2-5 所示，下面以 TCU 30.2 为例来说明 TCU 的接口定义，接口定义的说明见表 2-4 和表 2-5。X209、X211 和 X213 接口是 TCU 30.2 所特有的，TCU 20.2 无这三个接口。

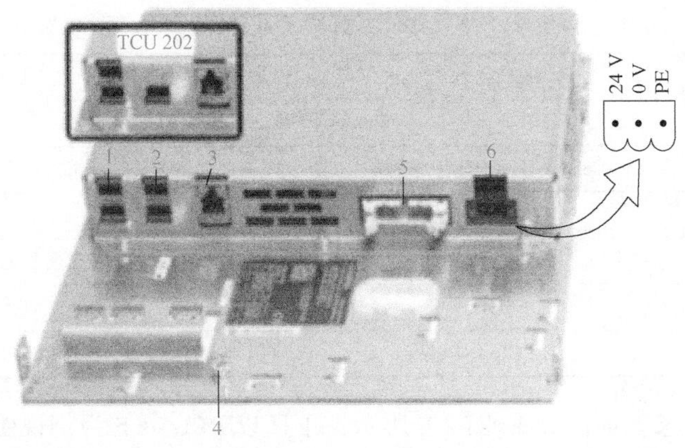

图 2-4　TCU30.2 接口（一）

表 2-4　TCU 接口定义（一）说明

序号	接口标识	说明	序号	接口标识	说明
1	X203/X204	USB 2.0 接口	4		接地
2	X212/X213	USB 2.0 接口	5	X205	直接控制按键接口
3	X202	以太网接口	6	X206	24V 电源接口

图 2-5　TCU30.2 接口（二）

表 2-5　TCU 接口定义（二）说明

序号	接口标识	说明	序号	接口标识	说明
1	X209	LVDS 显示接口 K3	3	X211	USB 接口
2	X208	LVDS 显示接口 K2	4	X207	I/O 接口 K1

（4）PCU（Personal Computer Unit）

PCU 直译为个人计算机单元，其功能类似于工业控制机或家用计算机的主机箱。PCU 配备独立的 CPU 和硬盘，并可在硬盘中安装 HMI 软件，用于人机可视化交互，如操作、程序编辑、诊断等前台程序的运行。SINUMERIK 840D sl 的 PCU 主要包括 PCU50.5-C 和 PCU50.5-P 两个型号，它们的性能特点见表 2-6。

1）PCU 型号及性能特点。

表 2-6　SINUMERIK 840D sl 数控系统 PCU 型号及性能特点

型号	PCU50.5-C	PCU50.5-P
操作系统	Windows 7 嵌入式专业版（64 位）	
CPU/RAM	Celeron/1.8GHz/4096MB	Core i5/2.4GHz/8192MB
硬盘	SSD 80GB	
PROFIBUS	无	无
串口	有	有
扩展槽	1×PCI+1×PCIe	1×PCI+1×PCIe

2）PCU 接口定义。如图 2-6~图 2-8 所示，下面以 PCU50.5 为例说明 PCU 的接口定义。接口定义的说明见表 2-7~表 2-9。

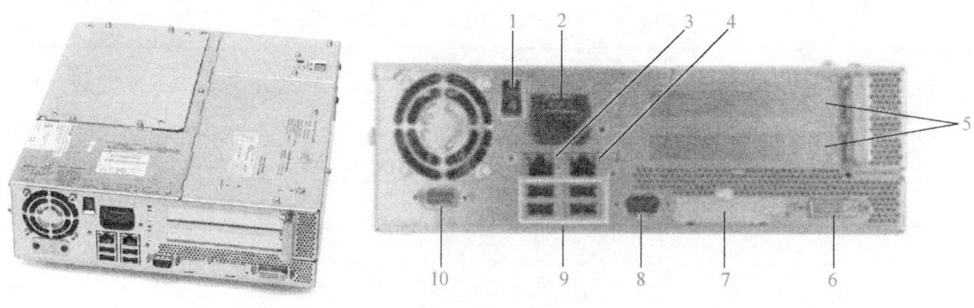

图 2-6　PCU50.5 接口（一）

表 2-7　PCU50.5 接口定义（一）说明

序号	接口标识	说　明
1	S0	PCU 电源开关
2	X1	电源插座(DC 24V)
3	X2	以太网接口 1(工厂网络接口,默认自动获取 IP 地址)
4	X1	以太网接口 1(系统网络接口,固定 IP 地址为 192.168.214.241)
5		PCI 插槽
6	X70	DVI-I 数字视频接口

（续）

序号	接口标识	说　明
7	X50	CF 卡插槽(不支持热插拔)
8	X30	串行接口
9	X40	USB1、USB2、USB3、USB4 接口
10	X4	PROFIBUS DP/MPI 接口

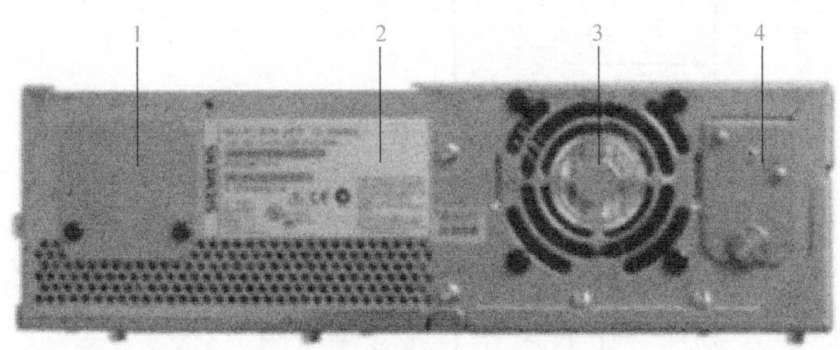

图 2-7　PCU50. 5 接口（二）

表 2-8　PCU50. 5 接口定义（二）说明

序号	说明
1	支架螺钉孔(用于安装附加的维修模块)
2	PCU 铭牌
3	散热风扇通风口
4	BIOS 电池盖板(更换 PCU 断电时,作为备用电源的 BIOS 电池时打开)

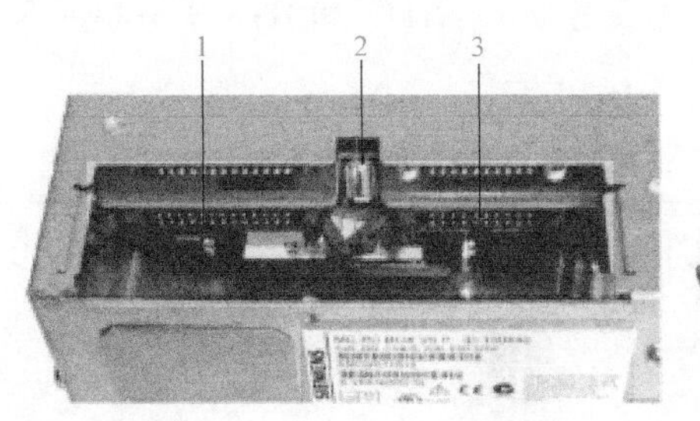

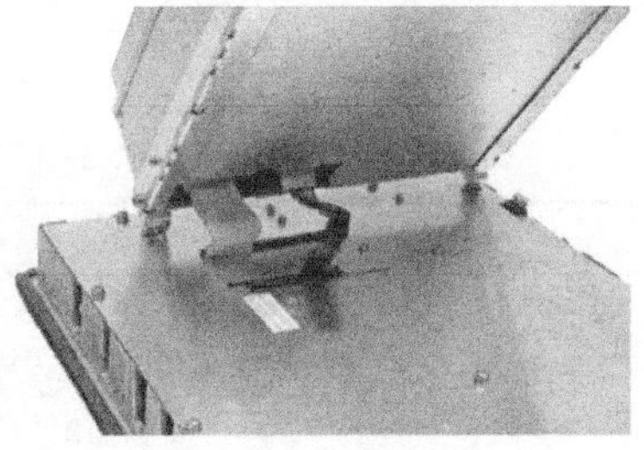

图 2-8　PCU50. 5 接口（三）

表 2-9　PCU50. 5 接口定义（三）说明

序号	接口标识	说明
1	X44	连接 OP(前面板)的 I/O
2	X42	连接 OP(前面板)的 USB
3	X400	第 1 LVDS 接口(连接 TFT 显示电缆)

3）与 PCU 配套使用的 SITOP 不间断电源（UPS）模块。在使用 PCU50. 5 时，由于 Windows 系统的技术原因，在 PCU 关机的过程中仍会有数据不断写入 SSD 中。为避免非正常关机或系统在运行过程中突然断电等情况导致的数据丢失或硬件损坏，必须配置 SITOP

UPS 模块，以保证在断电的情况下仍可短时间内维持 PCU50.5 系统的运行或正常关闭。

PCU50.5 所配备的 SITOP UPS 应保证在断电情况下至少能供电 20s，额定电压 DC 24V，额定电流 8A（起动电流 14A，持续 30ms）。PCU50.5 自带 SSD 的典型功率为 48W，最大功率为 76W，外加各种扩展后，最大功率为 150W。

PCU50.5 与 SITOP UPS 模块连线如图 2-9 所示。

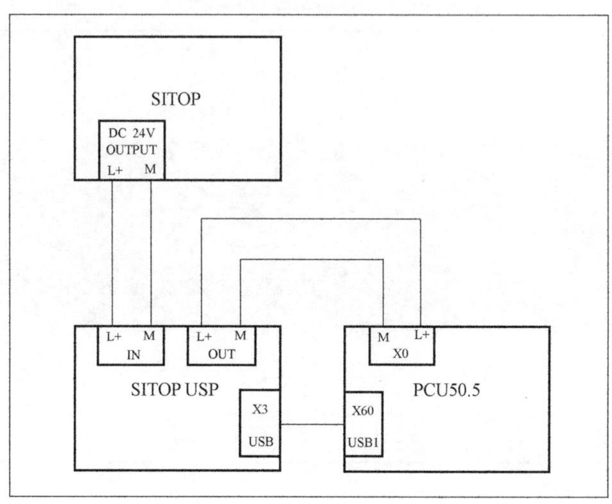

图 2-9　PCU50.5 与 SITOP UPS 模块连线示意图

（5）手持单元

SINUMERIK 840D sl 的手持单元主要用于远距离操作、调试数控系统或机床的简单运动，以扩大系统的操作空间。

SINUMERIK 840D sl 可使用的手持单元主要有 Mini、HT2 和 HT8 手持单元 3 种类型，见表 2-10。

表 2-10　SINUMERIK 840D sl 数控系统可使用的手持单元类型

类型	Mini 手持单元	HT2 手持单元	HT8 手持单元
实物			
按键	①5 个轴选择键 ②6 个用户定义键 ③具有急停、使能按键	①配有单色液晶显示器，可显示 4 行，每行 32 个字符 ②20 个可按键，均支持自定义 ③具有急停、倍率、使能按键	①配有 7.5in 彩色触摸式液晶显示屏 ②配有薄膜式按键 ③具有急停、倍率、使能按键
连接方式	通过转接头连接到 MCP 的板载 I/O 上	通过转接盒/转接模块接入系统网络	通过转接盒/转接模块接入系统网络

HT2 与 HT8 手持单元在进行连接时要使用转接盒与转接模块，共有 3 种类型，见表 2-11。

表 2-11 HT2/HT8 手持单元转接盒/转接模块类型及性能

转接盒/转接模块类型	防护等级	是否支持热插拔
 PN Basic转接盒(PN Basic terminal box)	IP67	不支持
 PN Plus 转接盒(PN Plus terminal box)	IP67	支持
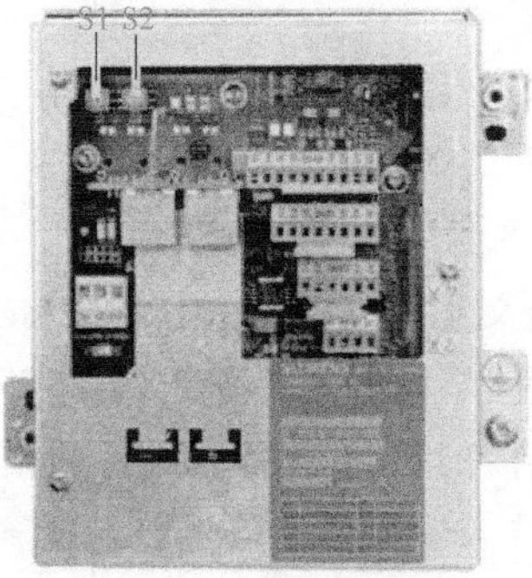 Basic PN转接模块 (Basic PN Connection module)	IP20	不支持

2. NCU（Numenrical Control Unit）

NCU 直译为数字控制单元，它是 SINUMERIK 840D sl 的核心单元，负责中央处理控制。NCU 负责 NC 的所有功能、机床的逻辑控制及实现 HMI 功能。它由一个 NC CPU 板、一个 PLC CPU 板和一个 DRIVE 板组成。

（1）NCU 的型号及性能特点

SINUMERIK 840D sl 可配套使用的 NCU 型号主要有 3 种，分别为 NCU710. 3B PN、NCU720. 3B PN 和 NCU730. 3B PN，其性能特点见表 2-12。

表 2-12　SINUMERIK 840D sl 数控系统所使用的 NCU 型号及性能特点

型号	NCU710. 3B PN	NCU720. 3B PN	NCU730. 3B PN
DRIVE-CLiQ 接口	4	6	6
控制轴数	≤8 轴	≤31 轴	≤31 轴
NX10. 3/15. 3 扩展板	≤2 块	≤5 块	≤5 块
TCU	≤2	≤4	≤4
集成 PLC CPU 型号	PLC317-3DP/PN		
PROFINET	有	有	有
通道数	≤4	≤10	≤10
方式组数	≤4	≤10	≤10
插补轴数	≤8	≤20	≤20

在实际使用 NCU 时，需要注意如下几点：

1）表中的控制轴数，是指对应型号 NCU 的内部软件上所能支持的伺服轴数。以 NCU720. 3B PN 为例，其最大控制轴数为 31，是指 NCU720. 3B PN 内部集成软件最大能够支持控制 31 根伺服轴。但在硬件上，西门子规定 NCU 中的 CPU 载荷比不能大于 80%，当单个 NCU 在控制伺服轴数达到 6 根时，NCU 中 CPU 的载荷比即会大于 80%，因此，单个 NCU 在硬件控制能力上是不能控制超过 6 根伺服轴的。若想控制伺服轴数大于 6 根，需要加装 NX 扩展板模块（即表 2-12 中 NX10. 3/15. 3），以达到控制更多伺服轴的目的。但要注意的是，NCU 加装 NX 扩展板后，其控制的总伺服轴数仍不能大于 NCU 内部集成软件所能控制的最大轴数。

2）当 NCU710. 3B PN 连接的驱动器模块为 SINAMICS S120 Combi 时，其控制轴数≤6。连接的驱动器模块为 SINAMICS S120 时，其控制轴数≤8。

3）在实际使用时，还可以将 3 个 NCU 通过 PROFINET 接口并联在一起使用，这时可实现对最多 31×3=93 根轴进行控制。

（2）NCU 接口的定义

NCU 外观及接口的定义如图 2-10 所示，NCU 接口定义见表 2-13。DRIVE-CLiQ（DRIVE Component Link with IQ，带 IQ 的驱动组件连接）驱动接口是西门子最新一代用于 SINAMICS S120 伺服驱动器与 SINUMERIK 840D sl 数控系统进行通信的接口。通过这种通信系统自动识别电动机及编码器的电子铭牌功能，可将电动机编码器信号、温度信号以及电子装置铭牌数据［例如，唯一的识别代码、额定数据（电压，电流，转矩）］等直接传送给数控系统，使机床调试更简便。

表 2-13　SINUMERIK 840D sl 数控系统 NCU 接口定义说明

接口标识	接口名称	说明
X100～X105	DRIVE-CLiQ 接口	西门子新一代通信接口，其外形与 RJ45 网络接口类似，但引脚定义有所不同
X122/X132/X142	输入/输出接口	数字量输入/输出接口
X124	DC 24V	DC 24V 电源输入
X150	P1，P2	连接支持 PROFINET 的 I/O 模块
X120	P1	以太网(系统网络)

（续）

接口标识	接口名称	说明
X126	PROFIBUS-DP1	连接支持 PROFIBUS 接口的 I/O 模块
X136	PROFIBUS-DP2/MPI	连接支持 PROFIBUS 接口的 I/O 模块
X125/X135	USB	只用于 NCK 引导使用，不能用于传输加工程序
X127	以太网（服务接口）	调试时连接计算机使用
X109	CF	插入存储有 NCU 核心数据的 CF 卡，卡中保存着 HMI 界面的相关数据，如果不插入相应 CF 卡，则 NCU 是不能正常工作的
X130	以太网（工厂网络）	工厂网络专用接口
X190	双风扇/电池模块	风扇为 NCU 散热风扇，电池用于为 NCU 电路板供电
X141	T0，T1，T2，M	T0、T1、T2、M 测量端子

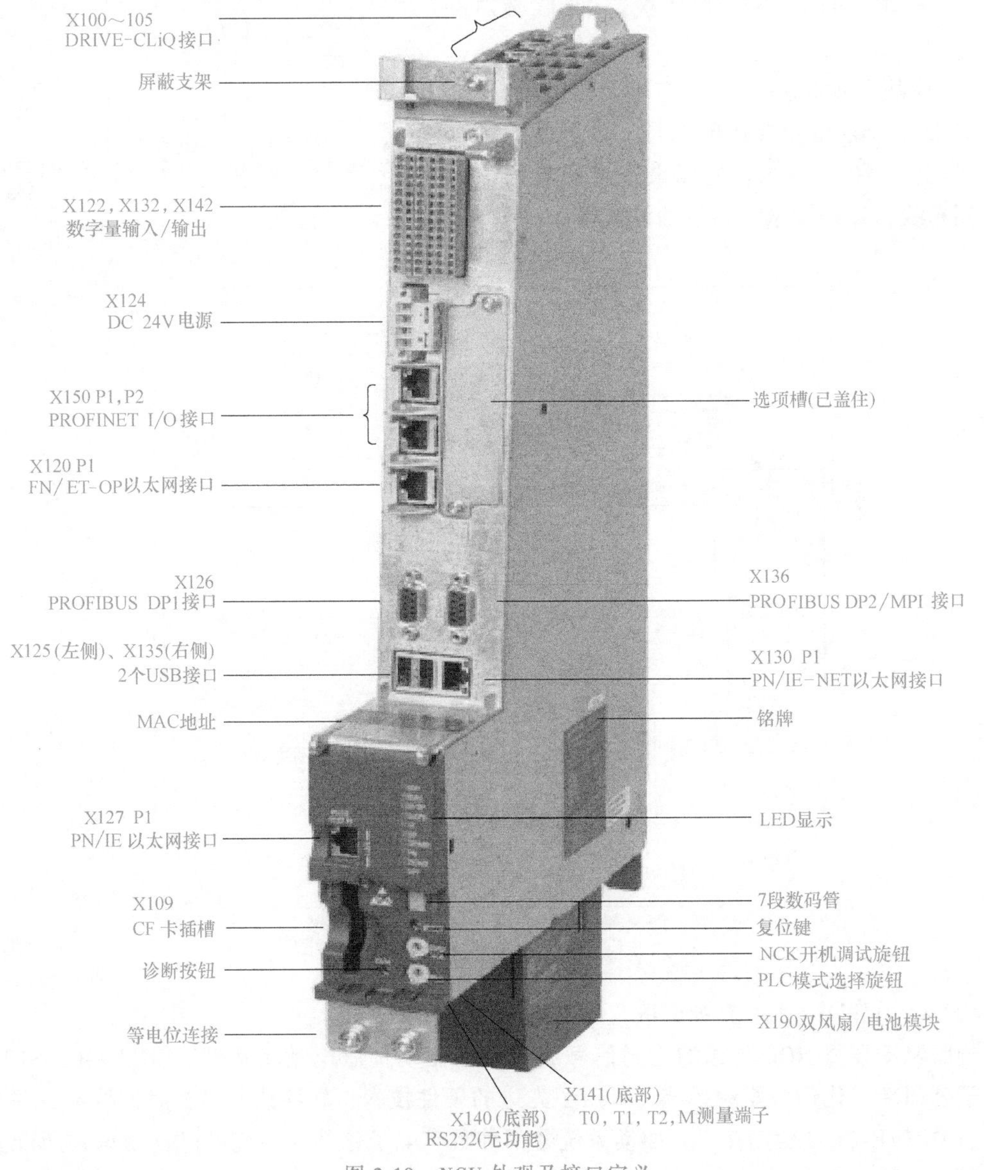

图 2-10 NCU 外观及接口定义

3. NX 模块

前文已经提到，NCU 内置的驱动控制器最多可以控制 6 个伺服轴，当系统控制的轴数超过 6 个伺服轴时，则需要通过连接 NX 模块扩展控制轴数量。SINUMERIK 840D sl 数控系统目前有 NX10.3（最多控制 3 个附加伺服轴）和 NX15.3（最多控制 6 个附加伺服轴）两种轴扩展模块。其外形及接口定义如图 2-11 所示。

NX 模块有 4 个 DRIVE-CLiQ 接口 X100～X103，模块上的 X122 数字输入/输出接口以及 X124 电源接口的端子定义与 NCU 同名端子一样。所有 NX 模块上的 DRIVE-CLiQ 接口 X100 必须直接连接到 NCU 上。

NX 模块只能以星形方式连接到 NCU 上，如图 2-12 所示。这里需要指出的是，由于系统已默认接线配置的系统参数，所以最好按系统默认的接线图布线，以减少系统参数的设置量。

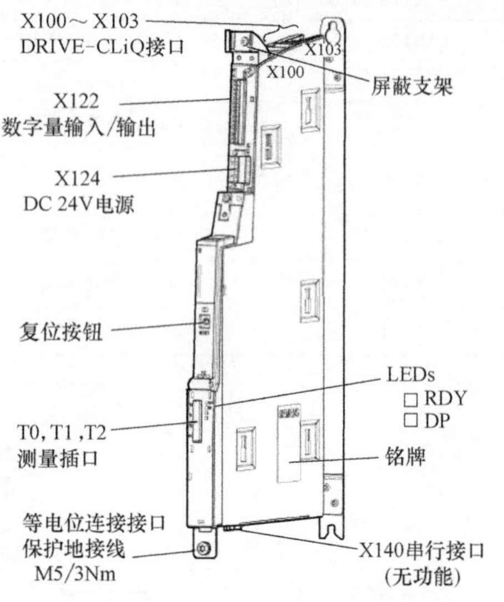

图 2-11　NX 模块外形及接口定义

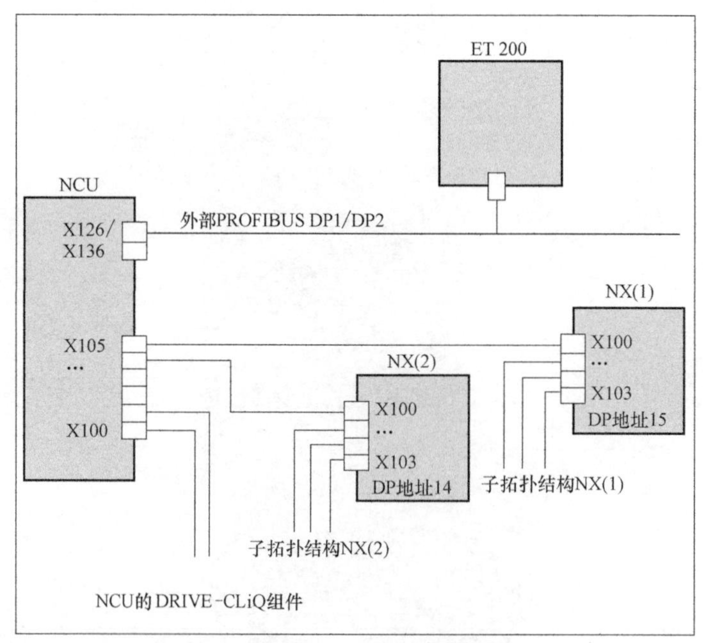

图 2-12　NX 模块连接示意图

4. SINAMICS S120 系列伺服驱动系统

伺服驱动器将 NCU 传输的控制信号放大后，驱动伺服电动机运转。SINAMICS S120 是西门子公司新一代伺服驱动系统，采用了先进的硬件技术、软件技术以及通信技术，并且采用高速 DRIVE-CLiQ 驱动接口。驱动系统各部件具有电子铭牌，系统可以自动识别所配置的驱动系统，因此具有更高的控制精度和动态控制特性，以及更高的可靠性。

SINUMERIK 840D sl 数控系统配套使用的 SINAMICS S120 伺服驱动器共分为 4 种类型，分别为装机装柜型伺服驱动器、SINAMICS S120 书本型伺服驱动器、SINAMICS S120 Combi 伺服驱动器（也称为紧凑型伺服驱动器）和单轴 AC/AC 模块驱动器，下面分别进行介绍。

（1）装机装柜型伺服驱动器

装机装柜型伺服驱动器外观如图 2-13 所示，主要用于输出功率大于 120kW 的场合，电源模块与电动机模块分开，由于应用情形较少且较特殊，这里不做过多介绍。

（2）SINAMICS S120 书本型伺服驱动器

书本型伺服驱动器由进线电源模块和电动机模块组成。进线电源模块的作用是将 380V 三相交流电源变为直流电源，为电动机模块供电。进线电源模块分为调节型和非调节型两种。调节型电源模块（Active Line Module，ALM）的母线电压为直流 600V，同时这种模块还需要配置电源接口模块（Active Interface Module，AIM）、电动机模块（Motor Module，MM）来控制电动机旋转。非调节型电源模块（Smart Line Module，SLM）的母线电压是进线电压的 1.35 倍。无论是调节型的进线电源模块，还是非调节型的进线电源模块，均采用馈电制动方式——制动的能量馈回电网。SINAMICS S120 书本型伺服驱动器及其电源模块外观如图 2-14 所示。

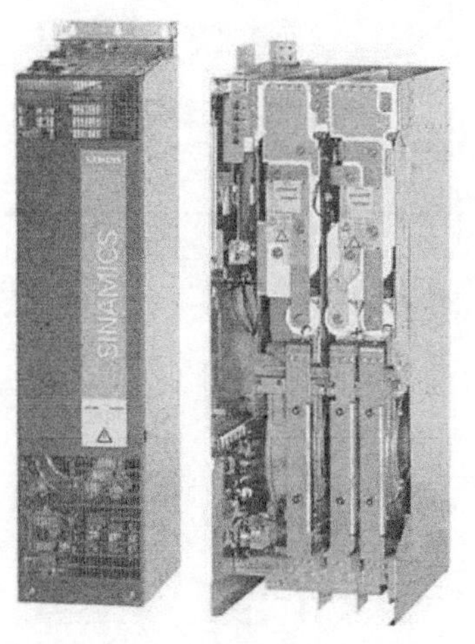

图 2-13 SINAMICS S120 装机装柜型驱动器

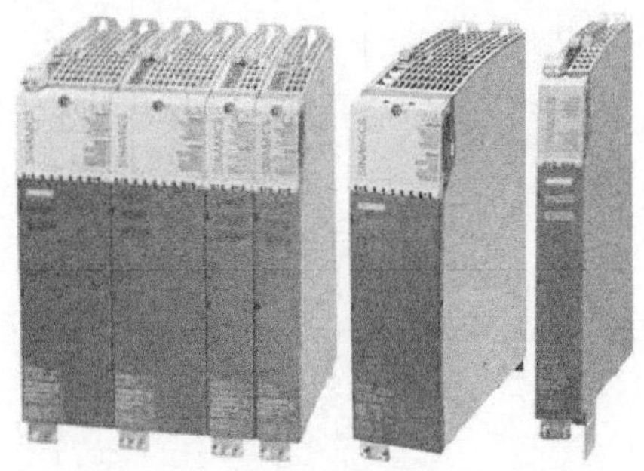

图 2-14 SINAMICS S120 书本型驱动器（左）、调节型电源模块（中）和非调节型电源模块（右）

1）调节型电源模块 ALM 连接示例。调节型电源模块 ALM 具有 DRIVE-CLiQ 接口，由 SINUMERIK 840D sl 数控系统的 NCU 模块上 X100 接口引出的驱动控制电缆 DRIVE-CLiQ 连接到 ALM 的 X200 接口（注意：功率大的电动机模块应与电源模块相邻放置），其连线如图 2-15 所示。

2）非调节型电源模块 SLM 连接示例。非调节型电源模块 SLM 有 5kW/10kW 和 16～55kW 两种类型，下面分别进行介绍。

5kW/10kW 的 SLM 没有 DRIVE-CLiQ 接口，由 SINUMERIK 840D sl 数控系统的 NCU 模

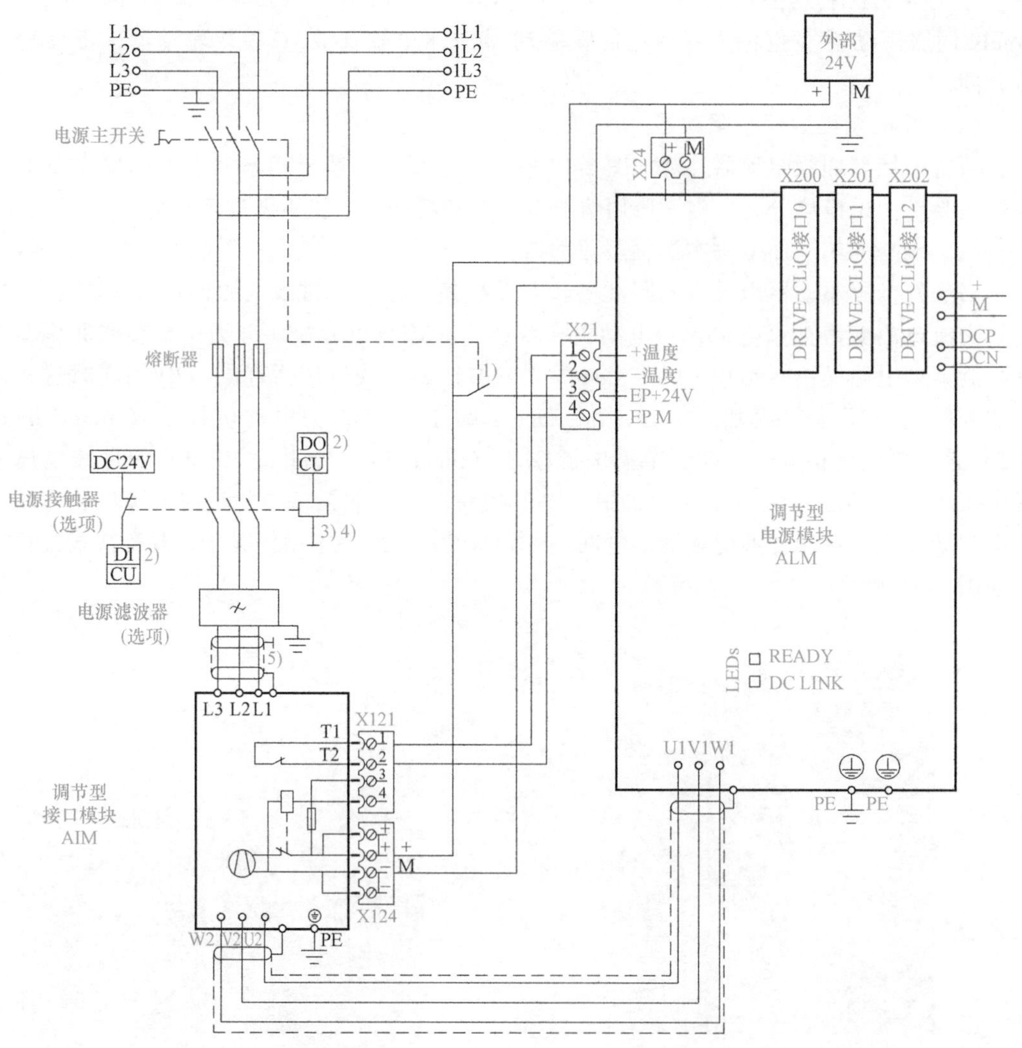

1) 接前断开触点t>10ms；
2) DI/DO，由控制单元控制；
3) 不允许在电源接触器后连接更多负载；
4) 注意DO的载流能力，必要时必须使用输出耦合元件；
5) 按照EMC规则，通过安装背板屏蔽总线接地。

图 2-15　SINAMICS S120 书本型驱动器调节型电源模块 ALM 连接示意图

块上 X100 接口引出的驱动控制电缆 DRIVE-CLiQ 直接连接到第一个电动机模块的 X200 接口，然后从电动机模块的 X201 接口连接到下一个相邻的电动机模块的 X200 接口，按此规律连接所有电动机模块，其连接如图 2-16 所示。

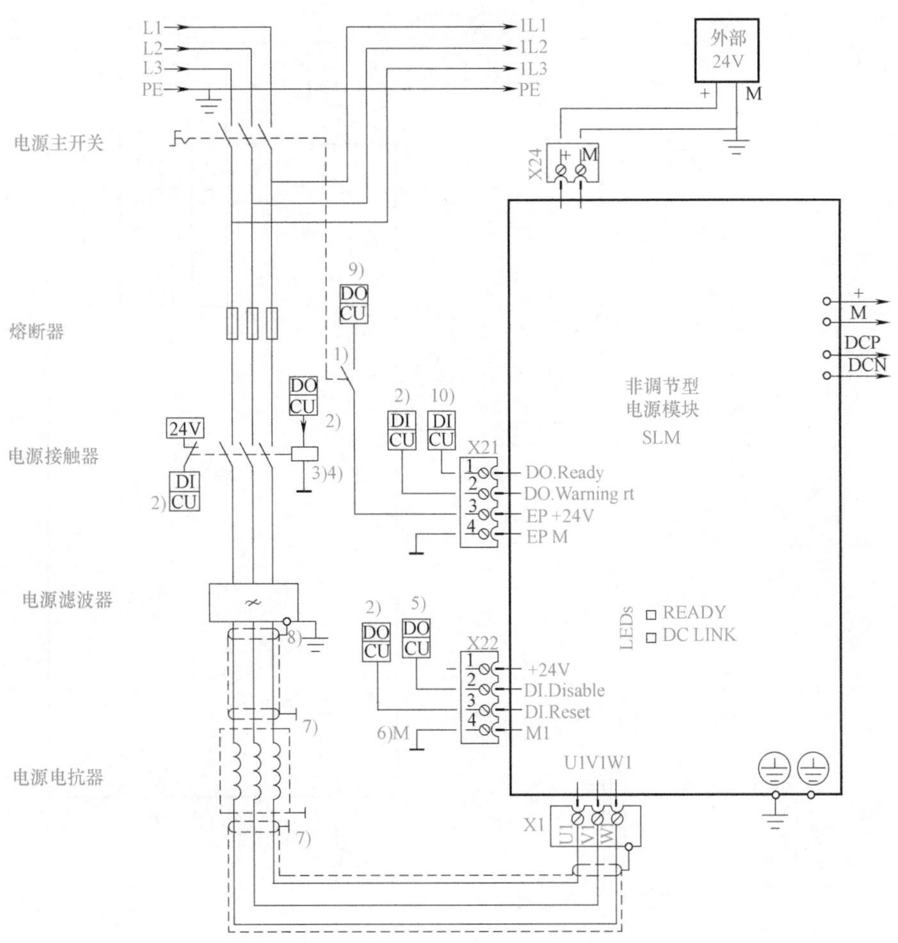

1) 提前断开触点t>10 ms，运行时，DC 24V和地均需要连接；
2) DI/DO由控制单元控制；
3) 不允许在电源接触器后连接更多负载；
4) 注意DO的载流能力，必要时必须使用输出耦合元件；
5) DO high :回馈功能被取消，需要长时间取消时，应在X22引脚1和引脚2之间插入跳线；
6) X22 引脚4必须接地（外部24V）；
7) 按照EMC规则，通过安装背板屏蔽总线接地；
8) 5kW和10kW电源滤波器通过屏蔽端子接地；
9) 控制系统上的信号输出，防止DC 24V电源反作用于EP端子；
10) 通过BICO (Binecctor Connector Technology ，二进制互联技术）互联到参数P0864。

图 2-16 SINAMICS S120 书本型驱动器 5kW/10kW 非调节型电源模块 SLM 连接示意图

16～55kW 非调节型电源模块具有 DRIVE-CLiQ 接口，由 SINUMERIK 840D sl 数控系统的 NCU 模块上 X100 接口引出的驱动控制电缆 DRIVE-CLiQ 连接到 SLM 的 X200 接口，其连线如图 2-17 所示。

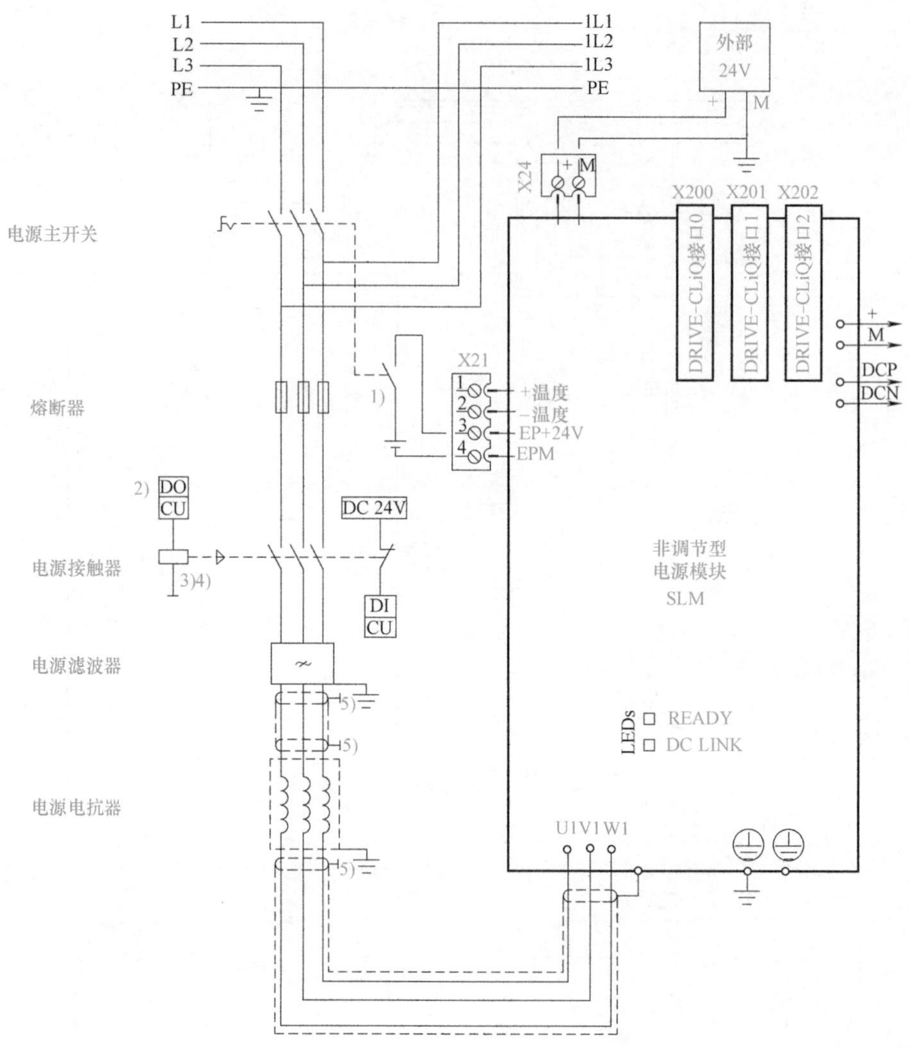

图 2-17 SINAMICS S120 书本型驱动器 16~55kW 非调节型电源模块 SLM 连接示意图

（3）SINAMICS S120 Combi 伺服驱动器

SINAMICS S120 Combi 伺服驱动器主要用于紧凑型车床或铣床，这种伺服驱动器免去了模块间的接口，优化了驱动器的结构。对于机床厂家来说，这种结构意味着安装更简单，同时不再使用直流母线连接。因此，机床厂家在进行控制柜设计时可以有效地缩短设计时间，在接口消失的同时还提高了驱动器的耐用性。其外观结构如图 2-18 所示。

需要注意的是，SINAMICS S120 Combi 伺服驱动器在与 SINUMERIK 840D sl 数控系统进行连接时，仅可连接到使用型号为 NCU710. 3B PN 的 NCU 模块上。

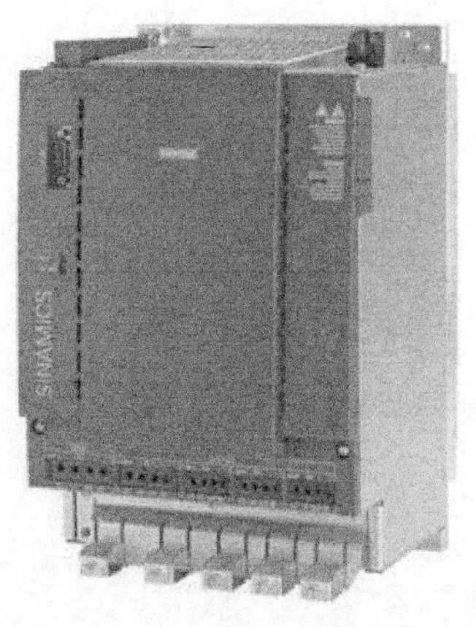

图 2-18 SINAMICS S120 Combi 伺服驱动器

SINAMICS S120 Combi 伺服驱动器具有 DRIVE-CLiQ 接口，由 SINUMERIK 840D sl 数控系统的 NCU 模块上 X100 接口引出的驱动控制电缆 DRIVE-CLiQ 连接到 S120 Combi 伺服驱动器的 X200 接口，各个轴的反馈依次连接到 X201～X205 接口，具体各个 DRIVE-CLiQ 分配见表 2-14 所示。

表 2-14 SINAMICS S120 Combi 伺服驱动器 DRIVE-CLiQ 接口连接说明

DRIVE-CLiQ 接口	连接到
X201	主轴电动机编码器反馈
X202	进给轴 1 编码器反馈
X203	进给轴 2 编码器反馈
X204	对于 4 轴版，进给轴 3 编码器反馈；对于 3 轴版，此接口为空
X205	主轴直接测量反馈为 sin/cos 编码器通过 SMC20 接入，此时，X220 接口为空；主轴直接测量反馈为 TTL 编码器直接从 X220 口接入，此接口为空

SINAMICS S120 Combi 伺服驱动器的 X12/X13 端子定义见表 2-15。

表 2-15 SINAMICS S120 Combi 伺服驱动器 X12/X13 端子定义

端子号	功能	描述	电缆颜色	实物图
1	0V	不接风扇时，需将此端子和 2 号端子连接	—	
2	信号端子（输入）	风扇监控信号，来自风扇的工作信号	红	
3	+24V（输出）	风扇供电 24V，最大 2A（1×2A 或 2×1A）	棕	
4	0V	风扇供电 0V	黑	

SINAMICS S120 Combi 伺服驱动器整体连线如图 2-19 所示。

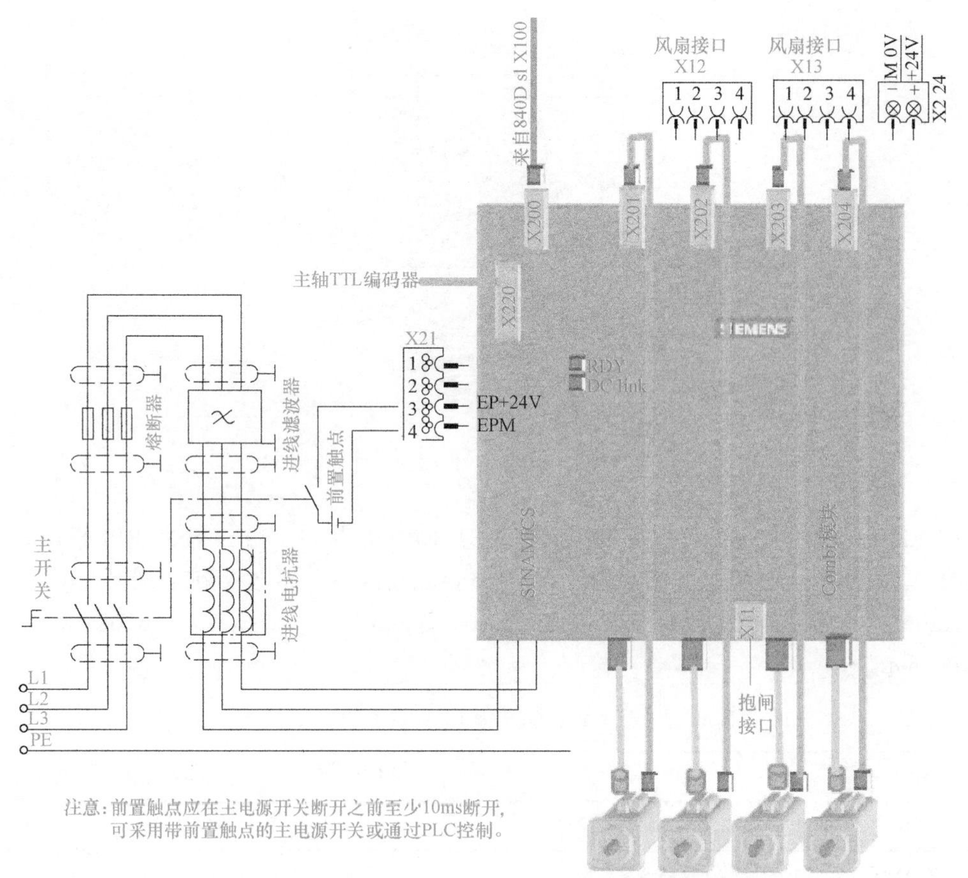

图 2-19　SINAMICS S120 Combi 伺服驱动器连线示意图

（4）单轴 AC/AC 模块伺服驱动器

单轴 AC/AC 模块伺服驱动器属于交流-交流的功率模块，它是由一个功率模块 PM340 和一个控制器 CUA31 组成的。单轴 AC/AC 模块伺服驱动器不需要独立的直流 24V 电源供电。其外观如图 2-20 所示。

单轴 AC/AC 模块伺服驱动器 PM340+CUA31 的结构如图 2-21 所示，PM340 型驱动器功

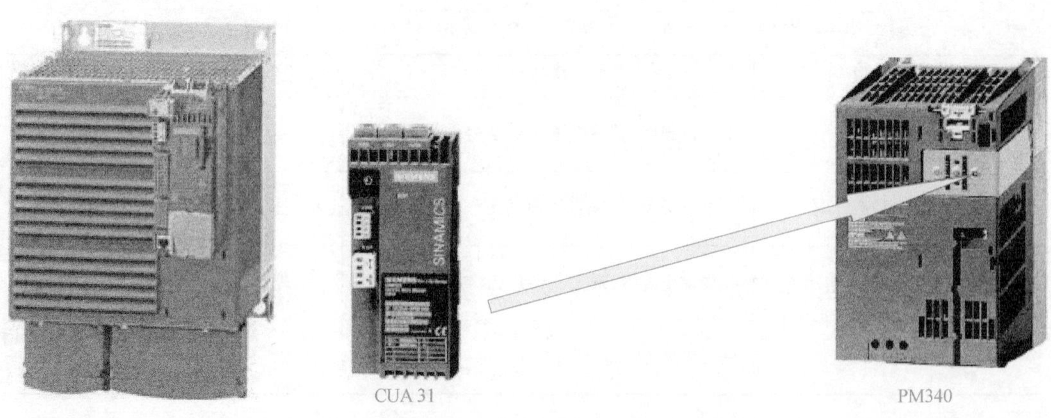

图 2-20　单轴 AC/AC 模块伺服驱动器　　图 2-21　单轴 AC/AC 模块伺服驱动器 PM340+CUA31 连接示意图

率范围：输入电压为交流 400V 时为 0.37～90kW，输入电压为交流 230V 时为 0.12～0.75kW，结构外形差别较大。

单轴 AC/AC 模块伺服驱动器连线图如图 2-22 所示。

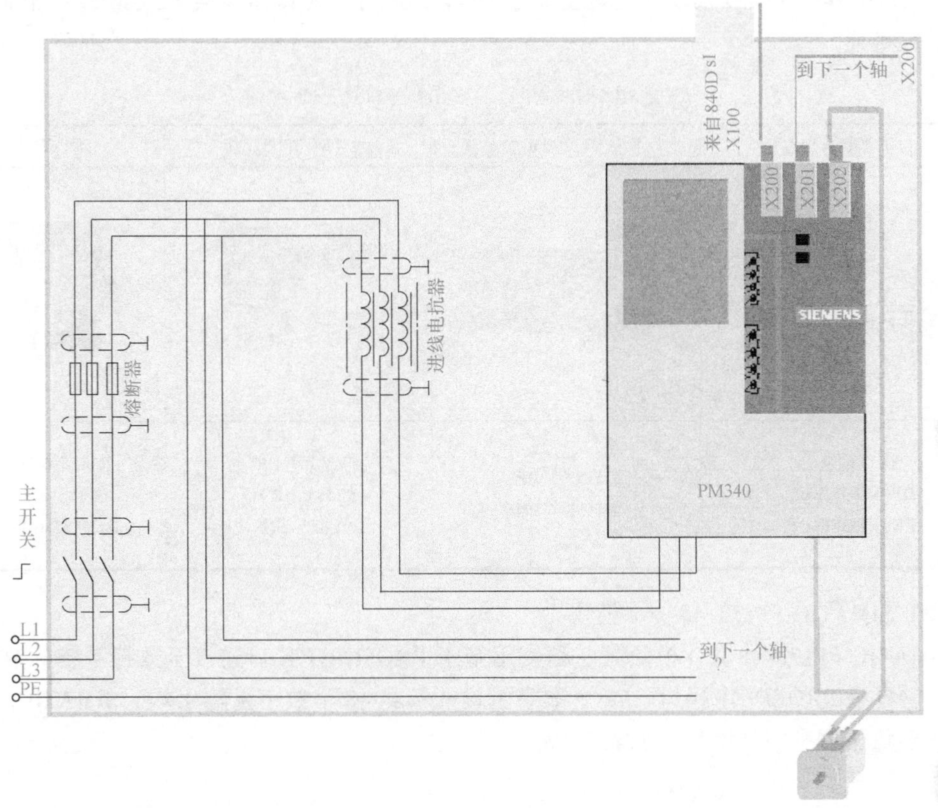

图 2-22 单轴 AC/AC 模块伺服驱动器连线示意图

5. PLC I/O 模块

SINUMERIK 840D sl 数控系统的 NCU 集成了 PLC，但其 NCU 不能直接识别 PLC 的 I/O 模块，必须通过 PLC I/O 模块进行连接，以实现传输 PLC 输入、输出信号。NCU 使用 PROFIBUS 或 PROFINET 接口与 PLC 的 I/O 模块进行连接通信。

SINUMERIK 840D sl 数控系统可使用的 I/O 模块主要有 SIMATIC ET 200 模块和 PP 72/48 模块两种，下面分别进行介绍。

（1）SIMATIC ET 200 分布式 I/O 模块

SIMATIC ET 200 分布式 I/O 模块支持使用 PROFIBUS 或 PROFINET 接口进行通信。

PROFIBUS 是现场总线领域的国际标准（IEC 61158/61784），它是唯一同时支持生产应用中和过程导向应用中通信的现场总线。PROFIBUS 用于将诸如分布式 I/O 设备或驱动等现场设备连接至自动化系统。PROFIBUS DP 用于连接分布式现场设备（例如，SIMATIC ET 200 或响应时间极短的驱动），适用于传感器/执行器分布于机床上或设备中（例如，现场级）的情况。

PROFINET 是一种针对自动化领域、开放式且跨生产商的工业以太网标准（IEC 61158/

61784)，基于工业以太网，因此支持现场设备（I/O 设备）与控制器（I/O 控制器）间的直接通信，以及运动控制应用中等时同步的驱动闭环控制。

SIMATIC ET 200 分布式 I/O 模块见表 2-16。SIMATIC ET 200 系列的 I/O 模块需要使用 TIA Selection Tool 对 I/O 模块进行配置后，才可以使用。其具体连线方式请参照相关手册，这里不再赘述。

表 2-16　SIMATIC ET 200 分布式 I/O 模块

ET 200 系列	ET 200M	ET 200S	ET 200SP
接口模块: DP:PROFIBUS PN:PROFINET	IM153-1 DP IM153-4 PN	IM151 DP IM151 DP HF IM151 PN	IM155-6 DP HF IM155-6 PN ST IMM155-6 PN HF

（2）SIMATIC PP 72/48 I/O 模块

SIMATIC PP 72/48 I/O 模块是一种使用基于 PROFINET 接口连接至数控系统的数字 I/O 模块。它具有 PROFINET 接口、72 个数字量输入端和 48 个数字量输出端。SIMATIC PP 72/48 I/O 模块主要有两种型号，见表 2-17。

表 2-17　SIMATIC PP 72/48 I/O 模块型号及性能

性能	型号	
外观	PP 72/48D PN	PP 72/48D 2/2A PN
总线接口	PROFINET	PROFINET
数字量输入/输出	72 输入点/48 输出点	72 输入点/48 输出点
模拟量输入/输出	无	2 输入/2 输出(16 位)

PP 72/48D 2/2A PN I/O 模块如图 2-23 所示，其硬件接口定义见表 2-18，相关 LED 等显示状态的含义见表 2-19。

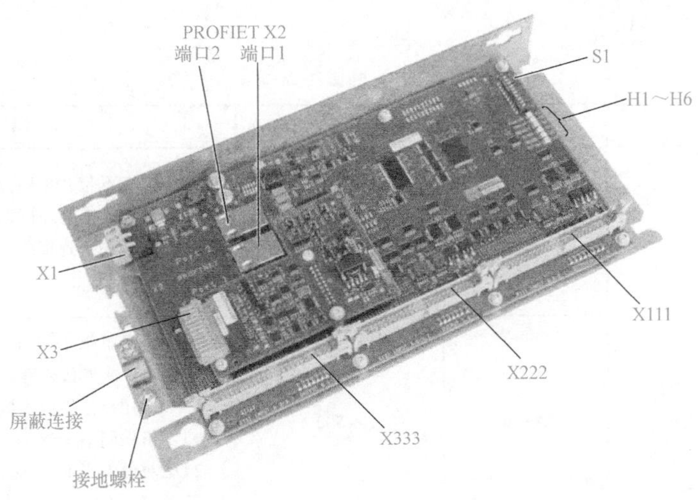

图 2-23 PP 72/48D 2/2A PN I/O 模块

表 2-18 PP 72/48D 2/2A PN I/O 模块接口定义

接口标识	接口定义
X1	DC 24V
X2(端口 1,端口 2)	PROFINET 接口
X3	模拟量输入、输出接口
X111,X222,X333	50 芯扁平电缆插头(用于数字量输入和输出,可与端子转换器连接)
S1	DIP 开关,用于设置设备名称

表 2-19 PP 72/48D 2/2A PN I/O 模块 LED 显示状态含义

名称	含义	颜色	描述
H1	PowerOK(电源灯)	绿色	亮:电源正常 不亮:电源故障
H2	PNSync(同步通信)	绿色	亮:与系统时钟同步 不亮:未与系统时钟同步 0.5Hz 闪烁:与系统时钟同步,并有数据交换
H3	PNFault(故障)	红色	不亮:模块工作正常 亮:系统错误(模块故障、PROFINET 参数错误)
H4	DIAG1	绿色	保留
H5	DIAG2	绿色	保留
H6	OVTemp(温度)	红色	亮:温度过高

6. 编码器系统连接组件

编码器是用于检测电动机运行状态（转速、角位移等）的重要检测元件，对于进一步提升机床的运行与加工精度具有十分重要的作用。SINUMERIK 840D sl 数控系统的编码器连接组件用于数控系统在连接未配备 DRIVE-CLiQ 接口的电动机编码器或外部编码器/光栅尺时，将其转换成带 DRIVE-CLiQ 接口的编码器信号。SINUMERIK 840D sl 数控系统的编码器系统连接组件见表 2-20。

表 2-20　SINUMERIK 840D sl 数控系统编码器系统连接组件

外观	型号	接收频率(kHz)	说明
	SMC10	5~10	用于转换不带 DRIVE-CLiQ 接口的电动机编码器信号或连接外部编码器 SMC10 只用于连接两级或多级旋转变压器的信号
	SMC20	≤500	用于转换不带 DRIVE-CLiQ 接口的电动机编码器信号或连接外部编码器 SMC20 用于连接以下编码器信号 1)增量编码器 sin/cos 1Vpp 2)绝对值编码器 EnDat 3)SSI 编码器,增量信号 sin/cos 1Vpp
	SMC30	≤300	用于转换不带 DRIVE-CLiQ 接口的电动机编码器信号或连接外部编码器 SMC30 用于连接以下编码器信号： 1)增量编码器 TTL/HTL,带/不带开路检测(仅通过双极性信号进行开路检测) 2)SSI 编码器,带 TTL/HTL 增量信号 3)SSI 编码器,不带增量信号
	SMC40		用于连接 EnDat 2.2 信号的绝对值光栅尺或编码器,包含两个测量系统接口
	SME20 SME25	≤500	用于机械编码器(直接测量系统)信号的转换单元 SME20/25 用于连接以下编码器信号： 1)增量编码器 sin/cos 1Vpp,不带转子位置信号(C/D 信号) 2)绝对值编码器 EnDat 2.1 3)SSI 绝对值编码器 1),带增量信号 sin/cos 1Vpp (从固件版本 2.4 起)

（续）

外观	型号	接收频率(kHz)	说明
	SME120	≤500	特别适合在直线电动机和转矩电动机上使用，该模块可以安装在电动机系统和机械编码器附近 SME20/25 用于连接以下编码器信号： 1)增量编码器 sin/cos 1Vpp 2)绝对值编码器 EnDat 2.1 3)SSI 绝对值编码器，带增量信号 sin/cos 1Vpp，但是不带参考信号
	SME125		

2.2 SINUMERIK 840D sl 数控系统连接概览

西门子 SINUMERIK 840D sl 数控系统主要是由操作部分+NCU+驱动器+伺服电动机+检测部分组成的。根据操作部分的差别，可将 SINUMERIK 840D sl 数控系统典型的配置形式分为 3 种类型，如图 2-24 所示。

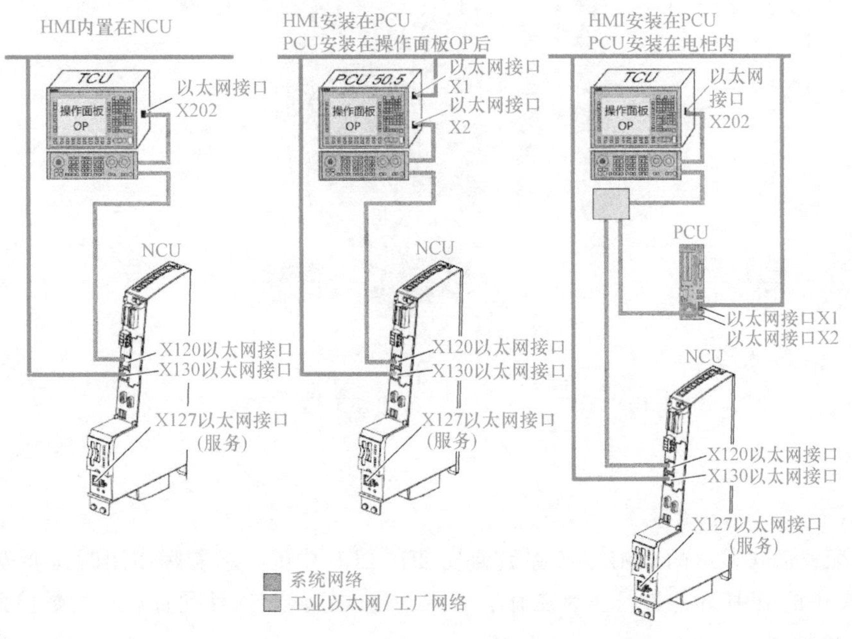

图 2-24 SINUMERIK 840D sl 数控系统的典型配置形式

1. NCU+MCP+TCU+OP

这种配置形式显示的 HMI 操作系统是存储在 NCU 模块的 CF 卡中的，在实际使用时不需要做任何调整，兼容性较好，网络功能完善。这种配置形式的数控系统整体连线如图 2-25 所示。

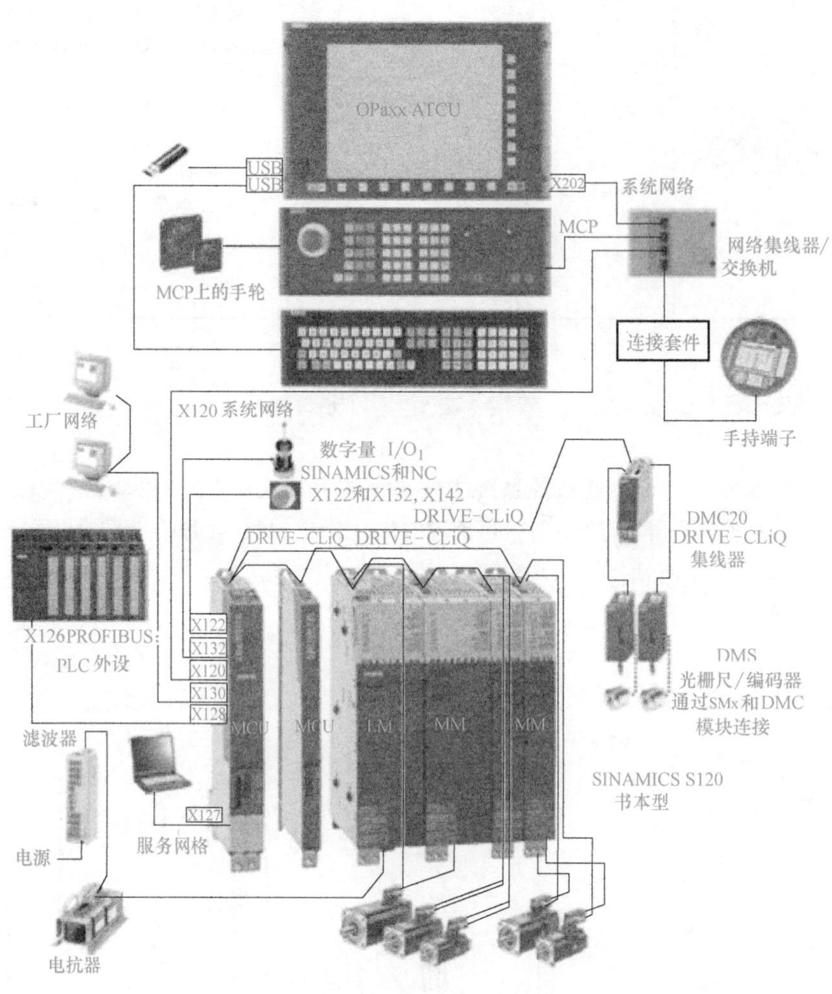

图 2-25 SINUMERIK 840D sl 数控系统 NCU+MCP+TCU+OP 连接形式

2. NCU+MCP+PCU+OP

这种配置形式显示的 HMI 操作系统是安装在 PCU 中的，在实际使用时需要先关闭 NCU 内置 CF 卡中的 HMI 才能进行正常工作，否则会出现错误。这种配置形式的数控系统整体连线如图 2-26 所示。

3. NCU+MCP+PCU+TCU+OP

这种形式主要用于机床厂家自主研发 OEM 操作界面的情况。因为 OEM 界面容量较大，无法存放在 NCU 模块的 CF 卡中，因此需要将界面相关的数据存放在 PCU 的 SSD 中。这种配置形式的数控系统整体连线如图 2-27 所示。

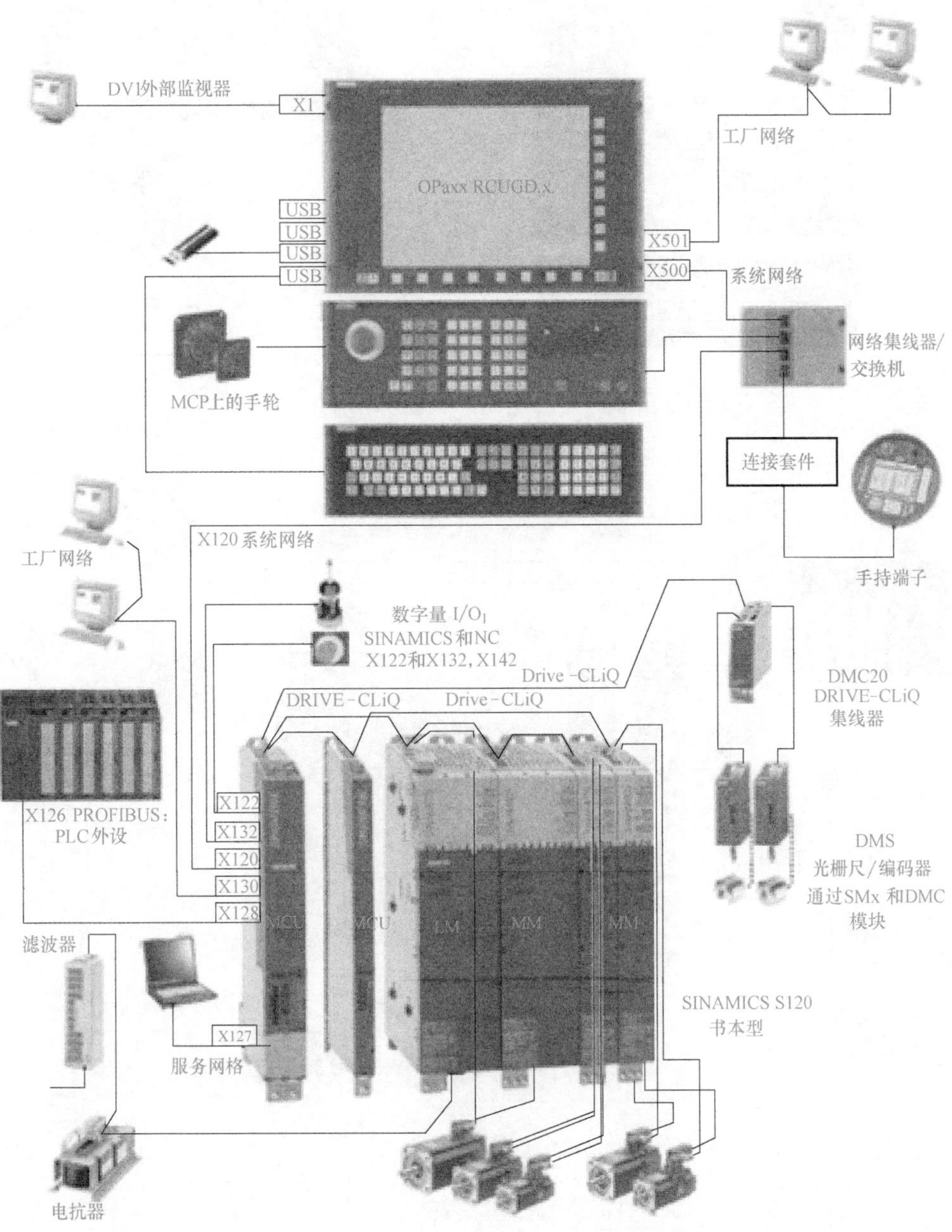

图 2-26 SINUMERIK 840D sl 数控系统 NCU+MCP+PCU+OP 连接形式

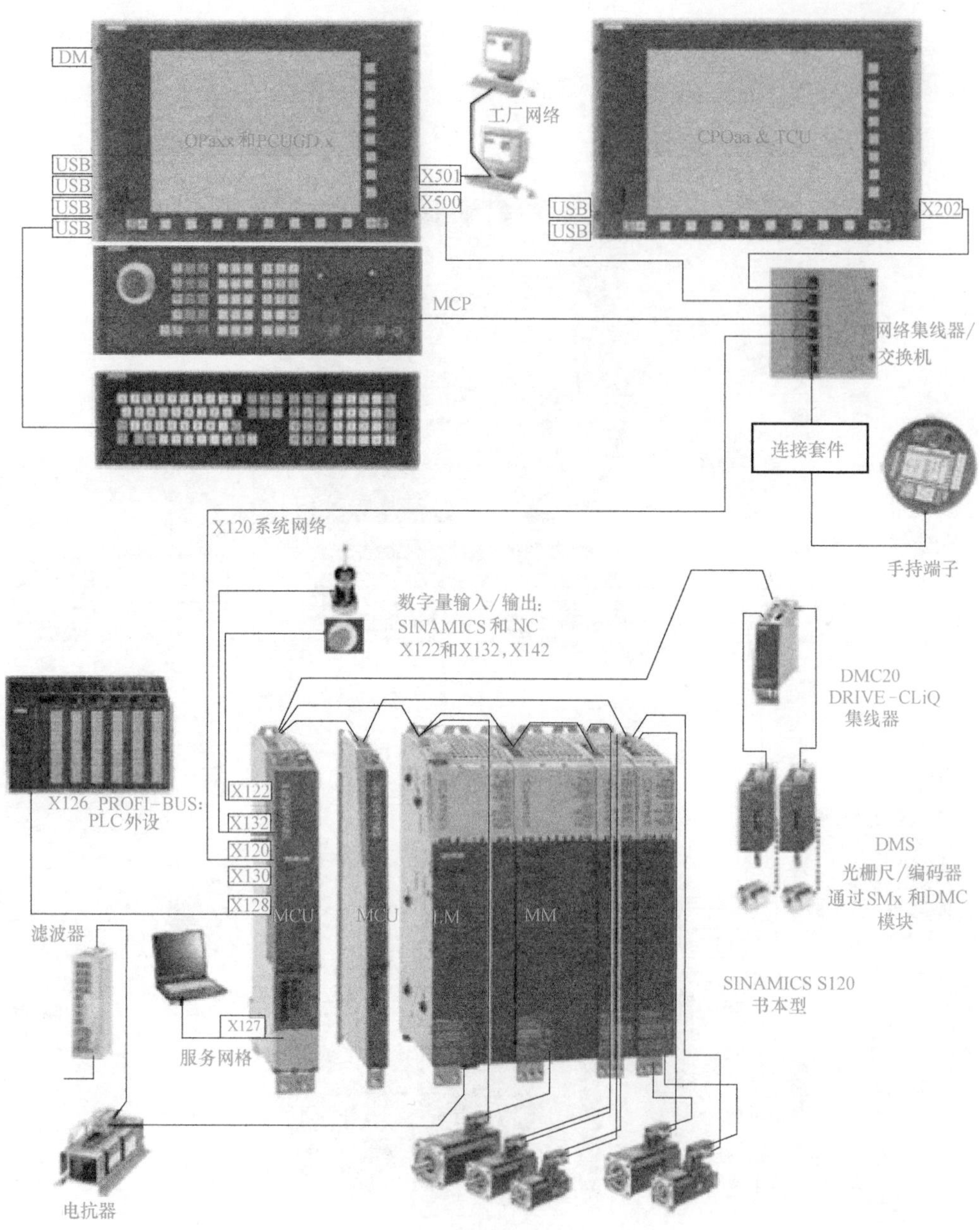

图 2-27　SINUMERIK 840D sl 数控系统 NCU+MCP+PCU+TCU+OP 连接形式

2.3 SINUMERIK 840D sl 数控系统某型数控铣床的硬件连接

以装备 SINUMERIK 840D sl 数控系统的 YL-559 型数控铣床实训设备为例，介绍 SINUMERIK 840D sl 数控系统硬件的连线形式，机床整体外观及数控系统电气柜如图 2-28 所示。该数控铣床采用 NCU+MCP+TCU+OP 的结构，伺服驱动单元采用 SINAMICS S120 书本型伺服驱动器。

1. TCU 的连接

该机床所配备的 SINUMERIK 840D sl 数控系统的 TCU 型号为 TCU20.2，整体连线如图 2-29 所示。

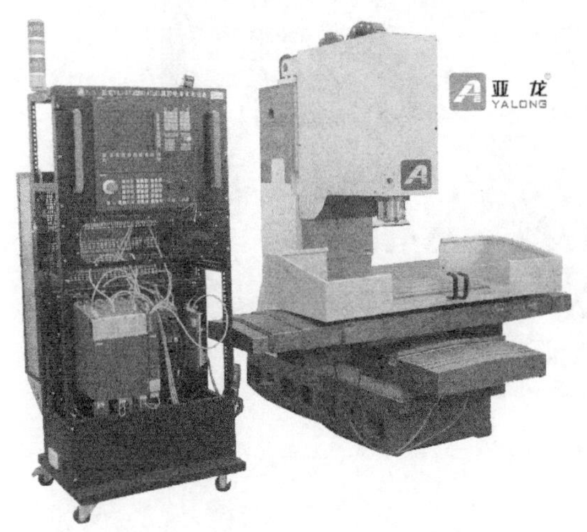

图 2-28 YL-559 型数控铣床实训设备

图 2-29 TCU 整体连线（一）

如图 2-30 所示，TCU 共连接两组线路。X206 接口连接 DC 24V，实现为 TCU 供电。X201/202 使用以太网线连接到 MCP 的 X21 接口，以实现 TCU 与 MCP 的通信。X208 接口连接到 OP 010 的显示接口 K2。

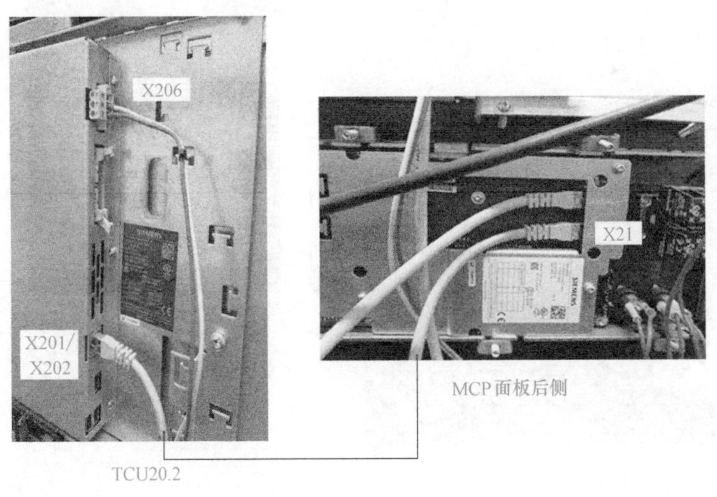

图 2-30 TCU 整体连线（二）

2. MCP 的连接

图 2-31 所示为该 MCP 面板后侧整理连线。X10 电源接口连接 DC 24V 电源，X60 接口连接到手轮端子排，与手轮实现通信，如图 2-32 所示。X20 接口使用以太网线缆连接到 NCU 模块的 X120 P1 接口，如图 2-33 所示。进给倍率 X30、主轴倍率 X31 连接到相关倍率旋钮，默认已接好，急停按钮也为默认接好的按钮。

图 2-31　MCP 面板后侧整体连线

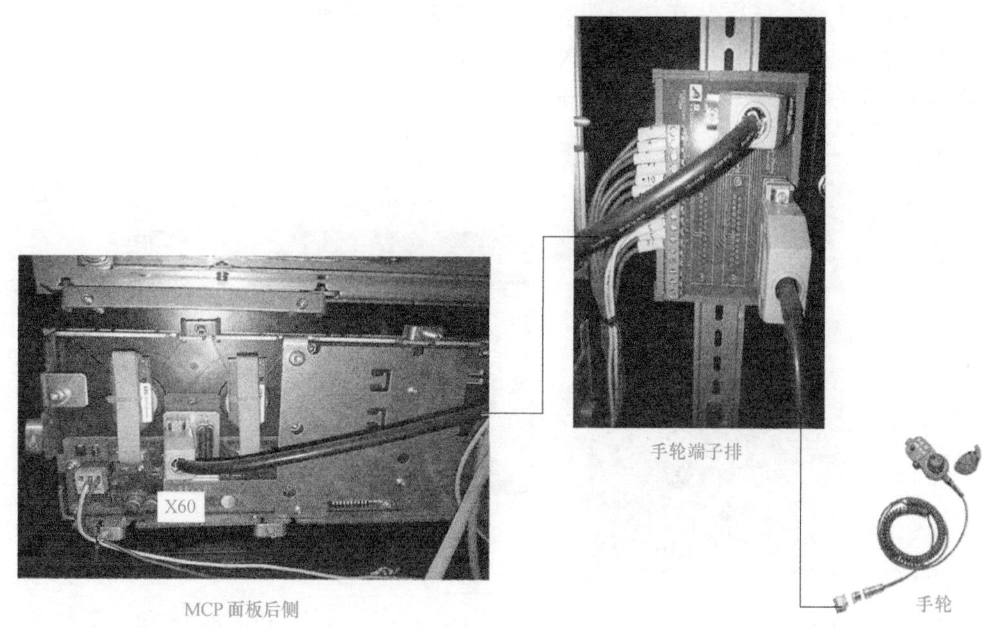

图 2-32　MCP 面板与手轮的连接

3. NCU 模块的连接

图 2-34 所示为 NCU 模块、SINAMICS S120 书本型伺服驱动器、SMC20 编码器接口模块和 PLC I/O 模块在电气柜中的整体安装效果，中间部分（标有 SIEMENS SINUMERIK）为 NCU 模块。

MCP后面板

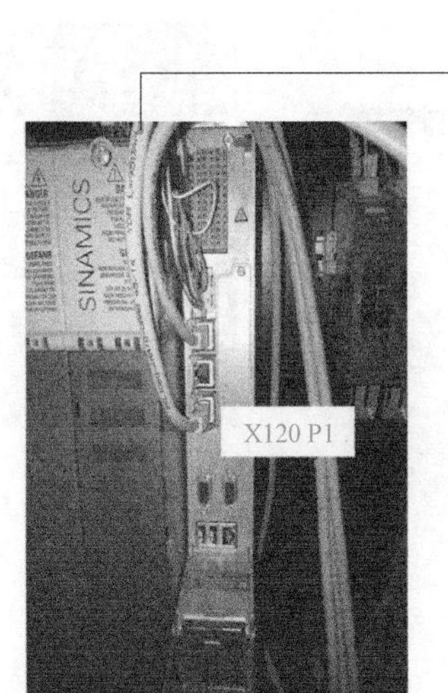

NCU

图 2-33 MCP 与 NCU 的连接

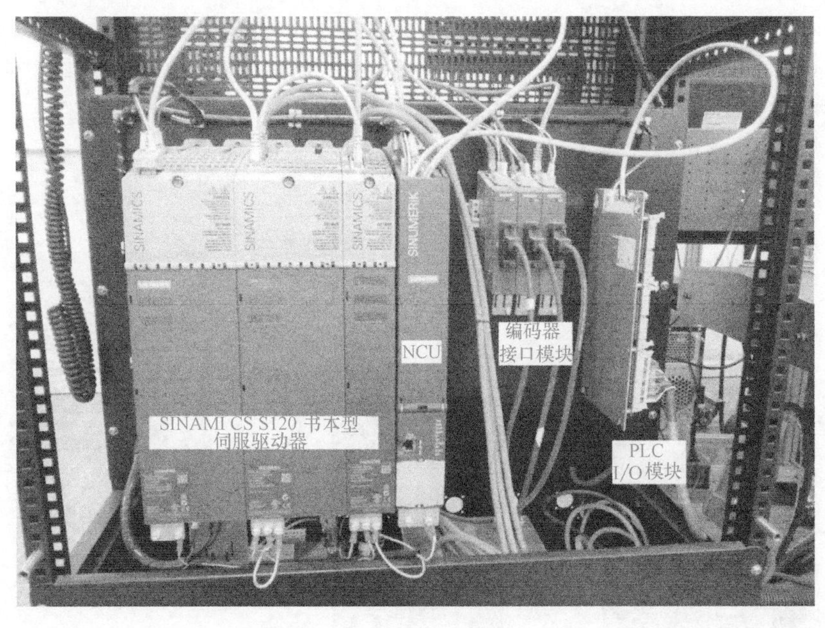

图 2-34 NCU+S120 伺服驱动器+编码器接口模块+PLC I/O 模块整体连接外观

该 SINUMERIK 840D sl 数控系统 NCU 型号为 NCU710. 3B PN，具有 4 个 DRIVE-CLiQ 接口，位于 NCU 顶端，接口标号为 X100～X103。其中，X100、X101 分别连接到 SINAMICS S120 书本型伺服驱动器的电源模块（左）的 X200 接口与电动机伺服驱动模块（中）的 X200 接口，X102 和 X103 连接到编码器模块 SMC20 的 X500 接口（右侧中间），如图 2-35 所示。

图 2-35 NCU DRIVE-CLiQ 接口连接

揭开 NCU 模块前面的盖板，X122、X132、X142 为数字量 I/O 接口，用于连接 NC 相关设备。因为本机床配有雷尼绍测量头，因此这里连接了雷尼绍测量头相关信号端子，这里不做过多介绍。X124 为 DC 24V 端口，X150 的 P1、P2 为 PROFINET I/O 接口，使用 PROFINET 线缆进行连接，其中，P1 接口连接了 PLC I/O 模块，如图 2-36 所示，P2 接口未连接。前面已介绍，X120 接口连接到 MCP 后侧的 X20 接口。

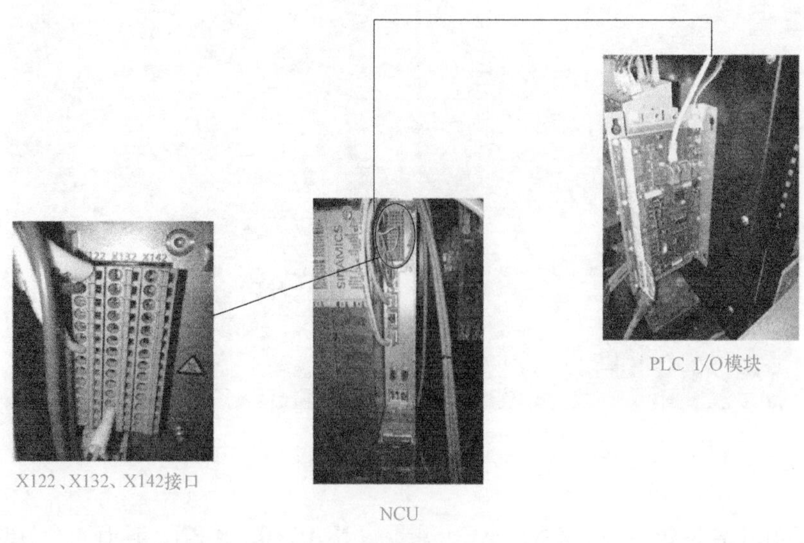

图 2-36 NCU 其他部分接口（一）

NCU 的 LED 指示灯及 CF 卡槽接口 X109、X127 接口等如图 2-37 所示，CF 卡中保存数控系统的核心 HMI 数据（该机床所使用数控系统的版本为 V4.5）。

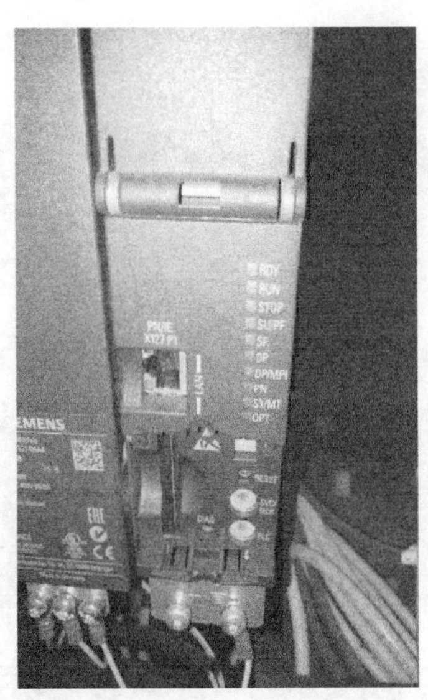

图 2-37　NCU 其他部分接口（二）

DRIVE-CLiQ 连接规则经验分享：

1）NCU 模块内置的 1 个 CU，只能控制 1 个 ALM，当需要连接多个 ALM 时，需要增加 NX 扩展板；

2）NCU 模块内置的 CU 最多只能控制 6 个驱动器；

3）NX10.3 模块最多可以控制 3 个附加伺服轴，NX15.3 模块最多可以控制 6 个附加伺服轴；

4）驱动器的第二个编码器（全闭环）只能连接到控制该驱动的 CU 单元上。

4. SINAMICS S120 书本型伺服驱动器的连接

该数控铣床的伺服驱动模块使用 SINAMICS S120 书本型伺服驱动器，如图 2-38 所示。其中，左侧为 16kW 非调节型电源模块，中间为主轴与 Z 进给轴的电动机驱动模块，右侧为 X 与 Y 进给轴的电动机驱动模块。电源模块左上角为 DC 24V 端子适配器，接入 DC 24V 电源，三个模块最下端螺钉为接地端子。

整体三相电源的引入是从非调节型电源模块正下端的电源端子 X1（U1，V1，W1）三个端子引入的，再通过三个模块保护盖内直流母线排的连接实现为电动机模块供电，如图 2-39 所示。

（1）非调节型电源模块的连接

16kW 非调节型电源模块三相 AC 380V 电源的引入、DC 24V 电源的引入及与其他两个电动机模块的连接在前面已经介绍，这里不再赘述。

在电源模块的上端，还有 X200～X202 共 3 个 DRIVE-CLiQ 接口与 1 个 X21 接口，如图 2-40 所示。其中，X200 连接 NCU 模块的 X100 接口（见图 2-35），X21 接口有 4 个端子，其中最上面两个（1、2）连接用于输入检测温度的温度传感器信号，下面两个端子（3、4）输入使能脉冲信号。

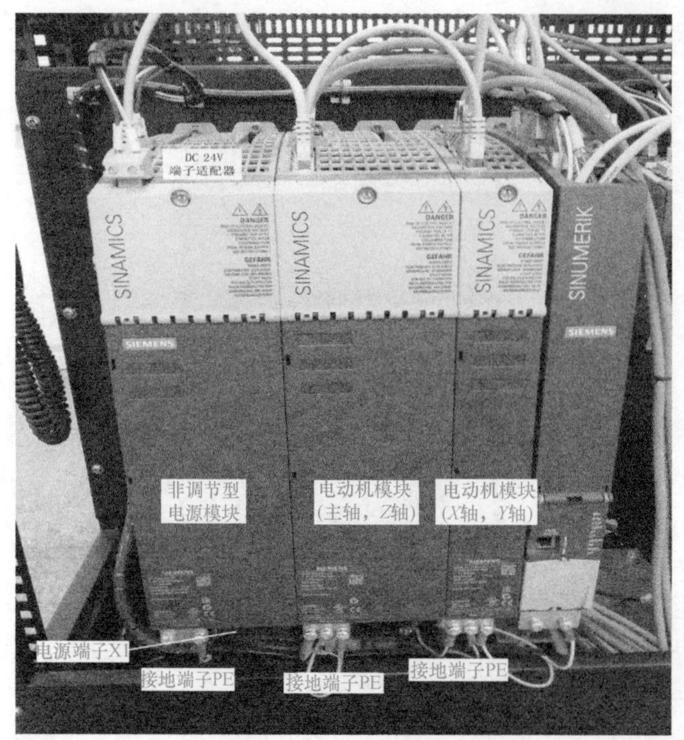

图 2-38　SINAMICS S120 书本型伺服驱动器的组成

图 2-39　SINAMICS S120 书本型伺服驱动器直流母线排的连接

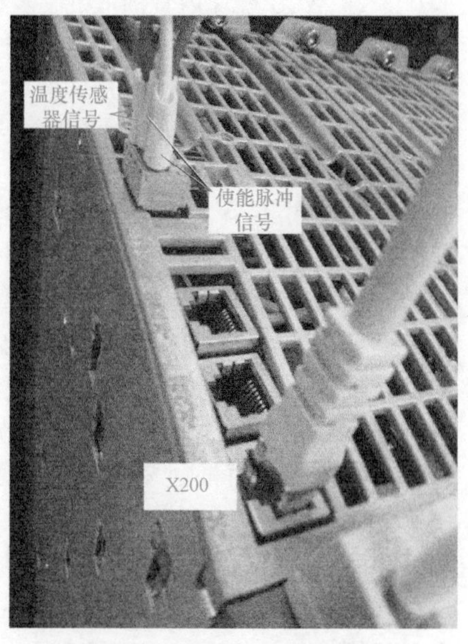

图 2-40　SINAMICS S120 书本型伺服驱动器 16kW 非调节型电源模块的连接

（2）电动机模块的连接（主轴和 Z 轴）

驱动主轴和 Z 轴的电动机模块位于 SINAMICS S120 书本型伺服驱动器的中间，X1、X2

接口连接主轴与 *Z* 轴伺服电动机（注意：西门子规定电动机动力线缆一律套以橘黄色护套线进行标识），驱动其工作，这里不再赘述。正上方有 X200～X203 共 4 个 DRIVE-CLiQ 接口与 1 个 X21 接口，X21 接口的功能同非调节型电源模块，这里不再介绍。

X200 接口连接 NCU 模块的 X101 用于实现通信。X201 接口连接 *X* 轴和 *Y* 轴的电动机模块实现通信。X202、X203 接口连接主轴伺服电动机与 *Z* 轴伺服电动机集成的编码器（注意：按照西门子的规定，编码器反馈线缆一律套以青绿色护线套进行标识），如图 2-41 所示。

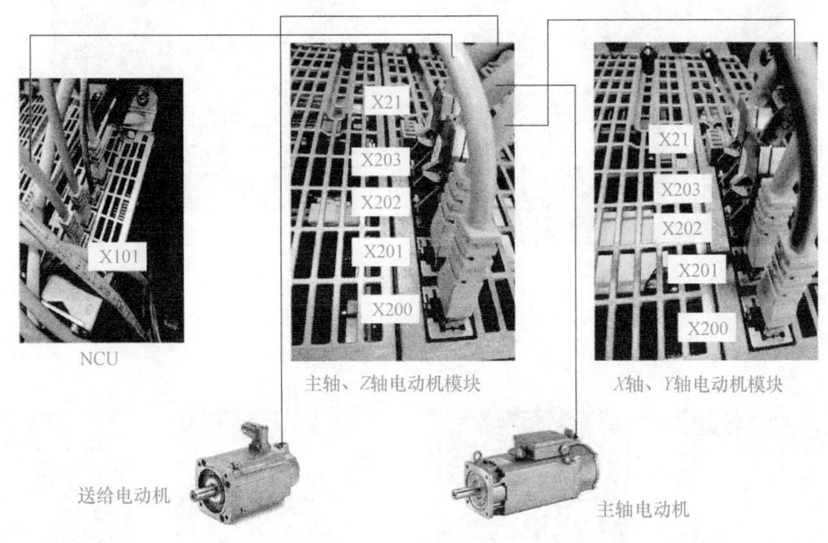

图 2-41 SINAMICS S120 书本型伺服驱动器主轴、*Z* 轴电动机模块的连接

（3）电动机模块的连接（*X* 轴和 *Y* 轴）

驱动 *X* 轴和 *Y* 轴的电动机模块位于 SINAMICS S120 书本型伺服驱动器的最右侧，其所具有的端口和定义与主轴和 *Z* 轴驱动器模块完全相同。连线时，X202 接口连接 *X* 轴电动机编码器信号线，X203 接口连接 *Y* 轴电动机编码器信号线，其情况与图 2-41 类似，这里不做过多的说明。

5. PLC I/O 模块的连接

该数控铣床使用 1 块 PP 72/48 I/O 模块实现 PLC 信号的传输，其中，X1 接口连接 DC 24V 电源。PROFINET X2 端口 1 连接 NCU 模块的 X150 P1 接口，X111 连接一个 50 芯扁平电缆接头到分线器模块，实现与外部众多 PLC 信号的连通，如图 2-42 所示。

6. SMC20 编码器接口模块的连接

该数控铣床在 *X*、*Y* 和 *Z* 轴上装有光栅尺，实现三个方向的全闭环检测与反馈，由于光栅尺不带有 DRIVE-CLiQ 接口，因此必须使用编码器接口模块进行转换连接。

三个编码器横向排列分别为 *Y*、*X*、*Z* 轴光栅尺，使用编码器接口模块上的 X520 接口分别连接 3 个光栅尺，实现信号传输。X524 为 DC 24V 电压。3 个 X500 接口的信号分别连接到 NCU 的 X102、X103 及 *X*、*Y* 轴伺服驱动模块的 X201 接口，其整体连接如图 2-43 所示。

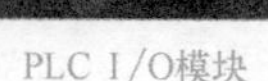

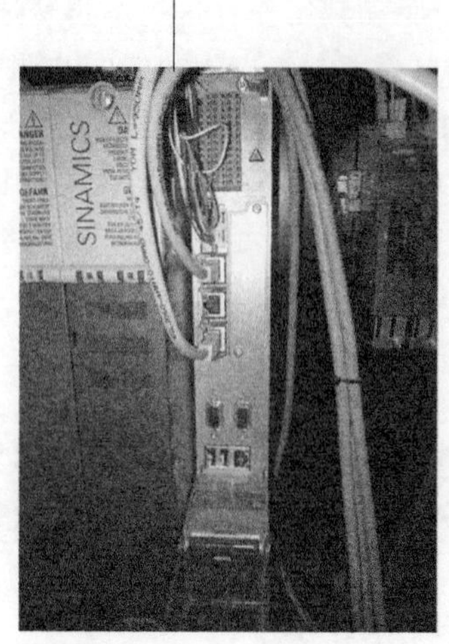

图 2-42　PLC I/O 模块的连接

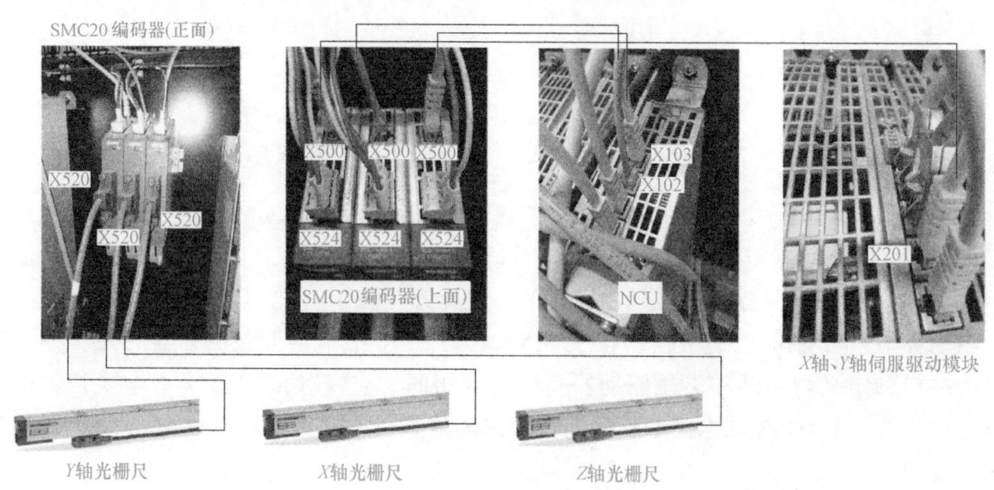

图 2-43　SMC20 编码器的连接

SMC20 编码器与光栅尺的连接经验分享：

1）SMC20 编码器支持连接的光栅尺信号有 1Vpp、EnDat、SSI（1Vpp）等，此数控铣床选用的海德汉光栅尺（型号为 LC183）信号为 EnDat；

2）SMC20 编码器的 X524 接口为 DC 24V 电压，正负极请勿接反；

3）光栅尺读数头的线缆是跟随机床一起移动的，事先预留出移动裕量以免折断。

[思考练习]

1. 简述 SINUMERIK 840D sl 数控系统的配置形式及其特点。

2. 简述 SINUMERIK 840D sl 数控系统硬件的组成及各组成部分的功能。
3. 简述 SINUMERIK 840D sl 数控系统的操作部件组成。
4. 简述 TCU 含义、型号及基本功能。
5. 简述 PCU 含义、型号及基本功能。
6. 简述 NCU 含义、型号及功能特点。
7. 简述 NX 模块的作用及其在使用时的连线规则。
8. 简述 SINUMERIK 840D sl 数控系统的驱动器型号及其特点。
9. 简述 SINUMERIK 840D sl 数控系统常用的 PLC I/O 接口模块的类型及特点。
10. 请在数控铣床上找到 TCU 的位置，并指出其接口与连线去向。
11. 请在数控铣床上找到 OP 的位置，并指出其接口与连线去向。
12. 在数控铣床上找到 NCU 的位置，并指出其接口与连线去向。
13. 在数控铣床上找到伺服驱动模块，指出其组成并说出其接口与连线去向。
14. 在数控铣床上找到 PLC I/O 模块的位置，指出其接口与连线去向。
15. 在数控铣床上找到光栅尺和编码器接口模块，指出其接口与连线去向。

第3章 Chapter 3

系统开机调试

在数控系统安装调试之前，无论是NC还是PLC中都会留存部分系统自身进行调试的文件或程序，这些程序大多是不完整的或是与后续使用没有关联性的，因而需要进行系统总清。数控系统无论与何种机床配合使用，自身的初始状态都是一定的。不同种类的机床，需要按照不同的使用特性进行系统配置及参数设置，而这一过程是较为繁琐且复杂的。

在DRIVE-CLiQ的使用基础上，SINUMERIK 840D sl系统提供了结构拓扑识别这一实用性功能，它可以大大节省系统配置的时间及精力。基础的工作可以交给系统自行识别完成，但也给安装调试人员提出了更高的要求。想要解决拓扑识别后出现部分设备不能正常识别，及在系统中接入西门子系统兼容性能不良的硬件等问题，还是需要通过手动配置、调试解决。

3.1 系统初次上电与系统总清

设置日期和时间

1. 初次上电前检查

全部系统连线完成后需要做一些必要的检查，内容如下：

1）参照系统接线图检查系统连线是否正确。

2）工业以太网/PROFINET/PROFIBUS/DRIVE-CLiQ电缆不得混用。

3）检查驱动器进线电源模块和电动机模块的直流母线是否可靠连接（直流母线上的所有螺钉必须牢固旋紧）。

4）确保信号电缆屏蔽两端都与机架或机壳连通。

5）信号线与动力线尽可能分开布置，避免相互干扰。

6）信号线不要太靠近类似电动机或变压器等较强的电磁场环境，如果信号线无法与其他电缆分开，则应走屏蔽穿线管进行线路隔离。

7）检查系统供电回路有无短路；如果使用多个DC 24V电源，应检查每个电源回路是否连通。

2. 系统NC与PLC总清

SINUMERIK 840D sl数控系统初次上电时，需要对系统进行NC及PLC总清，具体的操作通过NCU的操作面板实现。在总清前确保系统已经安装CF卡及已安装NCK系统。如图3-1所示，NCU前面板下端活动夹盖上翻后，可见CF卡槽及七段数码显示管。

（1）系统总清的目的

为了能顺利进行调试，在NCU首次调试时，必须对NC及PLC进行总清，以达到整个

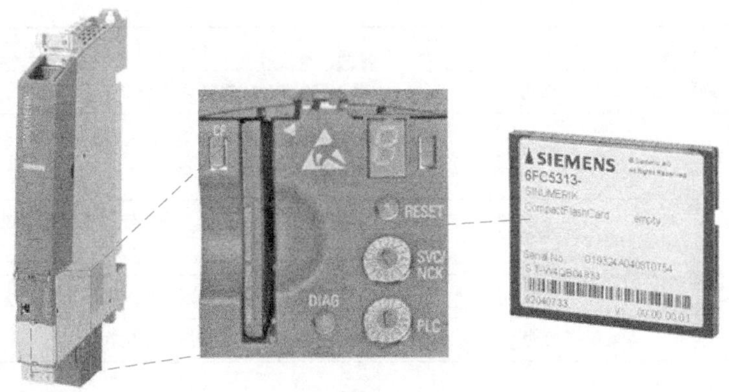

图 3-1　NCU 及 CF 卡

系统规定的初始状态。

NC 总清：删除用户数据；初始化系统数据；装载标准机床数据。

PLC 总清：删除数据块及功能块；删除系统数据块 SDB；清除诊断缓冲区 MPI 参数。

（2）NC 和 PLC 总清相关部件说明

1）在开机调试过程中，涉及以下相关 NCU 操作及显示组件，如图 3-2 所示，NCK 即 NC Realtime Kemal，是指西门子的数控实时操作核心系统。

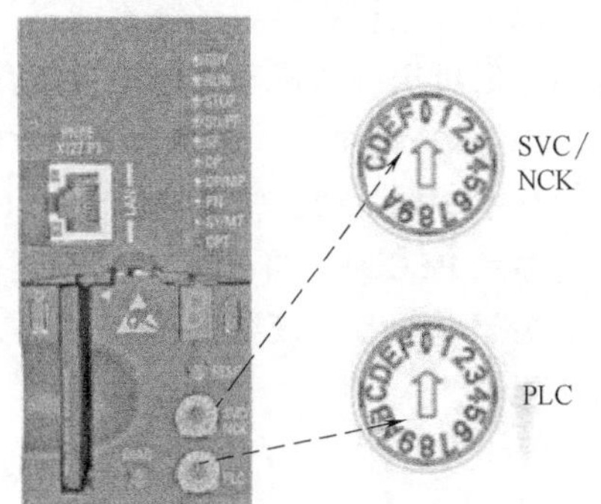

图 3-2　NCU 操作面板

- ◆ LED 灯：显示系统运行状态及故障信息。
- ◆ 数码显示管：NCU 运行状态显示。
- ◆ 复位（RESET）键：NCU 系统硬件重启。
- ◆ SVC/NCK 调试开关：可以进行 NC 总清。
- ◆ PLC 调试开关：可以进行 PLC 总清。

2）NCK 运行信息及处理方法。

NCU 上 LED 灯显示信息见表 3-1。

表 3-1　LED 灯显示信息

LED	功能	颜　色	说　明
RDY	NCU 系统准备状态	红色 2Hz 闪烁	NCU 设备故障
		红色/橙色 2Hz 闪烁	读 CF 卡错误
		橙色	正在读取 CF 卡
		橙色 0.5Hz 闪烁	DRIVE-CLiQ 部件固件升级
		橙色 2Hz 闪烁	固件升级完毕，系统需重启
RUN	PLC 运行	绿色/橙色 1Hz 闪烁	检查 DRIVE-CLiQ 部件连接
STOP	PLC 停止	橙色	PLC 处于停止状态（PLC 停止）
SU/PF	PLC 激活	红色	强制激活（PLC 强制）
SF	PLC 错误	红色	PLC 组错误
DP		红色	PROFIBUS 组错误 X126
DP/MPI		红色	PROFIBUS 组错误 X136

（续）

LED	功能	颜　色	说　明
PN	PLC 错误	红色	PROFINET I/O 组错误 X150
SY/MT	维修状态	绿色	板载 PROFINET I/O 接口(X150)处于同步状态(SY) NCU 处于维护状态(MT)
OPT	线路故障	关	PROFINET 系统运行正常；与所有已配置的 I/O 设备的数据交换都在进行中
		红色	总线故障(无物理连接)传输率不正确
		红色	连接的输入/输出设备出现故障

红色 2Hz 指示灯闪烁，此时为系统永久性错误。若数码管显示“C”（Crash），表示操作系统崩溃，应分析系统日志文件综合研判；或数码管显示“P”（Partition），则为系统分区错误，重新进行分区操作即可恢复。

红色/橙色 2Hz 指示灯闪烁，此时为系统临时性错误。若数码管显示“E”（Error），表示 CF 卡出现读取错误，显示“E.”表示写入错误；数码管显示“F”（Full），表示 CF 卡已满。

永久性错误将导致系统不能正常启动，一般需要对 NCK 进行系统及数据恢复；临时性故障一般可以继续启动，但是系统存在的问题将继续保留，直至维修人员进行修复。

当 RDY 错误时，应结合七段数码显示管进行判断，七段数码显示管显示信息见表 3-2。

显示 1 或 2 时，需要通过使用 NCK 开关位置 1 或 2 进行启动来执行常规重置操作。

显示 PLC 时，将 PLC 开关调至位置 5。升级持续约 15s 并以字母轮转的方式显示，此时切勿关闭电源。升级结束后，“PLC”显示消失。将 PLC 开关调至位置 3 后，可继续进行 PLC 复位。

表 3-2　七段数码显示管显示信息

显示数字	含　义
1	CF 卡和 SRAM 数据不匹配
2	
3	调试程序已初始化
4	NCK 操作系统已成功激活
5	NCK 操作系统已启动，正在执行程序并处理初始化任务
6	成功执行初始化
6.	控制单元正在循环运行，且循环处于活动状态
F	内部错误
PLC	PLC 启动代码需要升级

（3）开机调试开关

NCK 中用于开机调试的开关主要有 3 个：SVC/NCK 旋转开关、PLC 旋转开关及 RESET 按键，如图 3-3 所示。NCK 开关功能见表 3-3，PLC 开关功能见表 3-4。RESET 按键需配合 SVC/NCK 旋转开关、PLC 旋转开关使用。

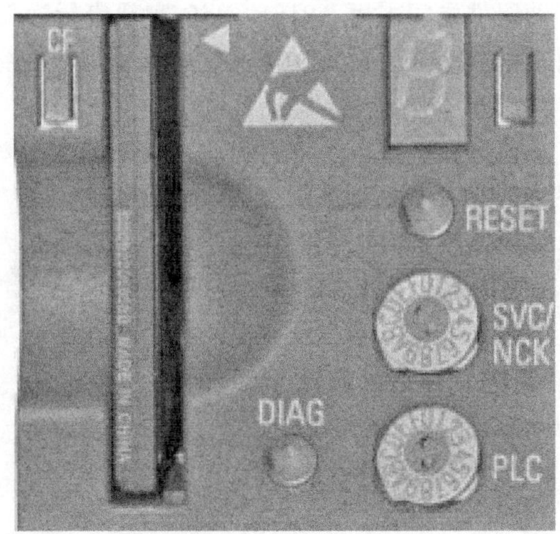

图 3-3 开机调试开关

表 3-3 NCK 开关功能

开关位置	功 能
0	NCK 正常启动
1	NCK 使用默认值启动(重置存储器)
7	调试模式,不启动 NCK
8	IP 地址显示在七段数码显示管上
其他所有位置	无相关功能

表 3-4 PLC 开关功能

开关位置	功 能
0	运行
1	运行(保护模式)
2	停止
3	启动时重置存储器(MRES)
其他所有位置	无相关功能

（4）NC 及 PLC 总清操作方法

1）将 NCU 上的旋转开关做如下设置：将 SVC/NCK 旋转开关转到位置“1”；将 PLC 旋转开关转到位置“3”。

2）将控制系统断电并重新上电，或按 RESET（重置）按键启动重置。

3）等待系统运行并出现如下信息：等待七段数码显示管上显示“5”；“STOP” LED 闪烁，“SF” LED 亮起。

4）在 3s 内，依次将 PLC 旋转开关转到“2”→“3”→“2”，此时，“STOP” LED 先快速闪烁，然后变为稳定的灯光。

5）将 PLC 和 SVC/NCK 旋转开关转回到位置“0”。

6）正常启动后，NCU 数码显示管显示“6”，同时右下角小数点不停闪烁；“RUN” LED 持续亮起且呈绿色。

7）PLC 和 NC 处于循环运行模式下，总清完毕。

3.2 驱动系统的拓扑识别与供电模块配置

SINAMICS S120 是西门子公司推出的集 V/F、矢量控制及伺服控制于一体的驱动控制系统，它不仅能控制普通的三相异步电动机，还能控制同步电动机、转矩电动机及直线电动机。它具有灵活的模块化设计，通信支持 PROFIBUS 现场总线和高速工业以太网 PROFINET。

SINAMICS S120 的传动组件之间采用 DRIVE-CLiQ 实现串行通信，且组件均内置电子铭牌，可以自动读取信息进行结构拓扑，从而实现 SINAMICS 驱动系统的自动配置。

1. 拓扑前的准备工作

SINUMERIK 840D sl 系统开机后会自动检测驱动和系统部件的固件版本，若低于当前系统软件中的固件版本，系统自动升级驱动系统固件（前提条件：必须先进行 PLC 硬件配置，否则 NCU 不能正确识别驱动系统部件），保证驱动系统的固件与驱动控制系统（SINUMERIK 840D sl 系统内置）完全一致。

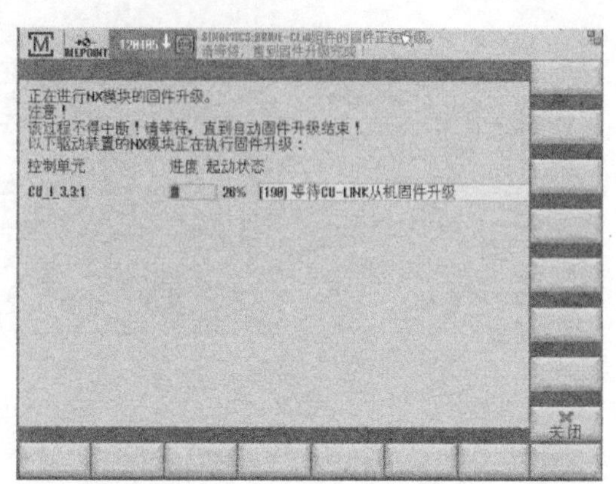

图 3-4　NX 模块自动升级过程

固件升级过程中严禁断电，否则可能导致系统异常。待固件升级结束后，HMI 上会出现重启系统及驱动的提示，断电重启后固件升级完成。

（1）驱动系统自动升级

1）若数控系统中有 NX 模块，首先应升级 NX 模块的固件，如图 3-4 所示。

2）检查所有驱动系统的部件，固件不一致时，自动升级固件，如图 3-5 所示。

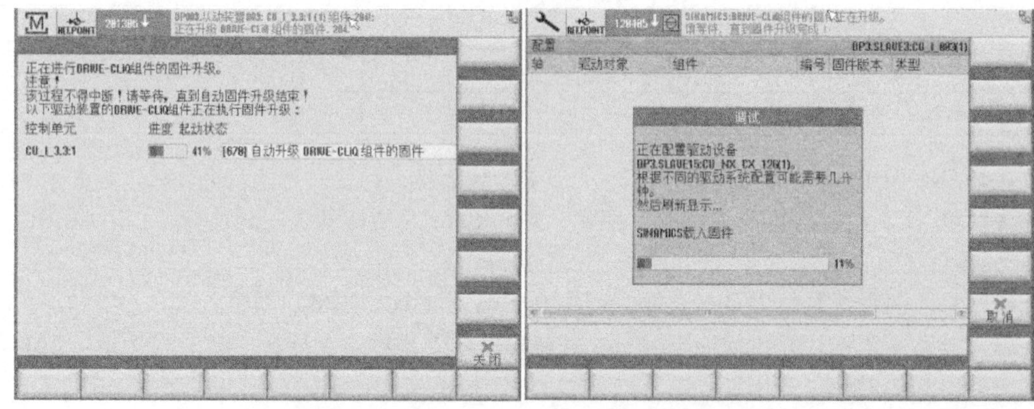

图 3-5　驱动部件自动升级过程

3）升级完成后，系统会出现 120406、201416、201007 等报警，如图 3-6 所示，完成断电重启步骤后报警消除。

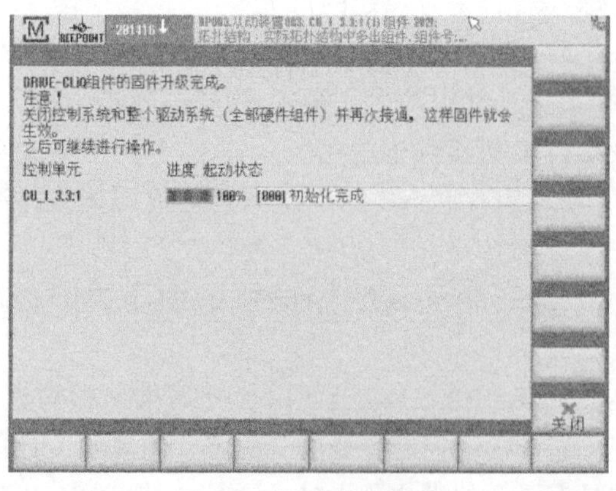

图 3-6　驱动升级完成

（2）驱动系统出厂设置

系统初次调试必须进行驱动系统的出厂设置，以保证系统达到调试要求。

1）启动出厂设置。单击“菜单”，选择“调试”→“驱动系统”，启动驱动配置。

2）选择出厂设置。如图 3-7 所示，单击“出厂设置”后，出现 3 个选项：当前驱动对象、驱动设备、驱动系统。

当前驱动对象：将当前光标所在位置的驱动参数恢复出厂设置；

驱动设备：将当前的驱动控制器（CU 或 NX）恢复出厂设置；

驱动系统：将 NCU 控制系统的所有驱动控制器（CU+NX）恢复出厂设置。

CU（Control Unit）是 S120 驱动器的控制单元。

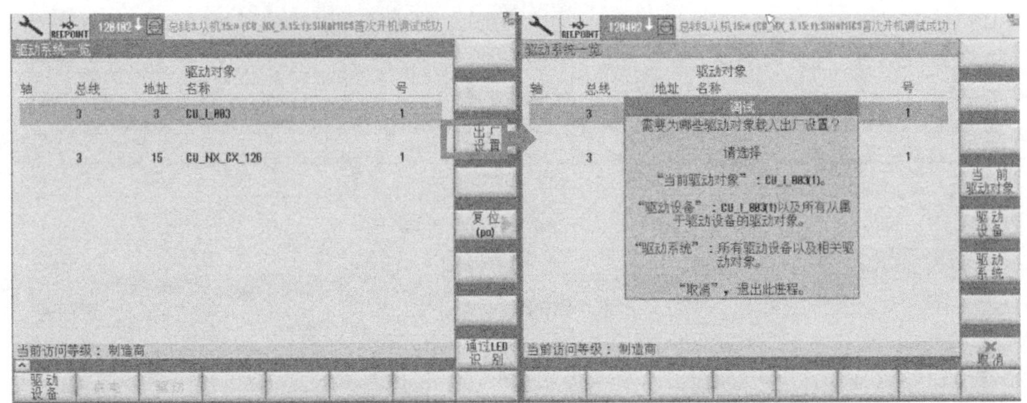

图 3-7 出厂设置菜单

3）驱动系统保存数据，NCK RESET 系统自动关机重启。

2. 驱动系统的拓扑识别

SINUMERIK 840D sl 系统的驱动组件带有电子铭牌功能，接入 S120 驱动器的组件可以进行系统自动识别，此功能称为系统的拓扑识别。拓扑识别功能的出现大大简化了机床厂商及维修人员的操作流程，提高效率的同时更符合人性化的操作要求。在进行配置的过程中，建议首先进行拓扑识别，然后将识别不出来的组件进行手动配置。

查看拓扑等级

自动拓扑识别操作过程如图 3-8 所示。

1）首次自动开机调试，自动拓扑识别。出厂设置完成后，系统上电出现 120402 报警，系统将自动进行拓扑识别，此时单击“确认”按钮。

2）在拓扑识别过程中，严禁单击“取消”按钮，否则将出现拓扑错误。

3）已按电子铭牌自动识别出驱动组件，保存设置并重启。

4）拓扑识别过程结束。

5）查询拓扑结果，选择“调试”→“驱动系统”→“显示拓扑”，如图 3-9 所示。

3. 电源模块配置

电源模块和电动机模块负责为伺服电动机供电，且所有电动机模块都必须连接到 DRIVE-CLiQ 总线系统。

(1) 电源模块简述

驱动系统的电源模块需要三相交流电源，交流电源经过整流变为直流电源，然后通过直流母线汇流排给电动机模块供电，如图 3-10 所示。而电动机模块将直流母线变回可控交流电源，用于驱动伺服电动机。通过调节伺服电动机交流电源的频率和电压，可以精确控制电动机的运行。每个模块均需要一个直流电源，该电压输入电源模块后，经直流母线分配到电

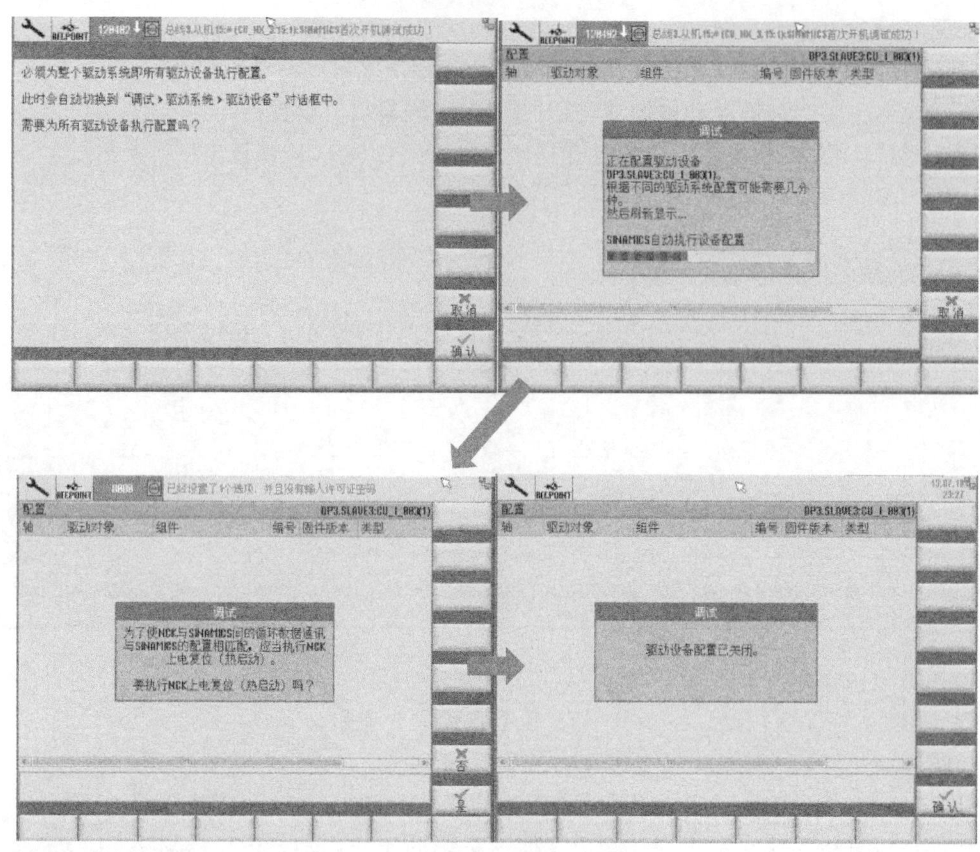

图 3-8　首次开机自动拓扑过程

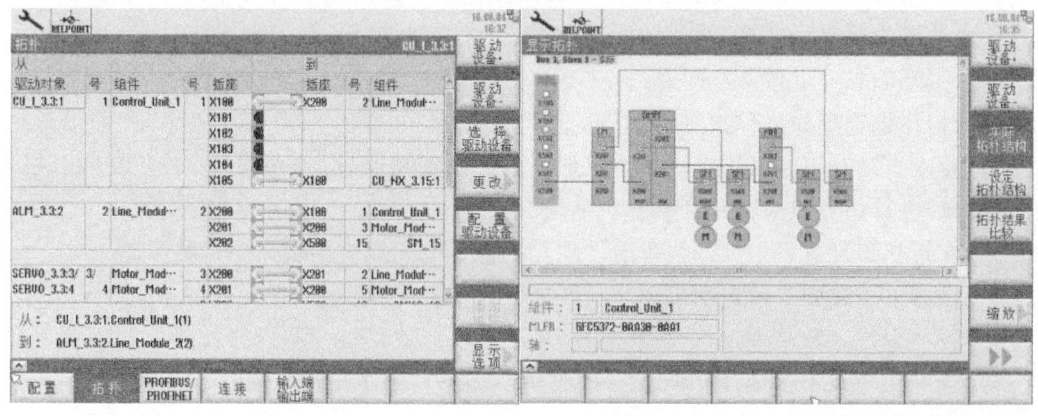

图 3-9　拓扑结果及显示

动机模块。

三相交流电源：输入为 AC 380V～480V（±10%），用以形成 DC 600V 直流母线电压，直流母线通过电源模块正面翻盖下的直流母线汇流排分配到各个电动机模块，作为电动机模块的驱动电压。

直流电源：输入为 DC 24V，通过汇流排系统分配给剩余驱动模块，在驱动系统中为电动机模块电子电路供电。在系统外部，可以使用它通过 DRIVE-CLiQ 网络为故障、就绪和使能信号供电。使能（Enable），通俗来说就是一个“允许”信号，例如，进给使能信号就是允许进给的信号，当进给使能信号有效时，进给电动机才能转动。

图 3-10 直流母线汇流排

电源模块的形式主要有两种：非调节型电源模块（SLM）和调节型电源模块（ALM）。两者的功能基本类似，SLM 可以向电网回馈电力，更加节能。SLM 都是由 DRIVE-CLiQ 驱动的，而 ALM 只有部分是带 DRIVE-CLiQ 接口的。对于有 DRIVE-CLiQ 接口的电源模块，需要进行电源模块配置。

（2）启动电源模块配置过程

启动电源模块配置过程如图 3-11 所示。

1）选择“调试”→“驱动系统”→“供电”。

2）选择“更改”，开始配置电源模块。当系统存在多个电源模块时，勾选“☑开关电源模块的 LED，使其闪烁用于识别”，此时，电源模块上的 LED 灯开始闪烁，可以通过观察判断选择是否正确。

3）设置是否需要电网识别，一般情况下选择默认选项即可，单击“下一步”按钮。

4）设置进线接触器，保持默认选项，单击“下一步”按钮。

5）单击“完成”按钮结束配置，并进行断电重启，电源模块设置结束。

6）在配置完电源模块后，电动机也已经完成初始化，不需另行配置了。

4. 驱动系统上电时序

系统正确连接且电源模块配置完成后，数控系统可以正常上电。上电过程有一定的时序要求，否则系统将启动电源自动保护不能正常开机或异常上电导致电源模块损坏。SINUMERIK 840D sl 系统上电时序的使能主要有 3 种：OFF1、OFF2、OFF3。其中，与开机上电密切相关的主要是 OFF1 供电模块（Infeed）使能及 OFF3 驱动模块（Servo）使能。

系统上电时，先上供电模块使能 OFF1，再上驱动模块使能 OFF3；断电过程与上电过程相反，先断开驱动使能 OFF3，延时断开供电模块使能 OFF1，OFF1 和 OFF3 上电过程如图 3-12 所示。

1）OFF1 使能上电过程：循环运行 DB10. DBX108. 5 后，驱动准备好 NCU X132. 10 信号。OFF1 为从 0→1 的单位阶跃信号，ALM（含 DRIVE-CLiQ）供电模块运行正常，此时，NCU X132. 9 信号为 1。供电模块的 RDY 显示为绿色。SLM（不含 DRIVE-CLiQ）供电模块硬件接口有 Ready 信号输出。

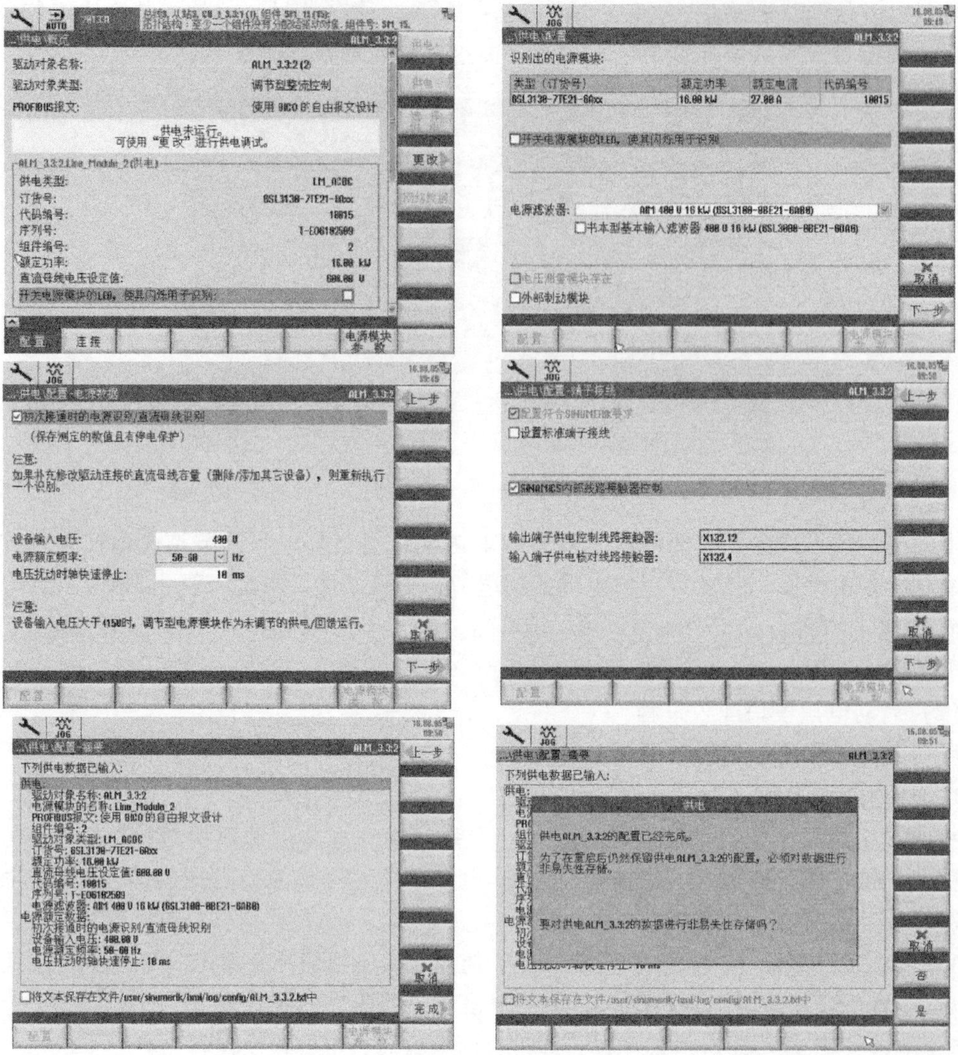

图 3-11　电源模块配置过程

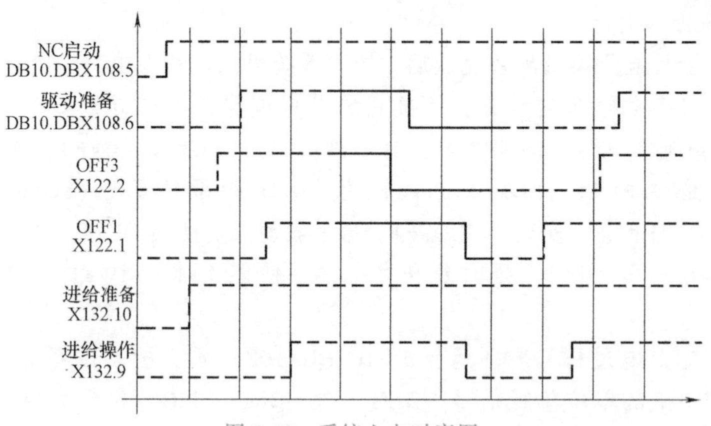

图 3-12　系统上电时序图

注：OFF1——给定信号低电平触发后，延时后停车，然后伺服放大器输出断电；

OFF3——快速下降，然后伺服放大器停止时断电。

2）OFF3 使能上电过程：供电模块运行正常，NCU X132.9 信号为 1，OFF3 信号正常输出。

3.3 第二编码器配置

机床的控制方式主要有 3 种：开环控制、半闭环控制及全闭环控制。开环控制结构简单且精度较低，数控机床一般很少使用，不在本书讨论范围。半闭环控制精度较高，将旋转编码器返回的数值通过计算得到执行元件的位移。其调试、控制较方便，但无法忽略由于机械部分磨损带来的精度误差，适用于对成形精度要求不高的中端机床。全闭环控制精度高，一般由旋转编码器测量电动机旋转参数，光栅尺测量执行元件终端实际位移。其调试及控制复杂，适用于对零件精度要求较高的中高端机床。

半闭环控制与全闭环控制的一大区别就是编码器的数量不同。在机床机械刚性及结构允许的情况下配置第二编码器，是提升机床加工精度的方法之一。

1. 启动第二编码器配置

选择“调试”→“驱动系统”→“驱动”→“驱动+”或“驱动-”进行驱动轴的切换，选择“更改”，直至出现电动机编码器配置，勾选“☑编码器 2”。

第二编码器的选择过程如图 3-13 所示，单击下拉箭头后可看到已经进行物理连接的编码器选项，按照类型及型号进行选择。可以通过勾选编码器模块的 LED 等进行确认。若编码器连接在最后一个电动机模块上，则系统默认将此编码器设置为这个电动机模块控制轴的第二编码器。此时，应先将“编码器 2”前面的对钩消去，将第二编码器变成未连接状态，再将其分配给相应的轴驱动。

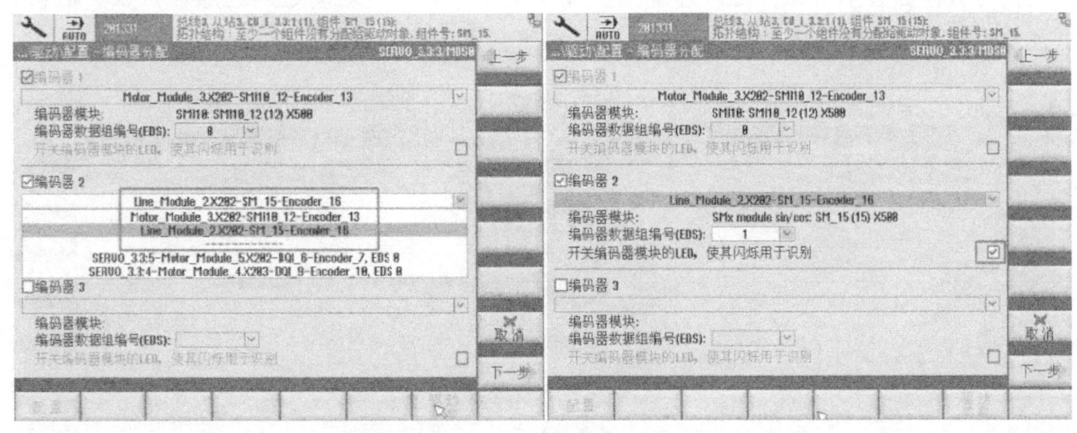

图 3-13 第二编码器的选择

2. 配置编码器参数

编码器常用的种类有增量式编码器和绝对式编码器。DRIVE-CLiQ 接口的所有类型编码器可以自动识别，无需进行参数配置。非 DRIVE-CLiQ 接口的绝对式编码器可以自动识别，也不需要进行参数配置；增量式编码器不能即插即用，需要进行参数设置。若需要进行编码器参数方面的变更，请参阅下一章关于编码器参数设置部分。

3. 第二编码器的新增与取消

勾选编码器 2 后，出现图 3-14 所示界面。此时，发现并未识别增量式编码器，选择“输入数据”，会出现编码器设置界面，根据连接的编码器类型选择“旋转”或“直线”，在“分辨率”中输入编码器的每转线数。设置结束后，单击“确认”按钮。

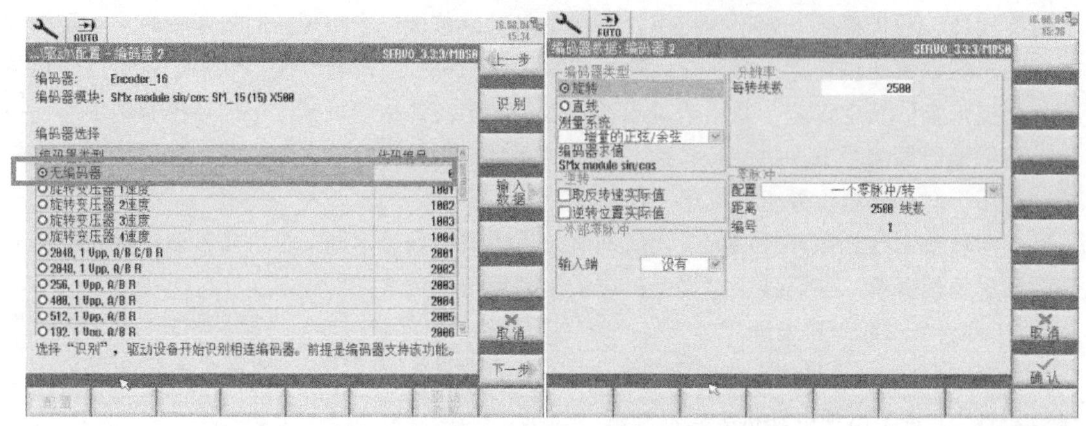

图 3-14　配置编码器参数

新出现的界面如图 3-15 所示，选择“用户自定义”，单击“下一步”按钮。此时，进入“控制类型/设定值”界面，再次确认编码器的控制类型是否与设计一致，报文类型保持默认“西门子报文 136”即可，确认无误后单击“下一步”按钮。报文（Datagram）是网络中交换与传输的数据单元，可以理解为数控系统和不同类型驱动之间的通信协议、信息类型。整个数控系统中的报文类型必须一致，否则会出现通信错误。

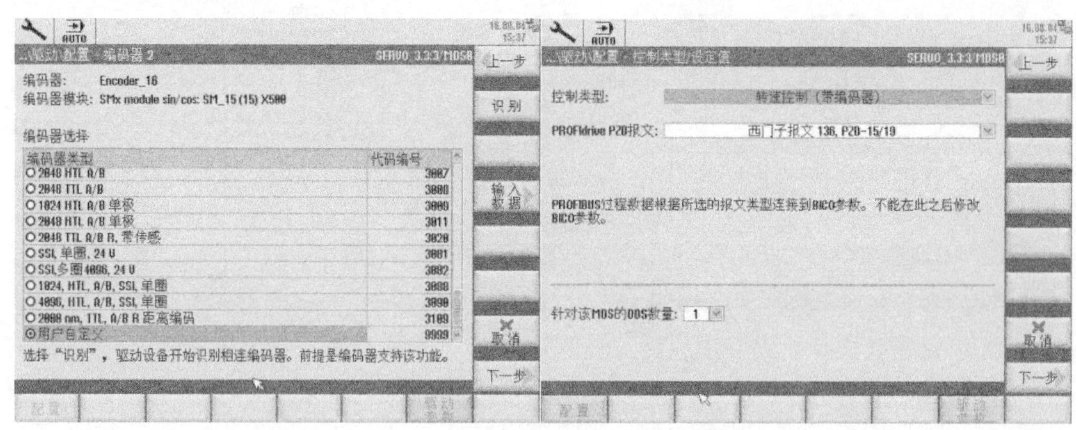

图 3-15　编码器控制类型及设定值

若不需要 OFF2 单独控制，则后续步骤采用系统默认配置，无需进行更改，如图 3-16 所示，单击“完成”按钮系统会重启，第二编码器配置结束。

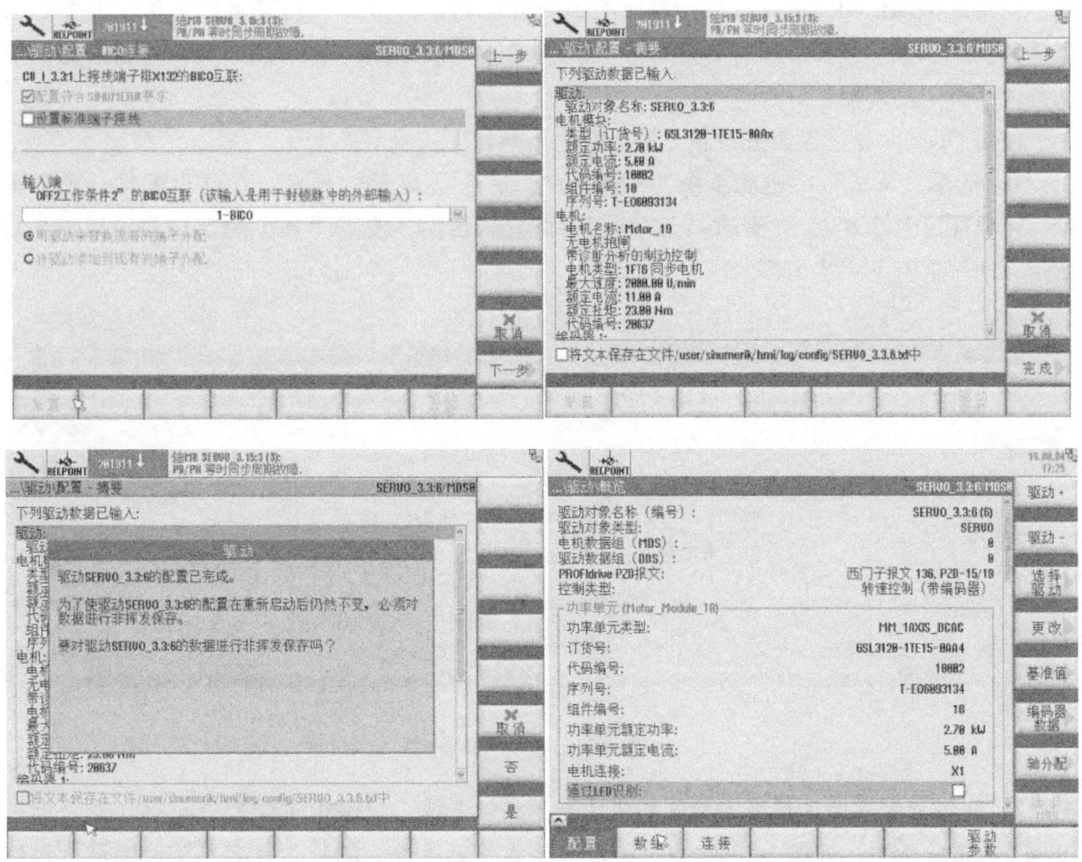

图 3-16　第二编码器配置完成

部分数控机床由于刚性不强，进行全闭环控制容易发生定位错误，无法找到参考点或定位抖动，加工的零部件精度反而不如半闭环控制高，这就需要将系统从全闭环降级到半闭环使用，把第二编码器取消。即将图 3-13 中“编码器 2”前面的“√”取消，其余降级过程与新增过程相同，不再赘述。

3.4　轴驱动分配

驱动配置完成后，各轴还不能运行，需要将驱动分配给各个机床轴后才能正常使用。

轴分配的方法主要有两种：一种是通过 SINUMERIK Operate 操作界面进行分配，另一种是直接进行轴参数设置完成驱动分配。参数设置的方法较为简洁，但需要对 SINUMERIK 840D sl 系统参数有较深的了解，适合高级用户使用。在 SINUMERIK 840D sl 系统 V4.7 Operate 操作界面下进行相关设置后，可以进行参数的自动分配，无需进行人工操作。由于操作较为直观，下面就 Operate 操作界面轴分配方法进行介绍。

1. 驱动分配到机床轴

使用 SINUMERIK Operate 操作界面上的轴分配功能，可以自动设置相关机床的参数数据。如 MD13050、MD30110、MD30130、MD30220、MD30240、MD31020 等均可将所选的驱动分配给指定机床轴。

使用 Operate 操作界面进行轴分配的操作步骤如下：

1）选择“调试”→“驱动系统”→“驱动”，进入“配置”界面。在弹出的轴分配界面中，可以通过“驱动+”“驱动-”进行所需配置轴切换，按下“轴分配”按钮，如图 3-17 所示，即可进行下一步工作。

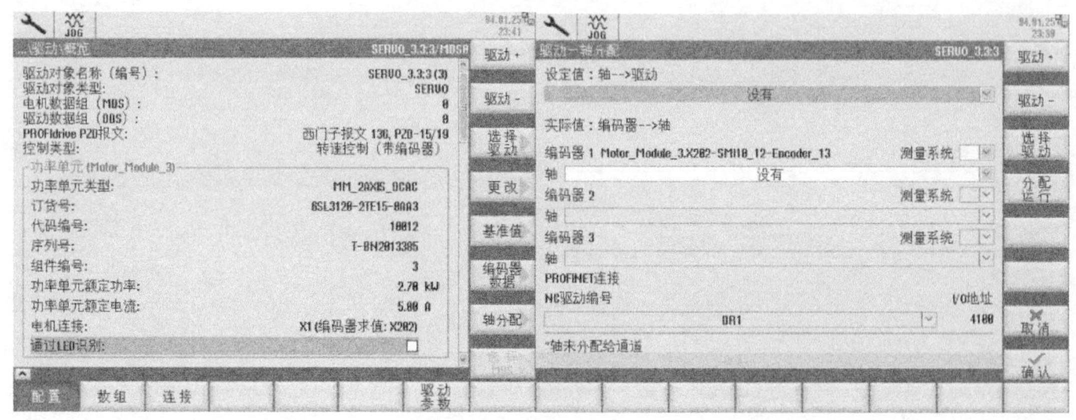

图 3-17 轴分配界面

2）在轴分配界面选择需要分配的机床轴及测量系统。按操作面板上“insert”键，即可出现下拉箭头选项，如图 3-18 所示，通过选项选择机床轴。此时，要求系统已经进行过轴参数设置及伺服驱动准备。将 SERVO_3：3：3 分配给 AX1：X1 轴，作为该轴的驱动。核对测量系统信息后，单击“确认”按钮后再单击“分配运行”按钮，此时会弹出选择对话框。

3）选择“通过轴机床数据（NC 驱动编号）”，需要重新启动 NCK 和整个驱动系统才能将以上设置生效，选择“是”使系统重启。每次选择“是”都会使 NCK 和驱动重启复位，如果有多个轴需要分配，可以在出现提示时选择“否”。为了提高效率，待所有轴的驱动完成分配时再选择“是”，仅做一次 NCK 和驱动复位即可。

4）完成轴分配后，可从图 3-18 中看到 SERVO_3：3：3 驱动已经分配给 AX1：X1 伺服轴。

2. 轴驱动分配状态显示

通过选择“调试”→“驱动系统”打开驱动系统界面，可以进行轴驱动是否正确配置及激活的检查工作。如图 3-19 所示，轴名与驱动未能一一对应。选择“驱动设备”→“PROFIBUS/PROFINET”进入查看时，发现列表里“NC-轴”一栏中轴名显示为灰色，则确认轴驱动未能正确配置。此时，需按照“1. 驱动分配到机床轴”中所述，按照顺序重新分配驱动，重启后生效。

如图 3-20 所示，轴名与驱动号一一对应，且进入“PROFIBUS/PROFINET”查看时发现轴名列表内容已经全部显示黑色字体。此时为正确分配且激活轴驱动时的状态显示。

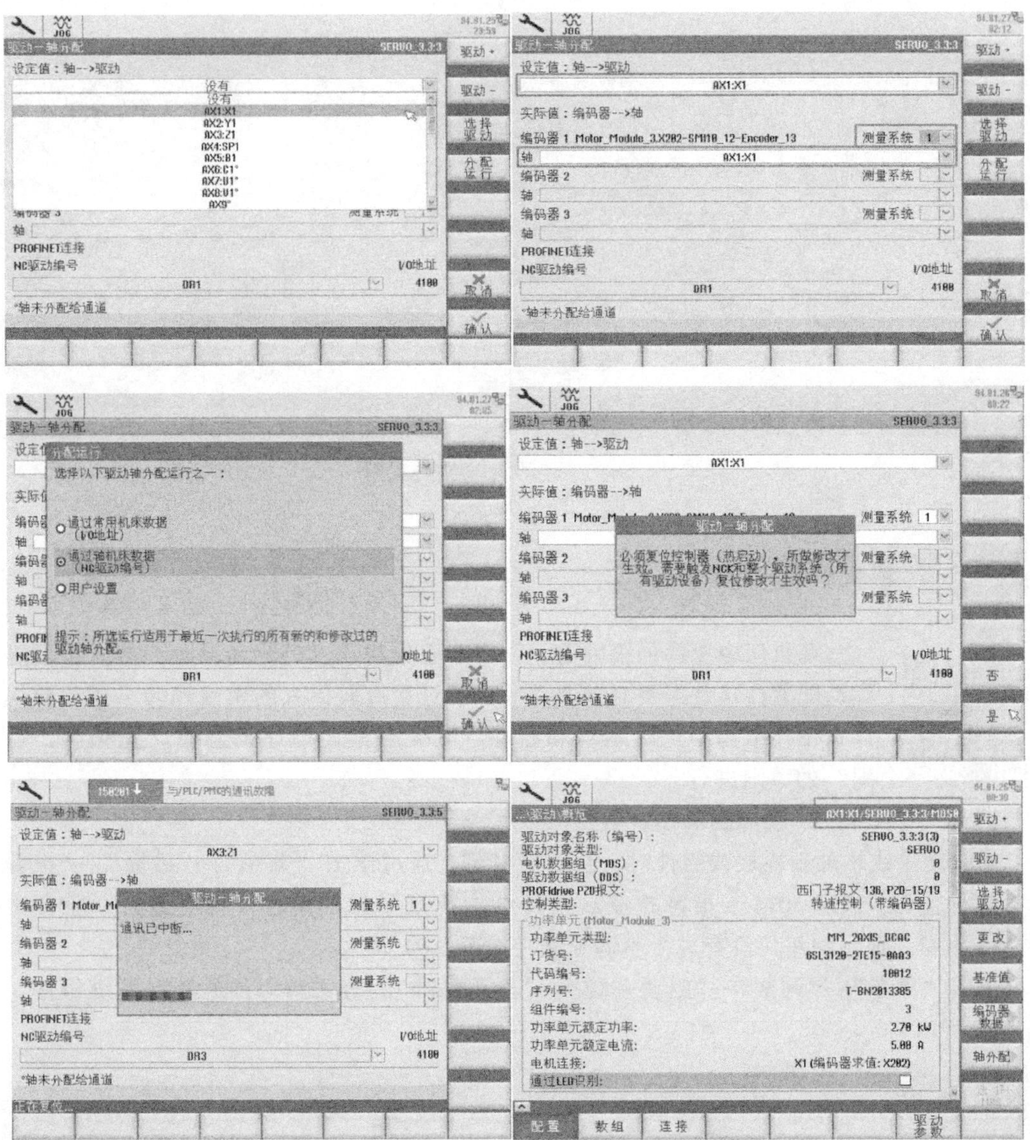

图 3-18　Operate 操作界面轴分配方法

图 3-19　驱动未分配

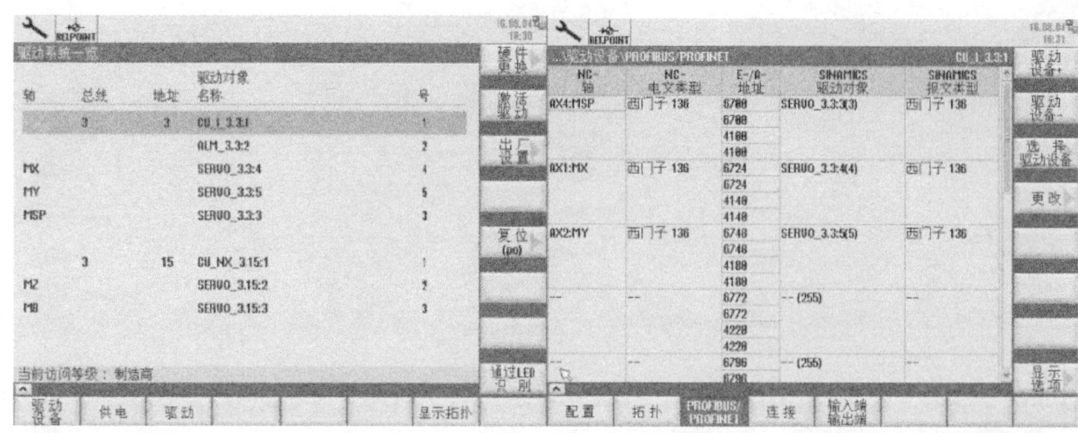

图 3-20　已分配且激活轴驱动

3.5　变更驱动模块组件

修改拓扑等级

在机床中更换伺服轴前，往往需要先将该轴的驱动屏蔽，然后重新进行驱动配置。这就需要对轴驱动的分配过程有较深入的实践经验。驱动模块可以在拓扑结构中进行新增和删除，驱动分配的顺序要遵循“先拓扑，后分配”的原则进行。

1. 增加驱动模块组件

当驱动系统增加新模块或组件时，会出现报警。通过单击“菜单”→“诊断”→“报警清单”进行查看，发现201416报警并显示拓扑结构出现了新的组件。相应地，一般会出现201331报警，显示该组件没有进行驱动分配，如图3-21所示。

单击“菜单”→“调试”→“驱动系统”→“显示拓扑”，查看新添加的驱动系统组件，如图3-22所示。

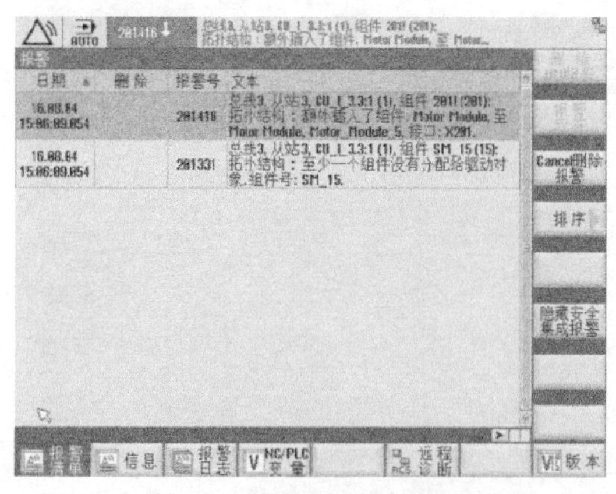

图 3-21　新增组件报警信息

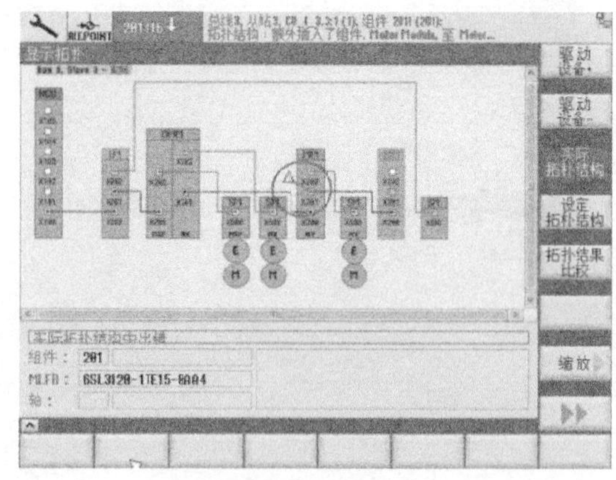

图 3-22　实际拓扑结构

单击“菜单”→“调试”→“驱动系统”→“驱动设备”→“拓扑”，单击“添加组件”进行驱动连接。单击“确认”按钮后，系统进行接收新组件的工作，具体操作如图3-23所示。

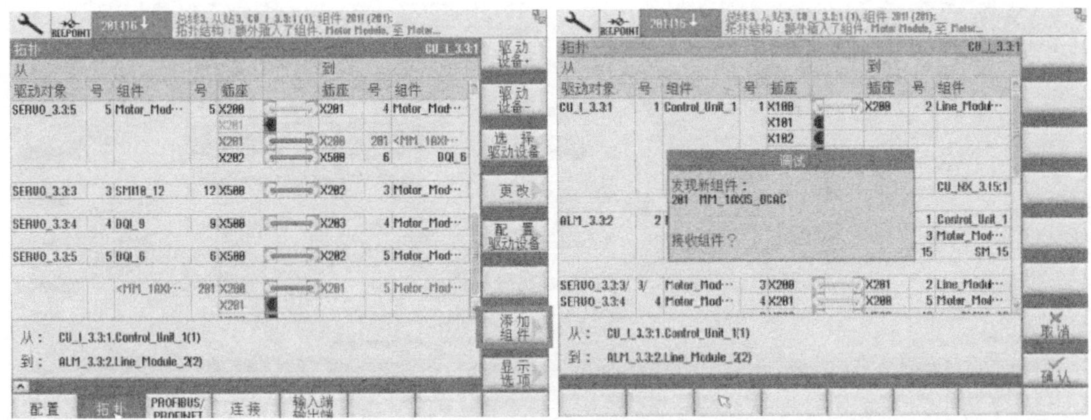
图 3-23 拓扑添加组件并接收

如图 3-24 所示，新组件已添加完毕。

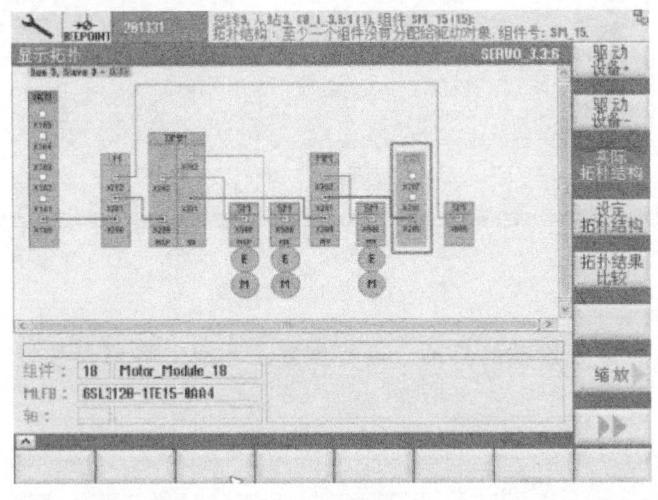
图 3-24 新增组件完毕

2. 删除驱动模块

如果需要将组件进行长期拆除，建议进行驱动模块的删除工作。选中需要删除的驱动模块后，单击“菜单”→“调试”→“驱动系统”→“驱动设备”→“拓扑”，在弹出界面中单击右侧“更改”按键，系统会弹出提示对话框，提示操作会更改现有拓扑结构及参数，单击“确认”按钮进行下一步。单击右侧“删除驱动对象”按钮后，系统会再次弹出对话框进行二次确认。单击“确认”按钮后，原有驱动从拓扑结构中删除，具体操作流程如图 3-25 所示。

3. 驱动模块的屏蔽与激活

如果仅做临时性维修，修复后还要将该硬件还原，则可以对该硬件的驱动做屏蔽处理。如图 3-26 所示，屏蔽双轴模块的一个轴。通过单击“菜单”→“调试”→“机床数据”→“驱动器数据”进入驱动参数设置。在“轴+”“轴−”的切换下找到相对应的轴驱动，设置驱动

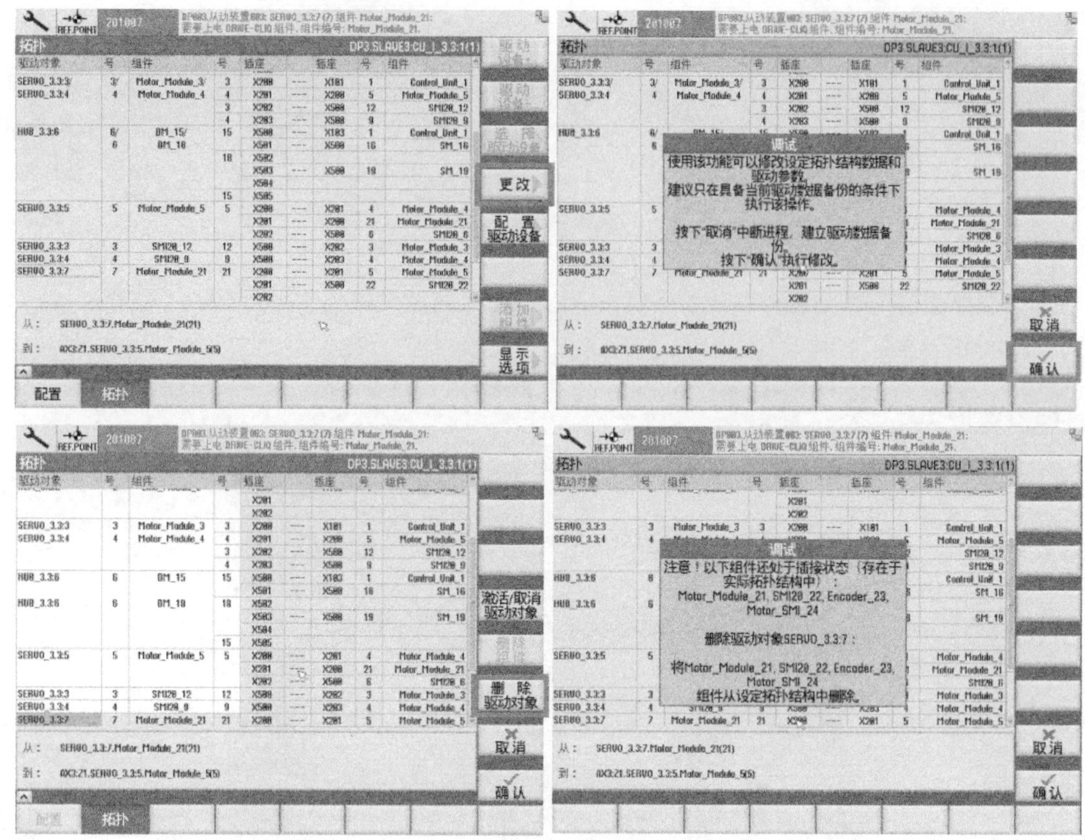

图 3-25　删除驱动模块

数据 p105=0 以达到屏蔽该轴的目的。进行恢复工作时，将该参数置 1，即可重新激活驱动。

驱动参数　DP3.SLAVE3:SERVO_3.3:4(4)　AX2:Y1

参数	名称	值
r82[2]	有效功率实际值:接收的功率	0.00 kW
r83	磁通量设定值	100.0 %
r84	磁通量实际值	100.0 %
r89[0]	相电压实际值:相位U	-0.0 V
r89[1]	相电压实际值:相位V	0.0 V
r89[2]	相电压实际值:相位W	0.0 V
r93	标准化电气极点位置角	340.97 度
r94	转换角	160.97 度
r103	应用专用[0] 驱动对象取消激活	101
p105	驱动对象[1] 驱动对象激活	驱动对象...
r106	驱动对象[2] 驱动对象取消激活以及不存在	驱动对象...
r107	驱动对象	[11] SERVO
r108	驱动对象功能模块	4H
r111	选择基本采样时间	1
p112	采样时间预设置p0115	[3] 标准
p113	选择最小脉冲频率	4.000 kHz
r114[0]	推荐最小脉冲频率:仅修改当前驱动	0.000 kHz
r114[1]	推荐最小脉冲频率:修改 DRIVE-CLiQ 支路...	2.000 kHz
r114[2]	推荐最小脉冲频率:2. 可能的脉冲频率	2.666 kHz

驱动对象激活/取消激活

驱动 +　驱动 -　直接选择　保存/复位　搜索　显示选项

通用机床数据　通道数据　轴机床数据　用户视图　控制单元机床数据　供电机床数据　驱动器数据

图 3-26　屏蔽驱动模块

驱动配置经验分享：

驱动配置完成后，建议将拓扑等级改为中级或低级，拓扑比较等级默认为高级，会比较组件的序列号，如果不一致则报警。这样设置会给批量调试造成困难。建议将拓扑比较等级设置为中级，只比较组件的型号，型号一样就不会报警。

[思考练习]

1. 简述系统总清的基本步骤。
2. NCK上SF灯亮起的含义是什么？
3. 简述拓扑识别的意义。
4. 简述拓扑识别的过程。
5. 简述SINUMERIK 840D sl系统驱动上电时序。
6. 简述屏蔽第二编码器的过程。
7. 简述使用Operate操作界面进行轴分配的操作步骤。
8. 简述增加驱动模块组件的方法和步骤。
9. 简述驱动模块的屏蔽与激活过程。

第4章 Chapter 4

NC参数设置

数控系统的参数设置是为了应对柔性化生产而产生的。参数数值配置不同，即便是相同的机械本体，能够实现的功能以及机床性能也会不同。西门子中高端数控系统在应对柔性化及智能化生产上有着适用广泛、易于调整、可替换性好等突出优点。尤其是 SINUMERIK 840D sl 系统，其出厂状态基本是一致的，功能性差异基本上是依靠参数配置实现的。

4.1 数据存储位置及生效方式

1. 数据存储位置

选择“菜单”，进入“调试”界面，单击“机床数据”按钮，弹出相关菜单如图 4-1 所示。机床需要设置的参数主要有机床数据（MD）、设定数据（SD）以及选项数据。其中，菜单第一页主要是机床数据，按扩展键菜单翻页，菜单第二页主要是设定数据。

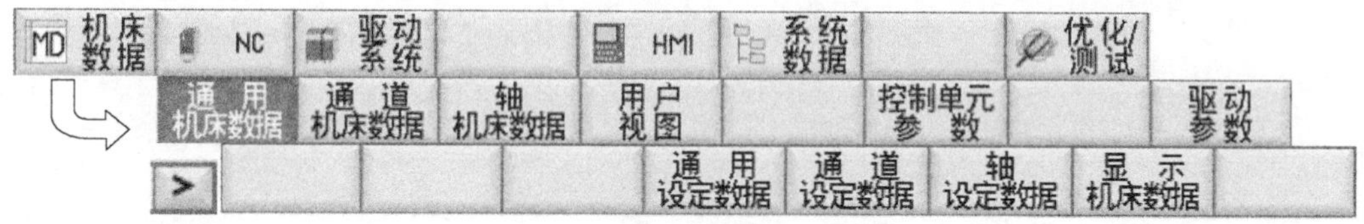

图 4-1　参数菜单

2. 主要参数分类及范围

（1）通用数据

机床参数主要包括通用机床数据、通道机床数据及轴机床数据。三者分别对应着机床的常规使用设置、机床通道常规选项设置及机床各轴通用参数设置。具体通用参数分类及数据范围见表 4-1。

表 4-1　通用参数分类

按键	包含的参数		
通 用 机床数据	通用 NC 机床数据 MD10000~MD18999	通用配置机床数据 MD51000~MD51299	通用循环机床数据 MD51300~MD51999
通 道 机床数据	通道机床数据 MD20000~MD28999	通道配置机床数据 MD52000~MD52299	通道循环机床数据 MD52300~MD52999
轴 机床数据	轴机床数据 MD30000~MD38999	轴配置机床数据 MD53000~MD53299	轴循环机床数据 MD53300~MD53999

（2）设定数据的分类

机床设定数据主要包括通用设定数据、通道设定数据及轴设定数据，具体参数分类及数据范围参见表 4-2。

表 4-2 设定参数分类

按键	包含的参数		
通 用 设定数据	通用设定机床数据 MD41000～MD41999	通用配置设定机床数据 MD54000～MD54299	通用循环设定机床数据 MD54300～MD54999
通 道 设定数据	通道设定机床数据 MD42000～MD42999	通道配置设定机床数据 MD55000～MD55299	通道循环设定机床数据 MD55300～MD55999
轴 设定数据	轴设定机床数据 MD43000～MD43999	轴配置设定机床数据 MD56000～MD56299	轴循环设定机床数据 MD56300～MD56999

（3）选项数据

如图 4-2 所示，进入“调试”界面，单击扩展按钮，单击“授权”按钮，进入激活选项的授权界面。

图 4-2 选项数据菜单

3. 机床数据的筛选与搜索

数控系统参数众多，且许多参数功能类似，查找并比较相关参数的工作较为繁琐。SINUMERIK 840D sl 系统提供了数据过滤器这一功能，可以将参数按照相关功能类别分类提取出来。在对比过程中能有效地为使用者节省时间。

机床数据设定界面如图 4-3 所示，单击“显示选项”，选择要找的数据所在分类，再单击“确认”按钮即可。

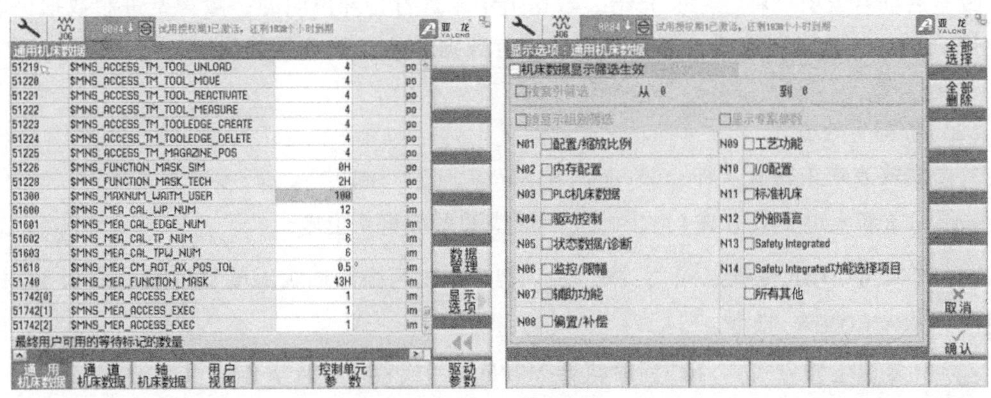

图 4-3 数据过滤器

若对使用参数较为熟悉，也可以按照参数编号或 MD/SD 名称直接进行搜索。具体操作过程为：单击“菜单”→“调试”→“机床数据”，按照数据类别单击底部相应通用/设定数据按钮，如图 4-4 左所示。此时，在右侧菜单中单击“搜索”按钮，即可进行搜索工作。

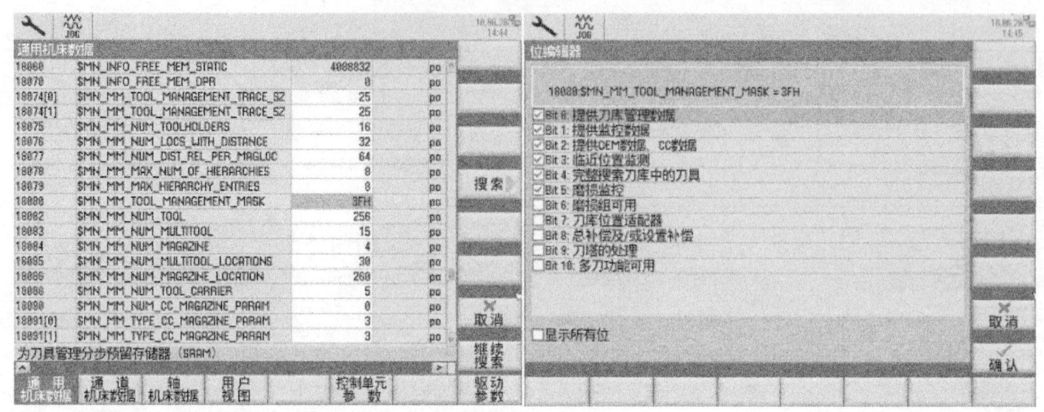

图 4-4　数据搜索及位数据设置

在不同的大类别下只能搜索到类别内的数据。若需要搜索属于通用机床数据的参数“MD10000 AXCONF_MACHAX_NAME_TAB”，只能在选择“通用机床数据”后搜索有效。若选择在“通道机床数据”中搜索“MD10000”或名称中相关字符，则搜索失败。

机床参数中包含十六进制数字，这些参数往往每一位都是有特定含义的。西门子数控系统默认状态下会将十六进制参数直接进行显示，节省了显示空间但不便于直观阅读。在参数设置界面中，单击“选择”按钮可以将十六进制参数转换为按位设置参数。例如，参数 MD18080 $MN_MM_TOOL_MANAGEMENT_MASK 默认显示“3FH”。3FH 折合成二进制数为 111111，单击“选择”按钮后发现第 0~5 位均为 1，与十六进制参数相同，显示如图 4-4 右所示。

4. 数据结构及生效方式

（1）机床数据结构

通用机床数据结构如图 4-5 所示，其数据结构主要分为 4 部分：数据编号、标识定义、数据值、生效方式，每个参数都是由上述四部分组成的。每个参数对应唯一数据编号，部分数据编号后会有索引，将在后文介绍。数据值中未进行特殊声明的一般为十进制数据，数据后面带 H 的为十六进制数据，部分数据后带有数据单位，如电压单位“V”、线性加速度单位“m/s^2”等。

（2）数据生效方式

数据生效方式主要有 4 种：po、cf、re、im。

po（重新上电生效方式）：按 Reset (po) 键或者系统重新上电。

cf（NEWCONF 生效方式）：按 Set MD active (cf) 键或按机床操作面板上的复位键，或在 NC 程序中使用“NEWCONF”指令。

re（复位生效方式）：NC 程序执行 M2/M30，或者按机床操作面板上的复位键。

im（立即生效方式）：修改数据，按 INPUT 键，确认输入后立即生效。

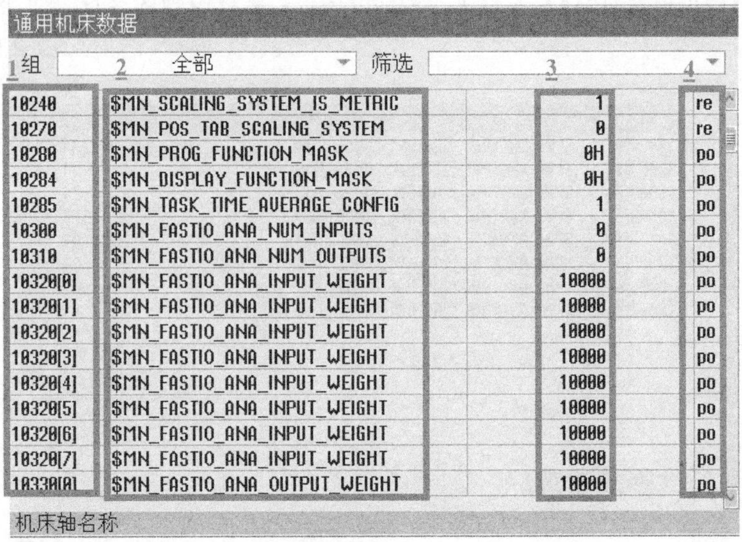

通用机床数据

1 组 2 全部 筛选 3 4

10240	$MN_SCALING_SYSTEM_IS_METRIC	1	re
10270	$MN_POS_TAB_SCALING_SYSTEM	0	re
10280	$MN_PROG_FUNCTION_MASK	0H	po
10284	$MN_DISPLAY_FUNCTION_MASK	0H	po
10285	$MN_TASK_TIME_AVERAGE_CONFIG	1	po
10300	$MN_FASTIO_ANA_NUM_INPUTS	0	po
10310	$MN_FASTIO_ANA_NUM_OUTPUTS	0	po
10320[0]	$MN_FASTIO_ANA_INPUT_WEIGHT	10000	po
10320[1]	$MN_FASTIO_ANA_INPUT_WEIGHT	10000	po
10320[2]	$MN_FASTIO_ANA_INPUT_WEIGHT	10000	po
10320[3]	$MN_FASTIO_ANA_INPUT_WEIGHT	10000	po
10320[4]	$MN_FASTIO_ANA_INPUT_WEIGHT	10000	po
10320[5]	$MN_FASTIO_ANA_INPUT_WEIGHT	10000	po
10320[6]	$MN_FASTIO_ANA_INPUT_WEIGHT	10000	po
10320[7]	$MN_FASTIO_ANA_INPUT_WEIGHT	10000	po
10330[0]	$MN_FASTIO_ANA_OUTPUT_WEIGHT	10000	po

机床轴名称

图 4-5 机床数据结构

(3) MD/SD 标识定义

MD/SD 名称中含有识别符，因此系统可识别特定数据。

1）第一个字符：

$=系统变量（存在于所有 MD 和 SD 中）。

2）第二个字符（在 MD 或 SD 之间定义）：

M=机床数据；

S=设置数据。

3）第三个字符（定义 MD/SD 类型）：

M=显示机床数据；

N=常规机床数据/设置数据；

C=通道机床数据/设置数据；

A=轴机床数据/设置数据。

4）第四个字符：

S=周期数据（将 MD/SD 定义为周期数据）。

示例：

MD9900 $MM_MD_TEXT_SWITCH：系统变量_机床数据_显示机床数据_显示纯文本，而不是机床数据名称；

SD54600 $SNS_MEA_WP_BALL_DIAM：系统变量_设置数据_常规设置数据_工件测球的有效直径；

SD55623 $SCS_MEA_EMPERIC_VALUE：系统变量_设置数据_通道设置数据_经验值存储器；

MD30200 $MA_NUM_ENCS：系统变量_机床数据_轴机床数据_编码器的数量。

5. 数据索引

某些 MD/SD 具有索引，索引的功能和数目取决于相关数据。如图 4-6 所示，常规 MD

10000 $MN_AXCONF_MACHAX_NAME_TAB 用于定义系统中轴的名称，每个轴名称分配给 MD 的一个索引。

General MD		
10000[0]	$MN_AXCONF_MACHAX_NAME_TAB	X1
10000[1]	$MN_AXCONF_MACHAX_NAME_TAB	Y1
10000[2]	$MN_AXCONF_MACHAX_NAME_TAB	Z1
10000[3]	$MN_AXCONF_MACHAX_NAME_TAB	SP1
10000[4]	$MN_AXCONF_MACHAX_NAME_TAB	A1
10000[5]	$MN_AXCONF_MACHAX_NAME_TAB	C1
10000[6]	$MN_AXCONF_MACHAX_NAME_TAB	U1
10000[7]	$MN_AXCONF_MACHAX_NAME_TAB	V1

图 4-6　参数的索引

4.2　常用 NC 参数设置

基本机床数据的设置一般按照通用机床数据→通道机床数据→轴机床数据的顺序进行。

1. 机床进给轴相关设置

1）设置机床轴轴名参数见表 4-3。

表 4-3　设置机床轴轴名参数

数据编号	数据名称	数据说明
MD10000	AXCONF_MACHAX_NAME_TAB	机床轴轴名列表

机床轴轴名设置经验分享：

1）轴名不要用系统的保留字；不要与几何轴名相同；也不要与系统默认的其他参数名冲突，如轴名不要用到 MD10620 定义的欧拉角名（默认为 A2、B2、C2）；

2）机床轴的顺序会影响 NC/PLC 接口数据块（DB 块）的序号、机床操作面板上轴选择键的顺序及轴参数设定界面的顺序等。

2）设置通道轴参数见表 4-4。

表 4-4　设置通道轴参数

数据编号	数据名称	数据说明
MD20070	AXCONF_MACHAX_USED	定义哪些机床轴归属本通道

此处填写的是 MD10000 对应的序号，没有通过此参数分配给通道的机床轴是无效的轴（即不显示，也无法使用）。

① 特殊应用一：若 MD11640 位 0=1，允许 MD20070 中间有空位。例如：

MD20070[0]=1　　　　%机床轴 1 作为通道第一轴

MD20070[1]=0

MD20070[2]=4　　　　%机床轴 4 作为通道第三轴

此种设置可用于有选项的机床，如旋转工作台是选项，那么只需要将带旋转工作台机床的数据简单修改一下，从而在最大程度上保证参数和 PLC 程序的统一。

② 特殊应用二：一根机床轴也可由 MD20070 在多个通道中定义，此时需要在该轴参数 MD30550 $MA_AXCONF_ASSIGN_MASTER_CHAN 中指定该轴所属通道。此设置常用于轴需要在通道间切换使用的情况。

3）设置通道轴轴名参数见表 4-5。

表 4-5 设置通道轴轴名参数

数据编号	数据名称	数据说明
MD20080	AXCONF_CHANAX_NAME_TAB	通道轴轴名

若用到几何轴变换功能，通道轴轴名必须与几何轴轴名有所区别。

4）设置几何轴参数见表 4-6。

表 4-6 设置几何轴参数

数据编号	数据名称	数据说明
MD20050	AXCONF_GEOAX_ASSIGN_TAB	定义哪几个通道轴为几何轴

几何轴即建立坐标系的轴。几何轴的选择与坐标平面相关，会影响到诸如刀具半径补偿等功能。此参数所设数值对应 MD20070 AXCONF_MACHAX_USED 定义的通道轴。默认 MD20050[0] = 1、MD20050[1] = 2、MD20050[2] = 3，含义为 MD20070 [0]、MD20070 [1]、MD20070 [2] 使用的机床轴作为此通道的几何轴。

5）设置几何轴轴名参数见表 4-7。

表 4-7 设置几何轴轴名参数

数据编号	数据名称	数据说明
MD20060	AXCONF_GEOAX_NAME_TAB	定义几何轴轴名，通常为 *X*、*Y*、*Z*

6）机床轴、通道轴、几何轴：如图 4-7 所示，机床轴是物理轴，机床上存在的一切可以参与切削运动的轴均需要在参数 MD10000 中进行定义。定义机床轴后，将已经定义好的机床轴分配到数控系统各通道中去，需要进行通道轴的定义 MD20070 及通道轴轴名定义 MD20080。几何轴是由 *X*、*Y*、*Z* 三轴组成的虚拟坐标系，由以上三者组成的即为基本坐标系 BCS。设置 MD20050 与 MD20060 后即完成机床进给轴的基本配置工作。

7）设置轴是直线轴还是旋转轴参数见表 4-8。

表 4-8 设置轴是直线轴还是旋转轴参数

数据编号	数据名称	数据说明
MD30300	IS_ROT_AX	=1 是旋转轴
MD30310	ROT_IS_MODULO	=1 旋转轴编程取模。软限位和加工区域限制无效
MD30320	DISPLAY_IS_MODULO	=1 旋转轴显示取模
MD30455	$MA_MISC_FUNCTION_MASK	位 0=1 允许编程位置值超出取模范围 位 2=1 旋转轴按最短路径定位

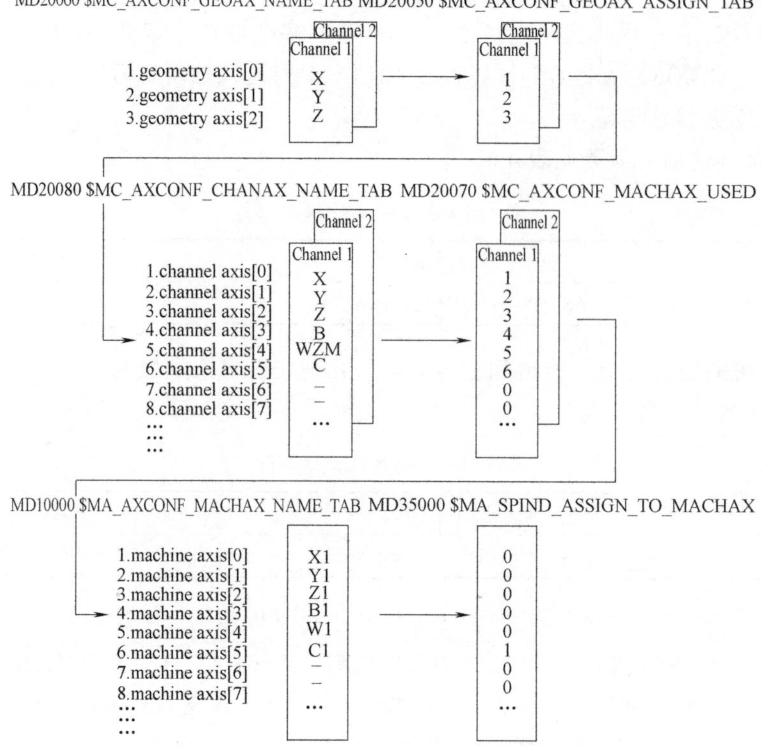

图 4-7 机床轴、通道轴、几何轴的关系

MD30310：旋转轴设定为模态（=1），若轴在旋转 360°后，角度值超过初始角度 0°后不再进行累加；而设定为非模态轴（=0），轴旋转过模态初始角度后角度值将继续累加。例如，轴旋转过 1 周后继续旋转 30°，若 MD30310=1，则此时轴旋转角度为 30°；若 MD30310=0，则轴旋转角度为 390°。

MD30320：旋转轴显示是否为模态，此数值与数控系统中实际数据无关。若设置为非模态（=0），无论 MD30310 数值是多少，LCD 屏幕显示数据总为非模态；同理，设置为模态（=1）时，LCD 屏幕总显示为模态量。

MD30455：位 0=0 时，模数回转轴/主轴编程位置必须在模数范围内，否则会输出报警；位 0=1 时，编程位置超出模数范围时，不输出报警。位 2=0 时，模数回转轴在 G90 中默认以 AC 定位；位 2=1 时，模数回转轴在 G90 中默认以 DC 定位（最短路径）。

8）定义轴是插补轴还是定位轴参数见表 4-9。

表 4-9 定义轴是插补轴还是定位轴参数

数据编号	数据名称	数据说明
MD30460	$MA_BASE_FUNCTION_MASK	位 5=1，定义轴为 PLC 轴，只能由 PLC 控制，不能被 NC 程序控制，但该轴可点动和回参考点； 位 8=1，指定此轴为定位轴或辅助主轴

9）丝杠螺距定义参数见表 4-10。

表 4-10 丝杠螺距定义参数

数据编号	数据名称	数据说明
MD31030	LEADSCREW_PITCH	若是齿轮齿条传动,此处应填写与齿条啮合的齿轮转一转在齿条上移动的距离

2. 主轴系统参数配置

主轴的 MD10000、MD20050、MD20060、MD20070、MD20080 等参数声明与使用同进给轴，这里将不再赘述。

1）定义主轴参数见表 4-11。

表 4-11 定义主轴参数

数据编号	数据名称	数据说明
MD35000	$MA_SPIND_ASSIGN_TO_MACHAX	=1 此轴定义为第一主轴 =2 此轴定义为第二主轴

① 设置 MD35000=1 的同时，一般需要设置：MD30300=1；MD30310=1；MD30320=1，用以将其声明为旋转轴。

② 若机床有多根主轴，可以通过“轴+”和“轴-”进行各轴切换，在相应轴下进行设置。

2）主轴传动比设置参数见表 4-12。

表 4-12 主轴传动比设置参数

数据编号	数据名称	数据说明
MD35010	$MA_GEAR_STEP_CHANGE_ENABLE	=0 主轴是直联的,不需要换档 =1 主轴有多个档位,需要换档
MD35090	$MA_SPIND_GEAR_STEPS	主轴有几个档位
MD31050	DRIVE_AX_RATIO_DENOM	负载齿轮箱分母
MD31060	DRIVE_AX_RATIO_NUMERA	负载齿轮箱分子
MD31064	DRIVE_AX_RATIO2_DENOM	附加齿轮箱分母
MD31066	DRIVE_AX_RATIO2_NUMERA	附加齿轮箱分子
MD31070	DRIVE_ENC_RATIO_DENOM	编码器传动分母
MD31080	DRIVE_ENC_RATIO_NUMERA	编码器传动分子

① 若 MD35010=1，则需要设置 MD35090。

② 设置传动比，MD31050<MD31060 为减速传动。

③ MD31050、MD31060 在每根轴下均有 6 组数据，取值范围为 0~5，可以对应齿轮箱 6 个档位；MD31070、MD31080 对应轴编码器，在每根轴下有两组数据，取值范围为 0~1。

设置主轴传动比参数经验分享：

若主轴有多个档位，即 MD35010=1，则 MD31050 和 MD31060 的设置必须与主轴档位对应。

例如，主轴有三个档位，即 MD35010=1、MD35090=3，则 MD31050 和 MD31060 的［0］、［1］、［2］和［3］都需要设置。

3）定义主轴档位及速度。在有级变速主轴的使用中，为了防止系统发生故障从而导致机械端运转异常，需要将各档位的最高及最低转速进行限定，定义主轴档位及速度参数见表4-13。

表4-13 定义主轴档位及速度参数

数据编号	数据名称	数据说明
MD35100	$MA_SPIND_VELO_LIMIT	主轴转速限制
MD35110	$MA_GEAR_STEP_MAX_VELO[n]	主轴档位的最高转速
MD35120	$MA_GEAR_STEP_MIN_VELO[n]	主轴档位的最低转速
MD35130	$MA_GEAR_STEP_MAX_VELO_LIMIT[n]	主轴档位的转速上限,使用M41~M45时有效
MD35140	$MA_GEAR_STEP_MIN_VELO_LIMIT[n]	主轴档位的转速下限,使用M41~M45时有效
MD35200	$MA_GEAR_STEP_SPEEDCTRL_ACCEL	在速度控制方式下,各档位的加速度
MD35210	$MA_GEAR_STEP_POSCTRL_ACCEL	在位置控制方式下,各档位的加速度
MD35300	$MA_SPIND_POSCTRL_VELO	主轴定位速度
MD35350	$MA_SPIND_POSITIONING_DIR	主轴定位方向
MD35400	$MA_SPIND_OSCILL_DES_VELO	主轴摆动速度
MD35410	$MA_SPIND_OSCILL_ACCEL	主轴摆动加速度
MD35430	$MA_SPIND_OSCILL_START_DIR	主轴摆动起始方向
MD35440	$MA_SPIND_OSCILL_TIME_CW	主轴正向摆动时间
MD35450	$MA_SPIND_OSCILL_TIME_CCW	主轴反向摆动时间
MD35500	$MA_SPIND_ON_SPEED_AT_IPO_START	=1(默认),主轴转速到达设定值,插补轴才能运动

设定主轴档位速度需要注意的几点：

① 相邻档位速度应有重叠段，如图4-8所示，2档最低转速应低于1档最高转速，即1档与2档有一段速度重叠。

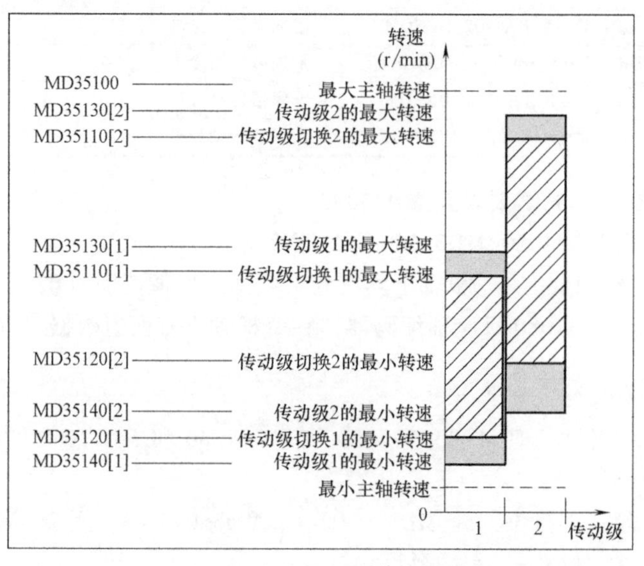

图4-8 齿轮箱档位参数设置

② 如果使用 M40 即根据主轴转速自动设定档位，那么各档的最低转速是 MD35120 设定的速度；各档的最高转速是 MD35110 设定的速度。

③ 如果使用 M41~M45 指定主轴档位，那么各档的最低转速不是 MD35120 设定的速度，而是 MD35140 设定的各档转速下限；同样，此时各档的最高转速不是 MD35110 设定的速度，而是 MD35130 设定的各档转速上限。

4）增益、速度、加速度、加加速度参数见表 4-14。

表 4-14 增益、速度、加速度、加加速度参数

数据编号	数据名称	数据说明
MD32200	$MA_POSCTRL_GAIN	位置环增益(自动优化可设置)
MD32000	$MA_MAX_AX_VELO	轴最高速度,G00 速度
MD32010	$MA_JOG_VELO_RAPID	JOG 方式下的手动快移速度(mm/min 或 degree/min)
MD32020	$MA_JOG_VELO	JOG 方式下的手动速度(mm/min 或 degree/min)
MD32040	$MA_JOG_REV_VELO_RAPID	JOG 方式下的手动快移速度(mm/rev 或 degree/rev)
MD32050	$MA_JOG_REV_VELO	JOG 方式下的手动速度(mm/rev 或 degree/rev)
MD32060	$MA_POS_AX_VELO	轴定位速度
MD32300	$MA_MAX_AX_ACCEL	轴的加速度
MD32420	$MA_JOG_AND_POS_JERK_ENABLE	启用 JOG 方式或定位时的加加速度限制(限制加速度变化)
MD32430	$MA_JOG_AND_POS_MAX_JERK	JOG 方式或定位时的加加速度
MD32431	$MA_MAX_AX_JERK	自动运行时,轴的加加速度

5）编码器相关参数配置见表 4-15。

表 4-15 编码器相关参数配置

数据编号	数据名称	数据说明
MD30240	ENC_TYPE	编码器类型
MD31020	ENC_RESOL	编码器线数
MD31000	ENC_IS_LINEAR	=1 是直线光栅
MD31010	ENC_GRID_POINT_DIST	光栅的栅距
MD31040	ENC_IS_DIRECT	=1 编码器/光栅是直连的
MD31044	ENC_IS_DIRECT2	=1 编码器/光栅有临时传动比

例如：MD30240=0：虚拟轴（无编码器）；

MD30240=1：增量值编码器 1Vpp 信号（高分辨率）；

MD30240=4：绝对值编码器（EnDat 接口）。

参考点设置

3. 返回参考点相关参数

1）返参原理。数控机床坐标轴返回参考点如图 4-9 所示。

V_C——寻找参考点减速开关的速度（MD34020：REFP_VELO_SEARCH_CAM）；

V_M——寻找零脉冲的速度（MD34040：REFP_VELO_SEARCH_MARKER）；

V_P——定位速度（MD34070：REFP_VELO_POS）；

R_V——参考点偏移（MD34080：REFP_MOVE_DIST+MD34090 REFP_MOVE_DIST_CORR）；

R_K——参考点设定位置（MD34100：REFP_SET_POS［0］）。

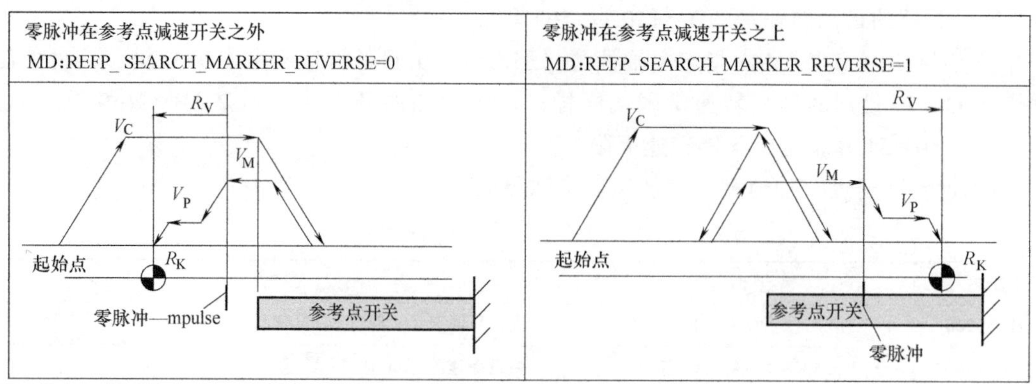

图 4-9　数控机床坐标轴返回参考点原理

2）返回参考点相关参数见表 4-16。

表 4-16　返回参考点相关参数

数据编号	数据名称	数据说明
MD34010	REFP_CAM_DIR_IS_MINUS	返回参考点方向：0 为正；1 为负
MD34020	REFP_VELO_SEARCH_CAM	检测参考点减速开关的速度
MD34040	REFP_VELO_SEARCH_MARKER	检测零脉冲的速度
MD34050	REFP_SEARCH_MARKER_REVERSE	寻找零脉冲方向：0 为正；1 为负
MD34060	REFP_MAX_MARKER_DIST	检测参考点减速开关的最大距离
MD34070	REFP_VELO_POS	参考点定位速度
MD34080	REFP_MOVE_DIST	参考点移动距离（带符号）
MD34090	REFP_MOVE_DIST_CORR	参考点移动距离修正量
MD34092	REFP_CAM_SHIFT	参考点减速开关电子偏移
MD34093	REFP_CAM_MARKER_DIST	脱开参考点减速开关到第一个零脉冲的距离
MD34100	REFP_SET_POS	参考点（相对机床坐标系）位置

如果参考点撞块与硬限位撞块之间能保证上述位置关系，可通过参数 MD11300 将返回参考点设置为触发方式：单击“方向”按键，即可自动返回参考点，见表 4-17。

表 4-17　JOG 方式下增量和返回参考点的触发方式参数

数据编号	数据名称	数据说明
MD11300	JOG_INC_MODE_LEVELTRIGGRD	JOG 方式下增量和返回参考点的触发方式

3）绝对值编码器的调试过程。

① 设置绝对值编码器参数见表 4-18。

表 4-18　设置绝对值编码器参数

数据编号	数据名称	数值	数据说明
MD30240	ENC_TYPE	4	编码器反馈类型（PO）
MD34200	ENC_REFP_MODE	0	绝对值编码器位置设定（PO）轴返回参考点模式

（续）

数据编号	数据名称	数值	数据说明
MD34210	ENC_REFP_STATE	0	绝对值编码器状态： 0——编码器未经标定 1——编码器标定已使能，但尚未标定 2——编码器已标定

② 进入“手动”方式，将坐标移动到一个已知位置，通常为机床坐标系零点位置。

③ 激活绝对值编码器的调整功能参数见表4-19。

表4-19　激活绝对值编码器的调整功能参数

数据编号	数据名称	数值	数据说明
MD34210	ENC_REFP_STATE	1	绝对值编码器状态：编码器标定已使能，但尚未标定

④ 通过机床控制面板进入返回参考点操作方式。

⑤ 按照返回参考点的方向按方向键，无坐标移动，但系统自动设定了下列参数，见表4-20。

表4-20　系统自动设定参数

数据编号	数据名称	数值	数据说明
MD34090	REFP_MOVE_DIST_CORR	*	参考点偏移量
MD34210	ENC_REFP_STATE	2	绝对值编码器状态：编码器已标定

⑥ 屏幕上的显示位置为MD34100设定的位置，回参考点结束。

4. 其他常用参数

1）行程软限位参数见表4-21。

表4-21　行程软限位参数

数据编号	数据名称	数据说明
MD36100	POS_LIMIT_MINUS	负向行程软限位
MD36110	POS_LIMIT_PLUS	正向行程软限位

2）反向间隙补偿参数见表4-22。

表4-22　反向间隙补偿参数

数据编号	数据名称	数据说明
MD32450	BACKLASH	反向间隙，回参考点后补偿生效

3）丝杠螺距误差补偿参数见表4-23。

表4-23　丝杠螺距误差补偿参数

数据编号	数据名称	数据说明
MD38000	MM_ENC_COMP_MAX_POINTS	最大补偿点数

4）显示参数见表4-24。

表 4-24 显示参数

数据编号	数据名称	数据说明
9100	CHANGE_LANGUAGE_MODE	语言选择模式： =1　直接通过选择列表； =2　设置第 1 和第 2 语言
9900	MD_TEXT_SWITCH	文本显示开关： =0　显示英文，机床数据名称； =1　显示纯文本，而不是机床数据名称

5. NC 参数帮助与说明

若对 NC 参数的含义不清楚，可直接按帮助键得到在线帮助。

4.3 测量功能参数设置

1. 测头连接

测头 1 和测头 2 的连接如图 4-10 所示，NCU 板上 X122.13 端子连接测头 1 的触发信号，NCU 板上 X132.13 端子连接测头 2 的触发信号。

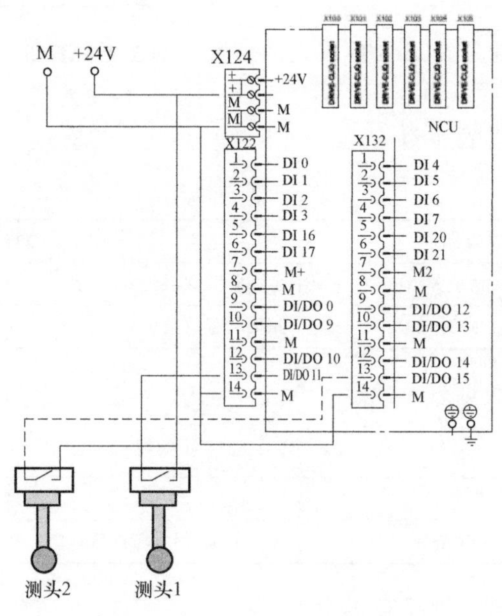

图 4-10　测头 1 和测头 2 的连接

2. 测头参数设置

测头 1 的参数已经预设，不需要更改；X132 的测头 2 需要手动设置参数；将 X132.11 引脚改为输入方式，测头参数设置见表 4-25。

表 4-25 测头参数

数据编号	数据名称	数据说明
MD13200	$MA_MEAS_PROBE_LOW_ACTIVE[n]	测头激活方式： =0 高电平有效； =1 低电平有效

3. 测头测试

手动触发测头，下述 PLC 地址位有翻转信号。

测头 1：DB10. DBX107. 0

测头 2：DB10. DBX107. 1

4. 测头编程自动运行

（1）测试程序

N10 G1 F300 X300 Z200 MEAS=-1；测头 1 下降沿触发

N20 G1 F300 X300 Y100 MEAS=1；测头 1 上升沿触发

N30 G1 F300 X300 Z200 MEAS=-2；测头 2 下降沿触发

N40 G1 F300 X300 Y100 MEAS=2；测头 2 上升沿触发

（2）测量结果（系统变量）

$AC_ MEA [1] ；测头触发状态（测量开始时该变量清除，测头触发时置位）

$AA_ MM [<轴名>] ；机床坐标系的测量结果

$AA_ MW [<轴名>] ；工作坐标系的测量结果

4.4 驱动参数设置

如图 4-11 所示，SINAMICS S120 的驱动参数有“控制单元机床数据”“供电机床数据”“驱动器数据”。其中，r 参数为只读参数，p 参数为可读可写参数。

通 用 机床数据	通道 数据	轴 机床数据	用户 视图		控制单元 机床数据	供电 机床数据	驱动器 数 据

图 4-11 驱动参数菜单

1. 驱动参数概述

（1）NCU 内置驱动控制器

NCU 内置驱动控制器简称 CU（Control Unit），最大可以控制 6 个轴。连接 NX 板可以控制更多的轴，每个 NX 板也是一个驱动控制器。图 4-12 所示的右上角有驱动的信息编号 DP3. SLAVE3：CU_I_3. 3：1（1）。该信息解释如下：

1）DP3：NCU 内部集成的 PROFIBUS 总线 DP3；

2）SLAVE3：含义同 DP3；

3）CU_I_3. 3：NCU 内部驱动控制器 CU，PROFIBUS 地址为 3。

4）1（1）：当前设备的分配驱动对象号（Object number）。拓扑识别后，系统自动为 CU、Infeed、Servo 分配驱动对象号。

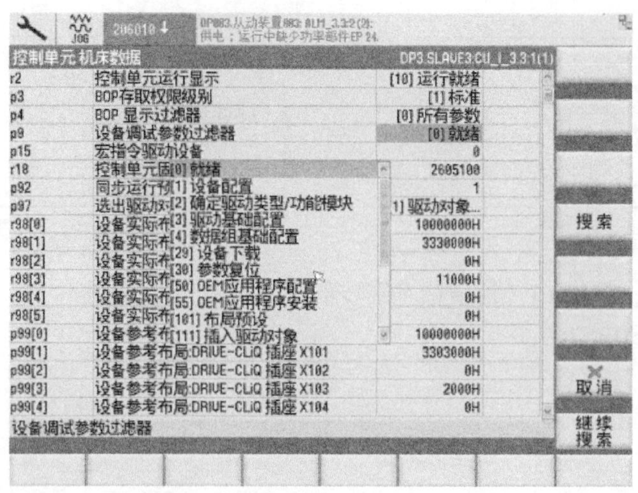

图 4-12　控制单元机床数据

（2）驱动器（Servo）参数

每个驱动器都有独立的参数设置，可以通过垂直菜单的“轴+/-”进行各个轴的切换，然后进行参数设置。同控制单元，界面右上方存在驱动信息编号。其他含义与驱动参数大体相同，不再赘述。

2．BICO 连接

BICO 是 SINAMICS 驱动的一种连接技术，可以将系统的只读信号 r 映射到设置参数 p 上。例如，将驱动的 OFF3（P849）信号连接到 NCU 板的 X122.2（R722.1）端子上，由 X122.2 端子控制驱动的 OFF3。

1）如图 4-13 所示，查找目标驱动的 p849 参数。

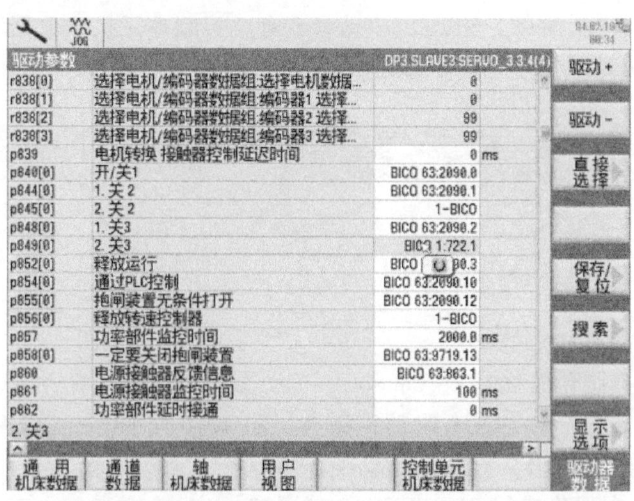

图 4-13　参数 p849

2）如图 4-14 所示，选择 键并进行设置。

通过 BICO 设置，目的就是将 OFF3 连接到 CU 的 X122.2 上，CU 的驱动对象号为 1，X122.2 的信号对应 CU 参数 r722.1。

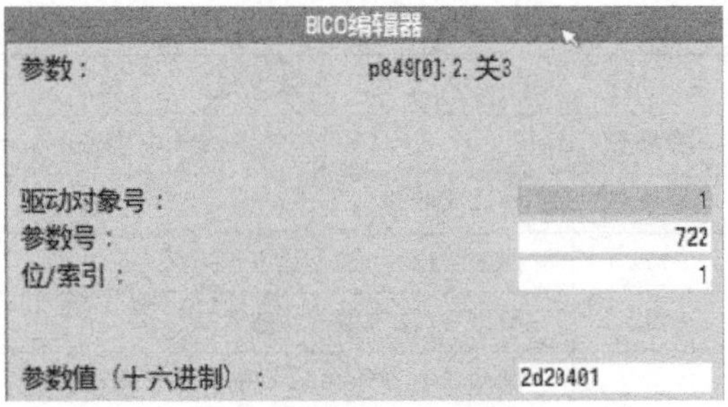

BICO编辑器
参数： p849[0]: 2. 关3
驱动对象号： 1
参数号： 722
位/索引： 1
参数值（十六进制）： 2d20401

图 4-14 BICO 设置

3. 常用驱动参数

常用驱动参数见表 4-26。

表 4-26 常用驱动参数

参数	参数说明		
	参数归属	参数值	说明
R2	CU_I	0	驱动就绪,可以运行
		10	驱动就绪,但是缺少驱动使能或者驱动有报警
		33	拓扑结构错误:硬件连接出错或者在更换备件时拓扑结构比较等级 P9906 未设为 3
		35	初次上电,驱动未调试
	ALM	0	驱动就绪,可以运行
		32	启动准备,等待 ON/OFF1 信号,对应 NCU X122.1
		44	启动禁止,电源模块 EP 使能未接通
		45	启动禁止,电源模块有报警
	SERVO	0	驱动就绪,可以运行
		23	启动准备,等待电源模块运行使能 P864,对于 SLM,对应 NCU X122.1
		31	启动准备,等待驱动 ON/OFF1 使能,对应 NC/PLC 接口使能信号 DB3x.DBX2.1 和 DB3x.DBX1.5 或 DBX1.6
		43	启动禁止,ON/OFF3 使能丢失,对应 NCU X122.2
		45	启动禁止,模块有报警
R20	SERVO		平滑后的速度设定值
R21	SERVO		平滑后的速度实际值
R26	ALM/SERVO		平滑后的直流母线电压
R27	ALM/SERVO		平滑后的电流实际值
R35	SERVO		电动机温度
R36	ALM/SERVO		模块超温
R37	ALM/SERVO		模块温度
R46	ALM/SERVO		丢失的使能信号
R61	SERVO		电动机编码器速度实际值
R67	ALM/SERVO		最大驱动输出电流

（续）

参数	参数说明		
	参数归属	参数值	说明
R68	ALM/SERVO		电流实际值
R722	SINAMICS_I	R722.0	NCU X122.1 端子状态
		R722.1	NCU X122.2 端子状态
P9	CU_I		驱动状态，P9≠0 表示驱动处于调试状态
P10	ALM/SERVO		ALM 或 SERVO 状态，P10≠0 表示模块处于调试状态
P495	SERVO		轴 BERO 信号输入定义，利用接近开关 BERO 信号作为主轴零脉冲标记
P971	SERVO		P971=1 自动变 0，轴参数存储
P977	CU_I		P977=1 自动变 0，所有驱动参数存储
P1460[0]	SERVO		伺服速度环增益
P1462[0]	SERVO		伺服速度环积分时间
P3985	ALM/SERVO		模块控制优先权定义
P9906	CU_I		拓扑比较等级设定

4.5 手轮参数设置

1. 手轮的硬件连接

SINUMERIK 840D sl 手轮支持以下连接的模块：

1）PROFIBUS 接口的 MCP，包含两个手轮接口 X60、X61；

2）以太网或 PROFINET 接口的 MCP，包含两个手轮接口 X60、X61；

3）MCP Interface PN 模块，包含两个手轮接口 X60、X61。

2. 手轮参数设置

（1）MD11350 $MN_HANDWHEEL_SEGMENT

=0：SEGMENT_EMPTY；没有手轮；

=1：SEGMENT_840D_HW；手轮连接的是 840D 硬件；

=2：SEGMENT_802DSL_HW；手轮连接的是 802D sl 硬件；

=5：SEGMENT_PROFIBUS；通过 PROFIBUS/PROFINET 连接的手轮；

=7：SEGMENT_ETHERNET；通过 Ethernet 连接的手轮。

（2）MD11351 [0] $MN_ HANDWHEEL_ MODULE

连接 PROFIBUS 的 MCP：

=1~6 ：对应 MD11353 $MN_HANDWHEEL_LOGIC_ADDRESS[(x-1)] 的索引号；

连接以太网的 MCP 或 HT2 的手轮：

=1 ：以太网手轮。

（3）MD11352 $MN_ HANDWHEEL_ INPUT

手轮模块对应的接口：

=1：MCP X60 手轮接口；

=2：MCP X61 手轮接口；

=5：HT2 手轮。

（4）MD11353 $MN_HANDWHEEL_LOGIC_ADDRESS

此数据仅对 PROFIBUS/PROFINET 连接的手轮（即 MD11350 $MN_HANDWHEEL_SEGMENT=5）有效。手轮在硬件配置中的起始地址。

3. 信号检测

若手轮硬件连线正常，NC 参数设置正确，则转动手轮相应 PLC 地址有计数。

转动手轮 1→DB10. DBB68 有计数；

转动手轮 2→DB10. DBB69 有计数；

转动手轮 3→DB10. DBB70 有计数。

4.6 编码器设置

1. 直线轴

1）直线轴使用电动机编码器作为位置反馈，如图 4-15 所示。

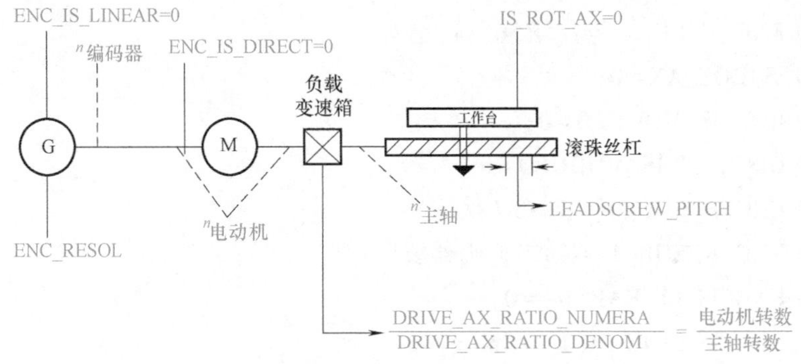

图 4-15 直线轴使用电动机编码器作为位置反馈

参数设置如下：

MD30200 NUM_ENCS=1；

MD30240 ENC_TYPE[0]=1(增量)/4(绝对)；

MD30300 IS_ROT_AX=0；

MD30310 ROT_IS_MODULO=0；

MD30320 DISPLAY_IS_MODULO=0；

MD31020 ENC_RESOL[0]=2048（默认）；

MD31000 ENC_IS_LINEAR[0]=0；

MD31030 LEADSCREW_PITCH=丝杠螺距；

MD31040 ENC_IS_DIRECT[0]=0；

MD31050 DRIVE_AX_RATIO_DENOM[0]=丝杠转数；

MD31060 DRIVE_AX_RATIO_NUMERA[0]=电动机转数。

MD31050<MD31060 是减速传动。

2）直线轴使用第二编码器作为位置反馈，如图 4-16 所示。

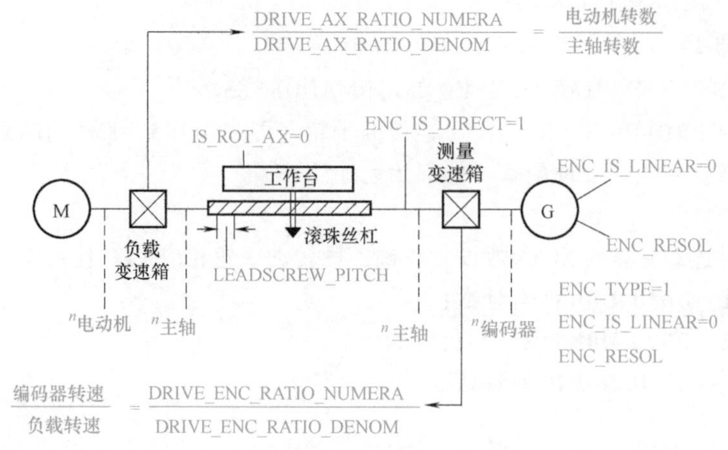

图 4-16　直线轴使用第二编码器作为位置反馈

参数设置如下：

MD30200 NUM_ENCS=2；

MD30240 ENC_TYPE[0]=1(增量)/4(绝对)；

MD30240 ENC_TYPE[1]=1(增量)/4(绝对)；

MD30300 IS_ROT_AX=0；

MD30310 ROT_IS_MODULO=0；

MD30320 DISPLAY_IS_MODULO=0；

MD31020 ENC_RESOL[0]=2048（默认）；

MD31020 ENC_RESOL[1]=第二编码器线数；

MD31000 ENC_IS_LINEAR[0]=0；

MD31000 ENC_IS_LINEAR[1]=0；

MD31030 LEADSCREW_PITCH=丝杠螺距；

MD31040 ENC_IS_DIRECT[0]=0；

MD31040 ENC_IS_DIRECT[1]=1；

MD31050 DRIVE_AX_RATIO_DENOM[n] =丝杠转数；

MD31060 DRIVE_AX_RATIO_NUMERA[n] =电动机转数；

MD31070 DRIVE_ENC_RATIO_DENOM[n] =负载转数，如丝杠；

MD31080 DRIVE_ENC_RATIO_NUMERA[n] =编码器转数。

MD31050<MD31060 是减速传动。

3）直线轴使用直线光栅作为直接测量系统位置反馈，如图 4-17 所示。

参数设置如下：

MD30200 NUM_ENCS=2；

MD30240 ENC_TYPE[0]=1(增量)/4(绝对)；

MD30240 ENC_TYPE[1]=1(增量)/4(绝对)；

MD30300 IS_ROT_AX=0；

MD30310 ROT_IS_MODULO=0；

MD30320 DISPLAY_IS_MODULO = 0；
MD31020 ENC_RESOL[0] = 2048（默认）；
MD31020 ENC_RESOL[1] = 0；
MD31000 ENC_IS_LINEAR[0] = 0；
MD31000 ENC_IS_LINEAR[1] = 1；
MD31010 ENC_GRID_POINT_DIST = 光栅栅距；
MD31030 LEADSCREW_PITCH = 丝杠螺距；
MD31040 ENC_IS_DIRECT[0] = 0；
MD31040 ENC_IS_DIRECT[1] = 1；
MD31050 DRIVE_AX_RATIO_DENOM[n] = 丝杠转数；
MD31060 DRIVE_AX_RATIO_NUMERA[n] = 电动机转数。
MD31050<MD31060 是减速传动。

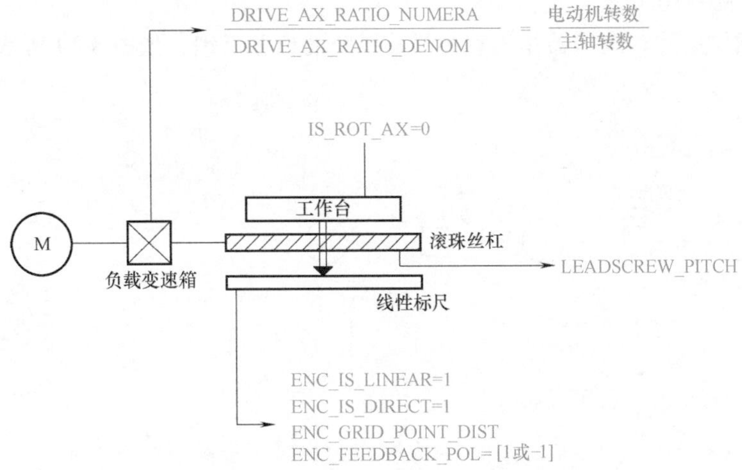

图 4-17　直线轴使用直线光栅作为直接测量系统位置反馈

2. 旋转轴

1）旋转轴使用电动机编码器作为位置反馈，如图 4-18 所示。

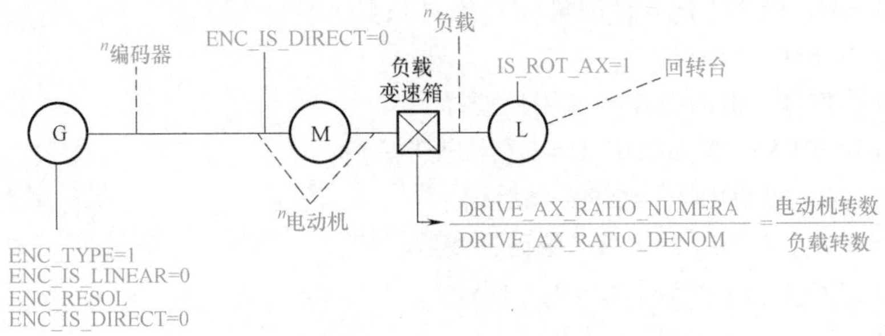

图 4-18　旋转轴使用电动机编码器作为位置反馈

参数设置如下：
MD30200 NUM_ENCS = 1；
MD30240 ENC_TYPE[0] = 1(增量)/4(绝对)；

MD30240 ENC_TYPE[1]=0;

MD30300 IS_ROT_AX=1;

MD30310 ROT_IS_MODULO=1（用户选择）;

MD30320 DISPLAY_IS_MODULO=1（用户选择）;

MD31020 ENC_RESOL[0]=2048（默认）;

MD31020 ENC_RESOL[1]=0;

MD31000 ENC_IS_LINEAR[0]=0;

MD31000 ENC_IS_LINEAR[1]=0;

MD31040 ENC_IS_DIRECT[0]=0;

MD31040 ENC_IS_DIRECT[1]=0;

MD31050 DRIVE_AX_RATIO_DENOM[n] =丝杠转数;

MD31060 DRIVE_AX_RATIO_NUMERA[n] =电动机转数。

MD31050<MD31060 是减速传动。

2）旋转轴使用旋转编码器作为直接测量系统的位置反馈，如图 4-19 所示。

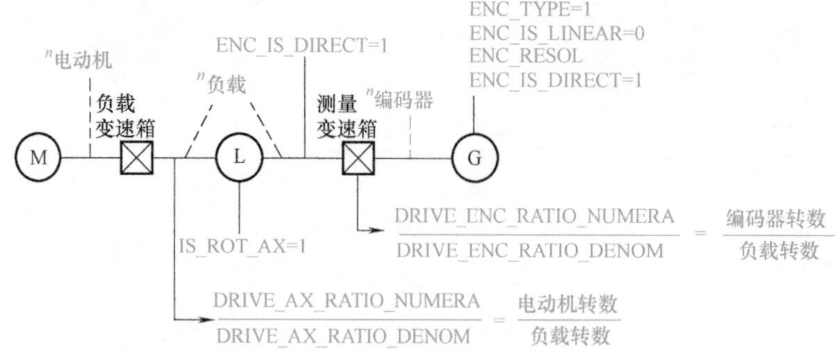

图 4-19　旋转轴使用旋转编码器作为直接测量系统的位置反馈

参数设置如下：

MD30200 NUM_ENCS=2;

MD30240 ENC_TYPE[0]=1(增量)/4(绝对);

MD30240 ENC_TYPE[1]=1(增量)/4(绝对);

MD30300 IS_ROT_AX=1;

MD30310 ROT_IS_MODULO=1（用户选择）;

MD30320 DISPLAY_IS_MODULO=1（用户选择）;

MD31020 ENC_RESOL[0]=2048（默认）;

MD31020 ENC_RESOL[1]=第二编码器线数;

MD31000 ENC_IS_LINEAR[0]=0;

MD31000 ENC_IS_LINEAR[1]=0;

MD31040 ENC_IS_DIRECT[0]=0;

MD31040 ENC_IS_DIRECT[1]=1;

MD31050 DRIVE_AX_RATIO_DENOM[n]=丝杠转数;

MD31060 DRIVE_AX_RATIO_NUMERA[n] =电动机转数;

MD31070 DRIVE_ENC_RATIO_DENOM[n]=负载转数，如旋转工作台；

MD31080 DRIVE_ENC_RATIO_NUMERA[n] =编码器转数。

MD31050<MD31060 是减速传动。

旋转轴的位置反馈参数设置经验分享：

此种配置时，需要考虑旋转轴回参考点的问题，传动比必须是整数。若传动比过大，可能无法用电动机编码器的零脉冲作为参考点标记，因为转台转一圈会出现多个零脉冲，并且相邻过近，易造成系统错误识别。

[思考练习]

1. 简述常用的参数分类方式及生效方式。
2. 试使用参数设置 *X*1、*Y*1、*Z*2 三轴铣床。
3. 简述 MD30200 参数的含义。
4. 列举主轴传动比相关参数。
5. 试配置旋转轴由电动机编码器作为位置反馈的参数。
6. 试配置直线轴由直线光栅作为直接测量系统位置反馈的参数。
7. 试进行 PROFIBUS 接口的 MCP 连接两个手轮的参数配置。
8. 什么是 BICO？它有什么特点？

第5章 Chapter 5

PLC开机调试

数控机床作为自动控制设备，是在自动控制下进行工作的，数控机床所受的控制可分为两类：一类是最终实现对坐标轴运动进行控制的数字控制，即 NC 控制机床各坐标轴的位移，各轴运动的插补、补偿等；另一类是顺序控制，即在数控机床运行过程中，以 CNC 内部和机床行程开关、传感器、按钮、继电器等的开关量信号状态为条件，并按照预先规定的逻辑顺序完成对诸如主轴的起停、换向，刀具的更换，工件的夹紧、松开，液压、冷却、润滑系统的运行等进行的控制以及机床制造商报警文本的编写、报警的处理。数控机床利用 PLC 完成顺序控制。

通常我们所说的 PLC，用于工厂一般通用设备的自动控制装置，而在西门子数控系统中集成了 PLC 功能，帮助数控系统处理开关量的数字输入以及输出信号，并通过 DB 块实时刷新系统的状态。

5.1 创建 PLC 项目

STEP7 硬件组态和 PLC 编程

1. 创建 PLC 项目及通信网络

(1) 创建新的 PLC 项目

如图 5-1 所示，打开 STEP 7 软件，在 SIMATIC Manager 中单击菜单栏“File”→“New”选项，在弹出的界面中输入项目名称，例如，840D_sl，单击“OK”按钮。

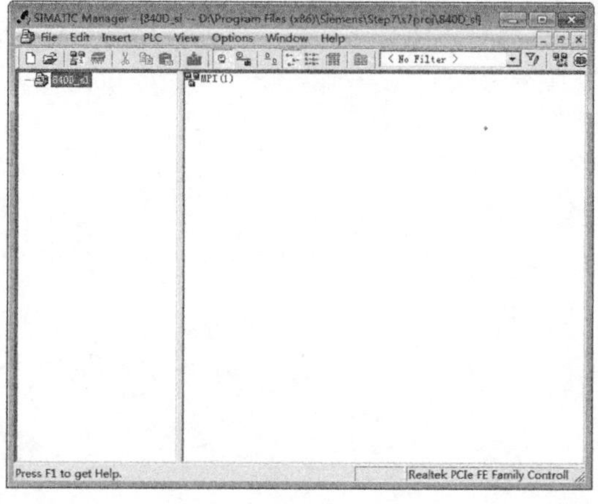

图 5-1 创建 PLC 项目

（2）插入 S7-300 站点

如图 5-2 所示，单击菜单栏 “Insert”→“Station”→“SIMATIC 300 Station”，插入 S7-300 站点，例如，SIMATIC 300（1）。

（3）进入硬件组态界面

如图 5-3 所示，双击 S7-300 站点 “SIMATIC 300（1）” 中的 “Hardware” 进入硬件组态界面。

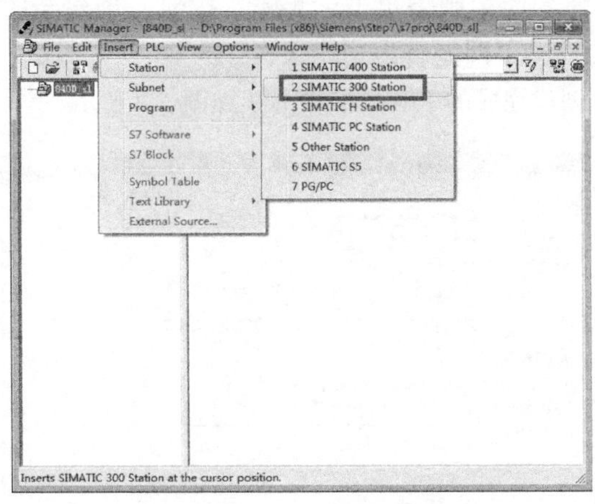

图 5-2　选择 PLC 站点类型

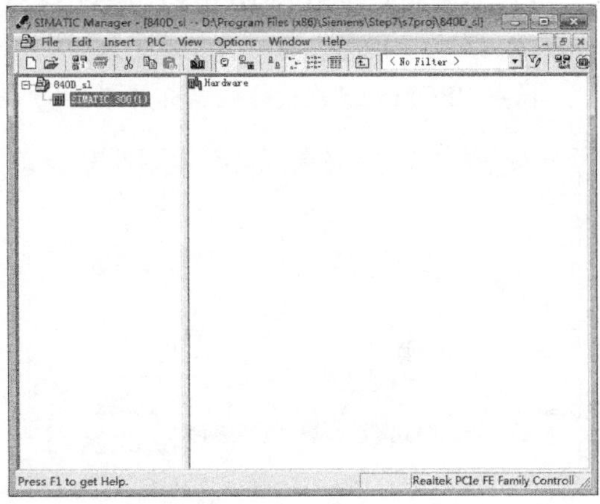

图 5-3　进入硬件组态界面

（4）插入 SINUMERIK 控制器

如图 5-4 所示，在硬件组态界面中，从菜单树 “SIMATIC 300”→“SINUMERIK”→“840D

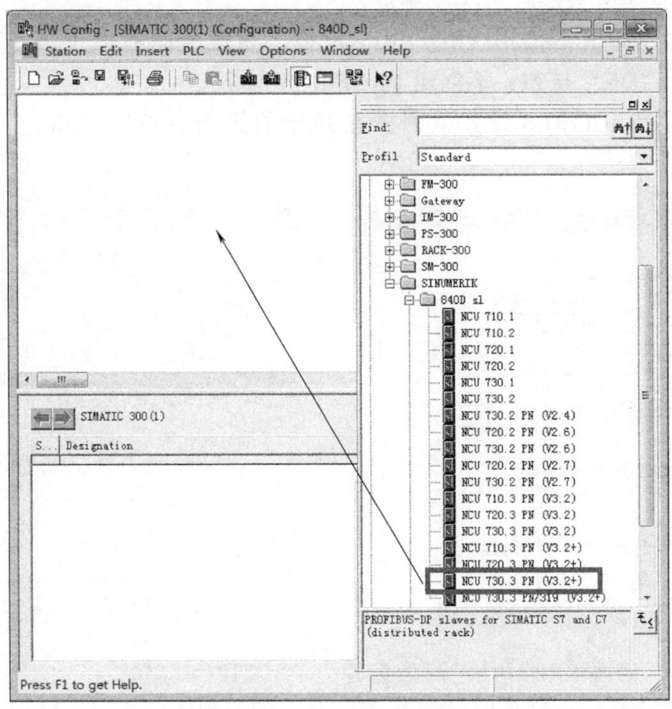

图 5-4　选择 NCU 类型

sl”目录中选择并插入 SINUMERIK 控制器，例如，选中“NCU730.3 PN（V3.2+）”并按住鼠标左键将它拖到配置界面“Station design”中。

（5）创建 PROFINET 网络（X150 端口）

如图 5-5 所示：

1）如果没有使用 PROFINET 设备，在弹出的界面中可直接选择“not networked”，并单击“OK”按钮，不创建 PROFINET 网络。

2）如果实际使用 PROFINET 设备，在弹出的界面中则需单击“New”按钮，创建新的 PROFINET 有源网络，其中 IP 地址为 192.168.0.1，子网掩码为 255.255.255.0。

设置 PROFINET 连接总线名称如图 5-6 所示。创建完成的 PROFINET 总线如图 5-7 所示。

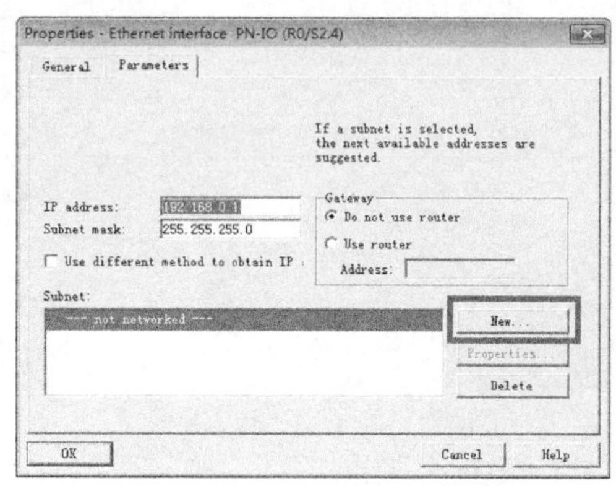

图 5-5 建立 PROFINET 连接总线

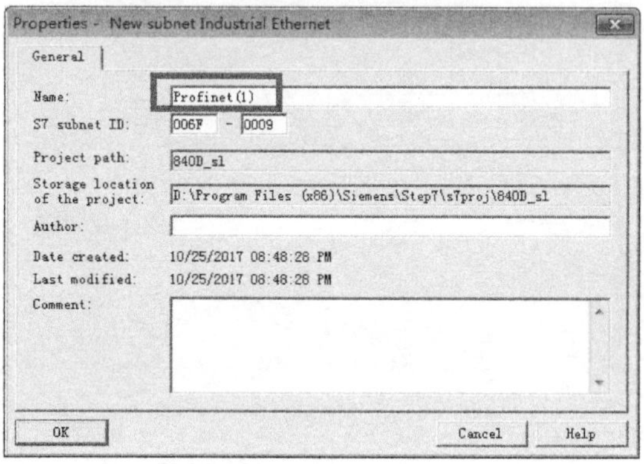

图 5-6 设置 PROFINET 连接总线名称

（6）创建 PROFIBUS 网络（X126 端口）

如图 5-8 所示，如果不使用 PROFIBUS 设备，在弹出的界面中可直接选择“not networked”，并单击“OK”按钮，不创建 PROFIBUS 网络。

如果实际使用 PROFIBUS 设备，则需在弹出的界面中单击“New”按钮，创建新的 PROFIBUS 网络。

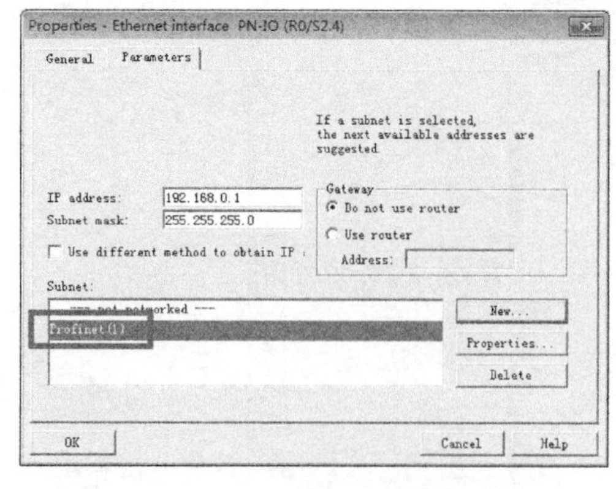

图 5-7 创建完成的 PROFINET 总线

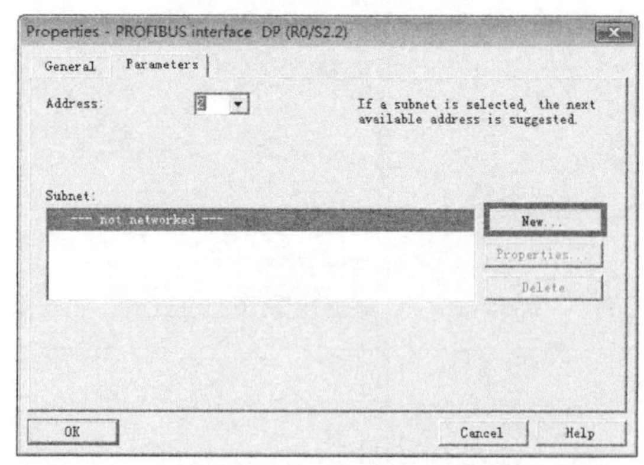

图 5-8 建立 PROFIBUS 连接总线

如图 5-9 所示，修改 PROFIBUS 网络名称为 PROFIBUS（1）。

如图 5-10 所示，PROFIBUS 网络传输速率设置为 1.5Mbps。

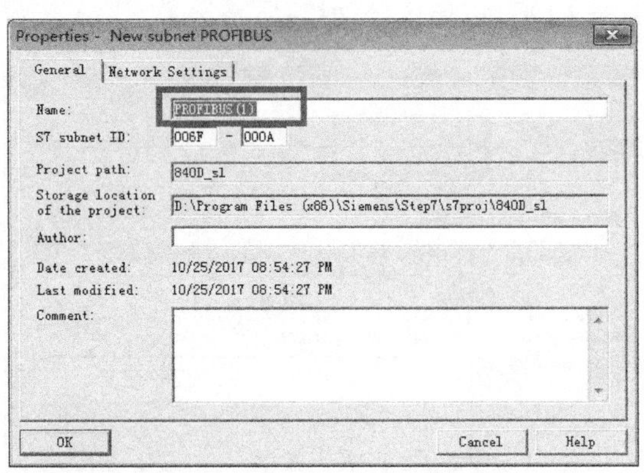

图 5-9 设置 PROFIBUS 总线名称

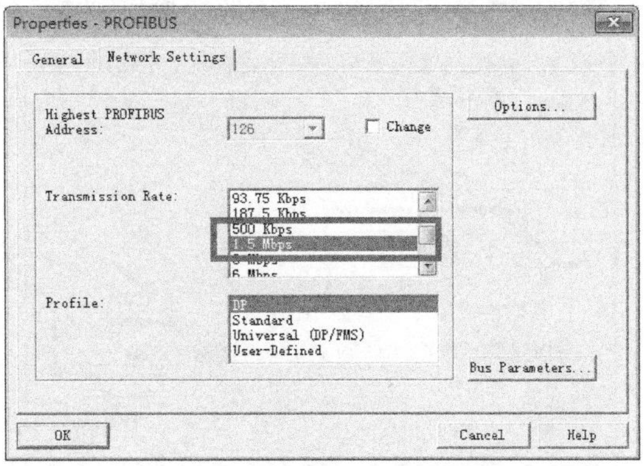

图 5-10 设置 PROFIBUS 连接总线传输速率

如图 5-11 所示，PROFIBUS 网络创建完成。

(7) 设置完成 PROFINET 和 PROFIBUS 网络

创建完成的 PROFINET 和 PROFIBUS 总线，如图 5-12 所示。

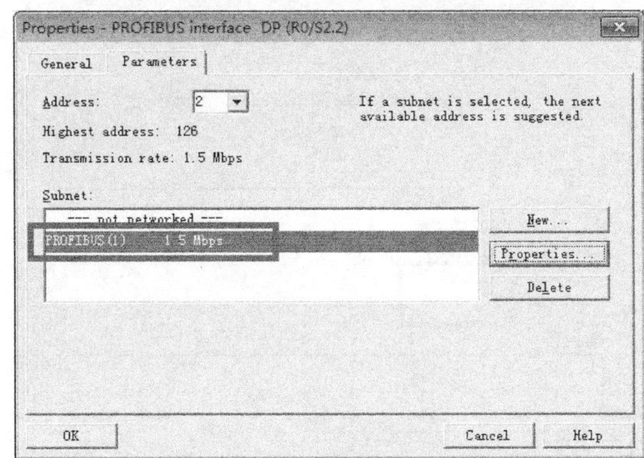

图 5-11 已创建完成的 PROFIBUS 总线

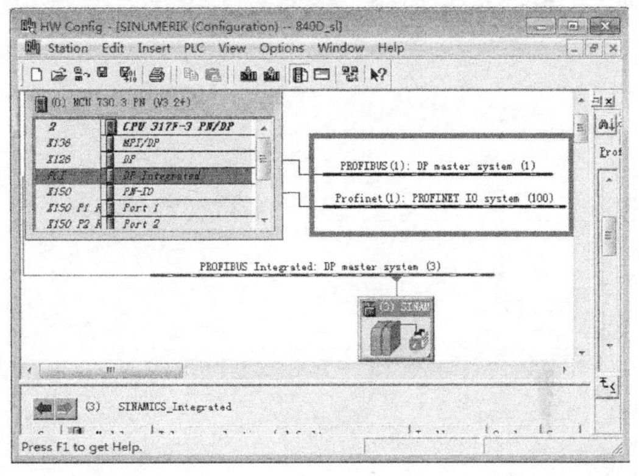

图 5-12 创建完成的 PROFINET 和 PROFIBUS 总线

(8) 设置 CP 840D sl 网络

如图 5-13 所示，首次进行 PLC 调试时，需正确设置 CP 840D sl 的 IP 地址，否则将无法上传、下载和在线监控 PLC 程序。双击 NCU 中的 CP 840D sl，在弹出的界面中单击“Properties”按钮。

在弹出的界面中设置 CP 840D sl 的 IP 地址，如图 5-14～图 5-16 所示。

使用 X127 端口时，设置 IP 地址为 192.168.215.1，子网掩码为 255.255.255.224，推荐使用该端口进行调试。

使用 X120 端口时，设置 IP 地址为 192.168.214.1，子网掩码为 255.255.255.0。

然后单击“New”按钮，创建以太网接口，在弹出的窗口中，建议将 CP 840D

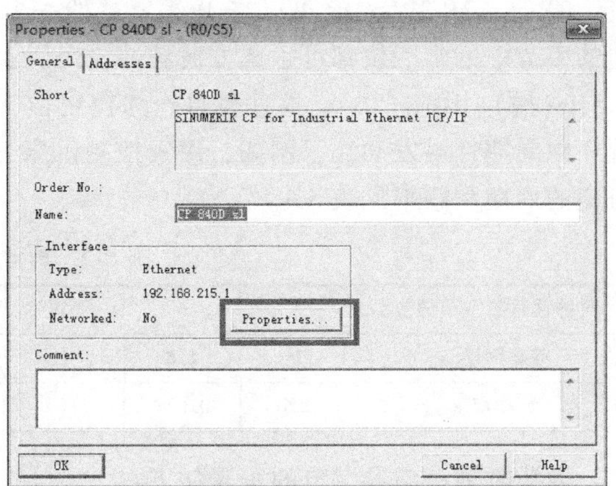

图 5-13 设置 CP 840D sl 的网络

sl 网络的名称进行修改，例如，修改为 CP 840D sl (1)，以便区分网络。

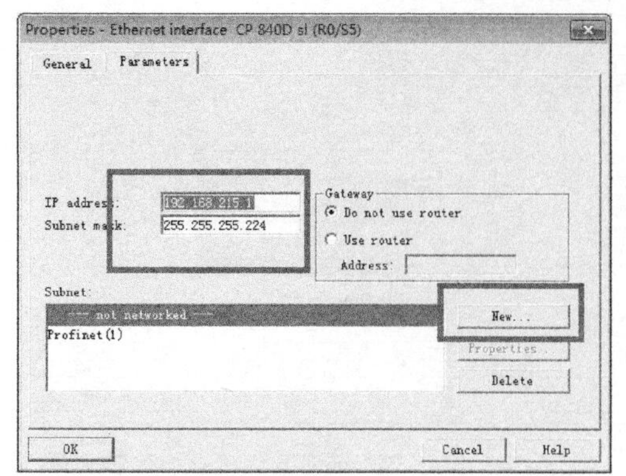

图 5-14 设置 CP 840D sl 的 IP

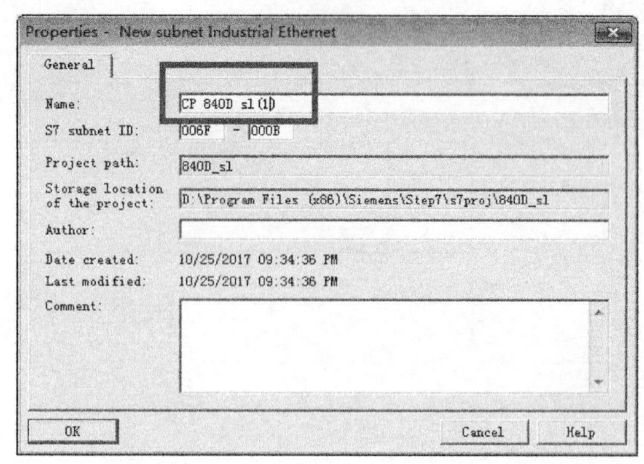

图 5-15 设置 CP 840D sl 的网络名称

设置完成的 CP 840D sl 网络如图 5-17 所示。

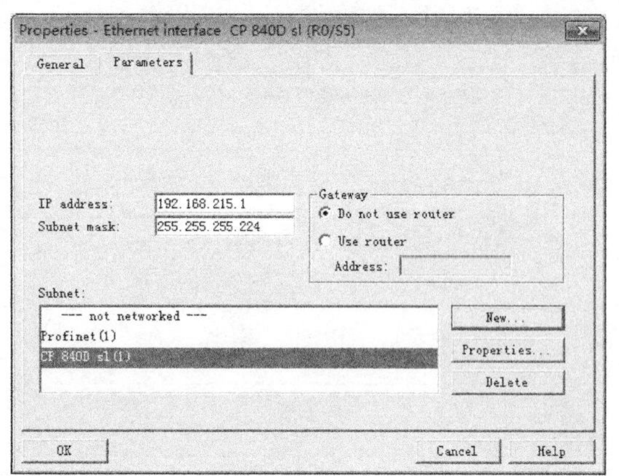

图 5-16 已完成设置的 CP 840D sl 网络

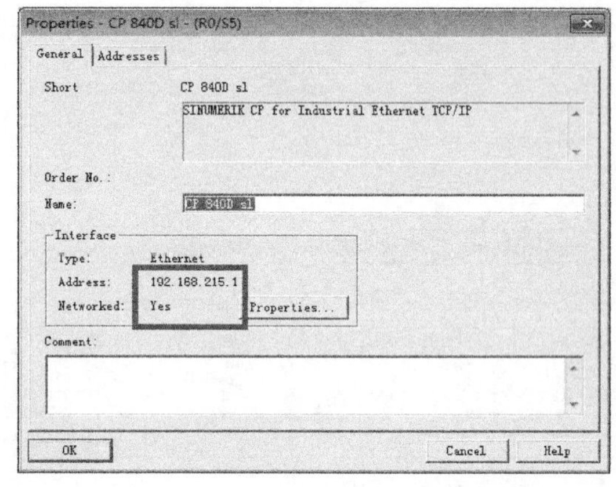

图 5-17 显示已完成设置 CP 840D sl 的网络

2. 时钟存储器

CPU 317F-3PN/DP 可以将 M 存储器的一个字节分配给时钟存储器。被组态为时钟存储器的字节中的每一位都可生成方波脉冲。时钟存储器字节提供了 8 种不同的频率，其范围从 0.5Hz(慢)~10Hz(快)。这些位可作为控制位（尤其在与沿指令结合使用时），用于在用户程序中周期性触发动作，例如，用于控制机床三色指示灯的闪烁。时钟存储字节中的每一位对应的周期和频率见表 5-1。

表 5-1 时钟存储字节

时钟存储器字节的位	7	6	5	4	3	2	1	0
持续周期/s	2	1.6	1	0.8	0.5	0.4	0.2	0.1
频率/Hz	0.5	0.625	1	1.25	2	2.5	5	10

激活时钟存储器字节的步骤如下：

如图 5-18 所示，双击 NCU 中的 CPU 317F-3PN/DP，在弹出的对话框中选择“Cycle/

Clock Memory”选项卡，勾选“Clock memory”，并输入“Memory byte”的编号，如输入16，则MB16即为时钟存储器字节。待硬件组态编译下载之后，时钟存储器字节被激活。

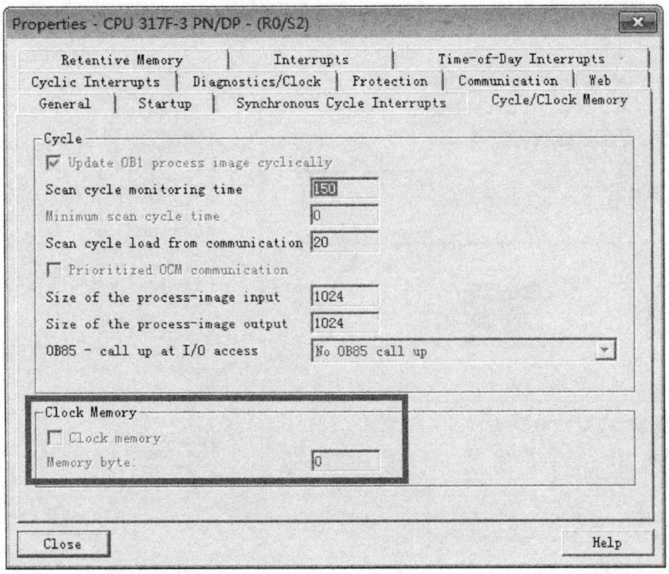

图5-18 设置时钟存储的字节

3. 在硬件组态中添加扩展数控单元NX10.3/NX15.3

当使用扩展数控单元NX10.3/NX15.3时，该模块必须通过预设的DRIVE-CLiQ接口连接至控制单元，并在STEP7硬件组态中进行组态、分配集成PROFIBUS的地址。其中，连接NX10.3/NX15.3的DRIVE-CLiQ接口与集成PROFIBUS的地址的对应关系见表5-2。

表5-2 连接NX的NCU的DRIVE-CLiQ接口与PROFIBUS的地址接口

集成PROFIBUS DP master system(3)上的地址	DRIVE-CLiQ接口 NCU 720.3B PN / 730.3B PN	DRIVE-CLiQ接口 NCU 710.3B PN
10	X100	X100
11	X101	X101
12	X102	X102
13	X103	X103
14	X104	—
15	X105	—

NX10.3/NX15.3具体组态步骤如下：

如图5-19所示，在硬件组态界面中，从菜单树“PROFIBUS DP”→“SINAMICS”→“SINUMERIK NX…”下查找NX模块，例如，SINUMERIK NX15.3。然后选中该模块，按住鼠标左键将它拖到组态设计界面中的“PROFIBUS Intergrated：DP master system”网络上。

如图5-20所示，在弹出的界面中根据NX模块连接的端口设置集成PROFIBUS的地址。例如，第一块NX模块连接在NCU720.3B PN的X105端口，则设置集成PROFIBUS的地址为“15”。设置完成之后，单击“OK”按钮。

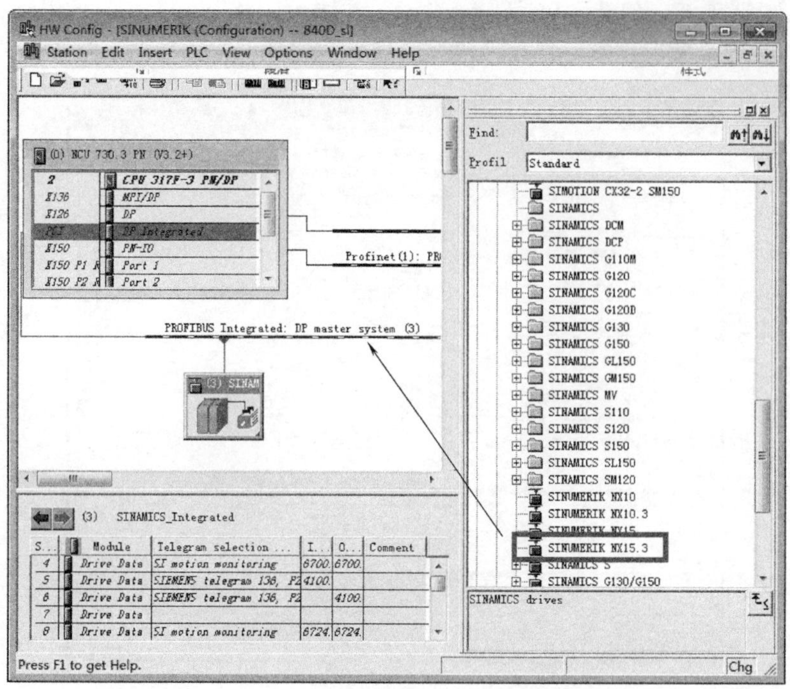

图 5-19　组态硬件 NX15.3 到 DP 网络

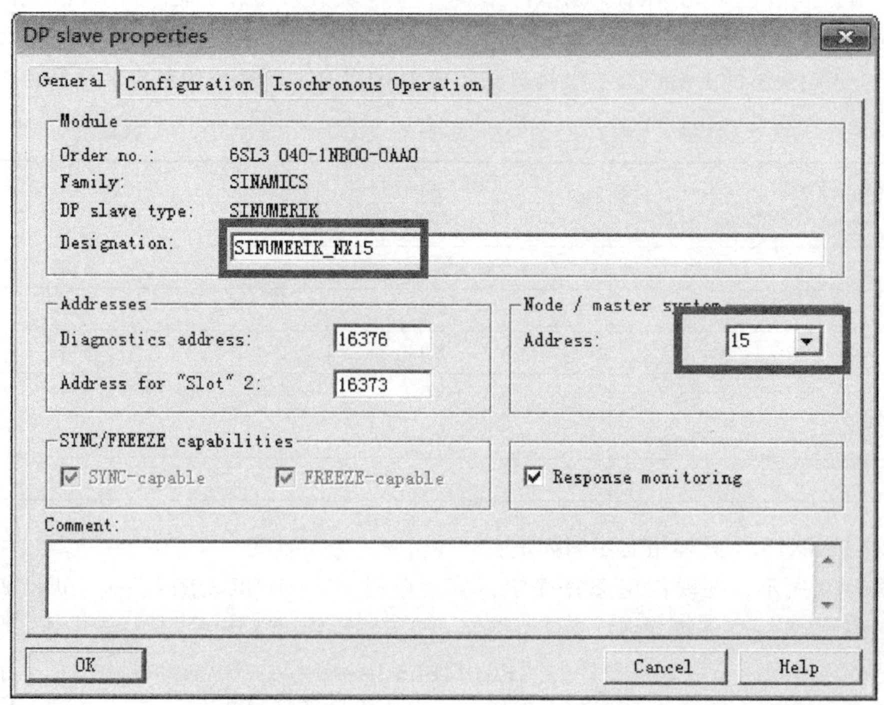

图 5-20　设置 NX15.3 的名称及 DP 网络地址

如图 5-21 所示，系统会弹出如下提醒，继续单击“OK”按钮。

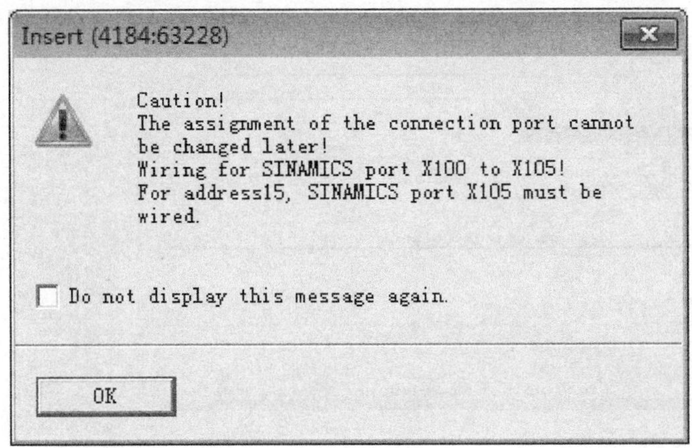

图 5-21 设置的提示信息

NX 模块组态完成如图 5-22 所示。

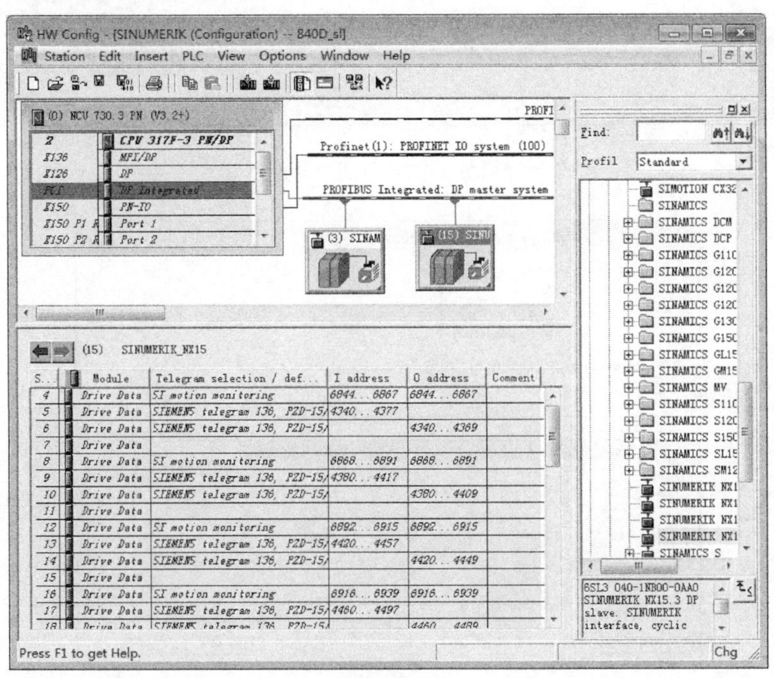

图 5-22 组态完成后的 NX15.3 硬件

4. 在硬件组态中添加 PROFIBUS 设备

如果存在 PROFIBUS 设备，则需进行组态。此处以 ET200S 从站为例。

如图 5-23 所示，根据模块的订货号，从硬件组态树状菜单栏中“PROFIBUS DP”→“ET 200S”目录下选择 ET200S 接口模块 IM151-1 HF，并拖曳插入到 PROFIBUS（1）网络下。

如图 5-24 所示，根据该接口模块上的硬件拨码开关地址，在弹出的对话框中设置其 PROFIBUS 地址，例如，设置为“3”，并选择 PROFIBUS（1）网络，单击“OK”按钮。

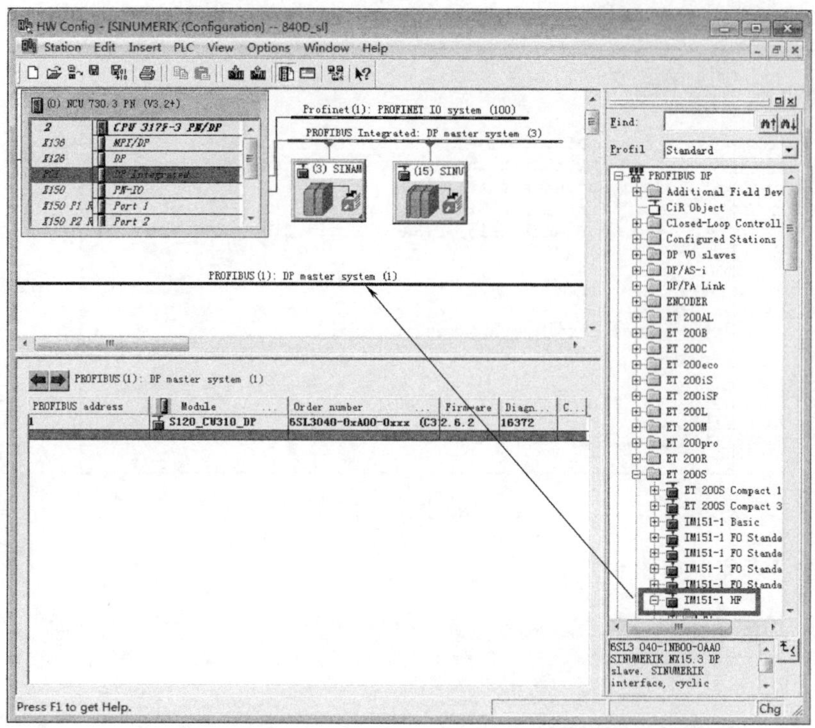

图 5-23　组态硬件 IM151-1 在 PROFIBUS 网络上

图 5-24　组态完成的网络地址设置

如图 5-25 所示，根据各模块的订货号，从硬件组态树状菜单栏中“PROFIBUS DP”→“ET 200S”→“IM151-1 HF”目录下依次选择相应的模块，并拖曳插入到 ET200S 从站下，根据实际应用修改或打包 I/O 地址。

5. 编译、保存和下载硬件组态

如图 5-26 所示，当硬件组态配置完成之后，必须保存、编译和下载硬件组态，下载硬件组态时，推荐使用 X127 端口，调试计算机 IP 地址设置为自动获取。

1）单击菜单“Station”→“Save and compile”保存和编译项目。

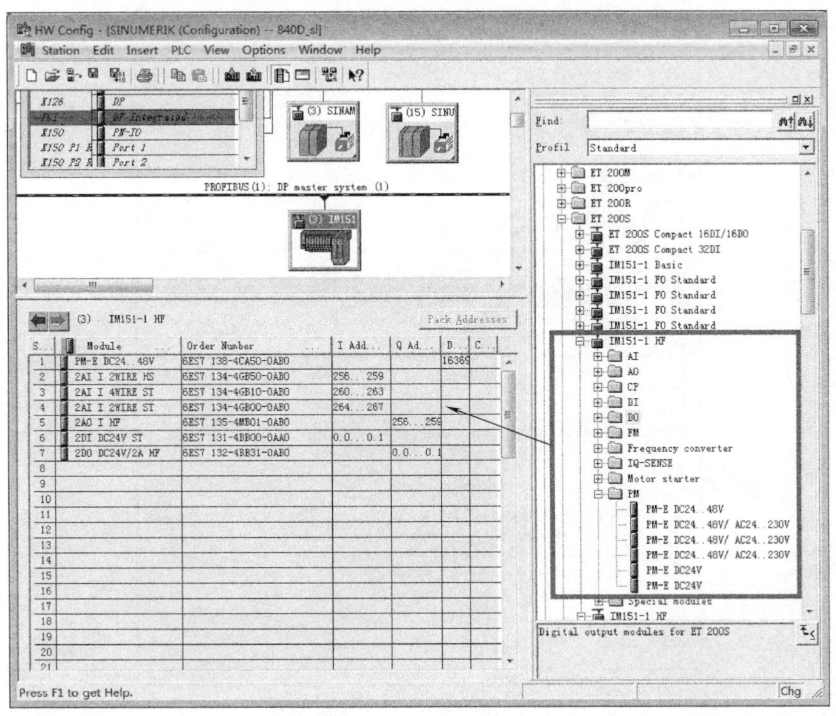

图 5-25 硬件 IM151-1 的 I/O 硬件备选区

2）单击 “Download to module” 按钮，下载硬件组态。在弹出的选择目标模块对话框中自动显示两个经过配置的通信对象，单击 “OK” 按钮，确认下载硬件组态。

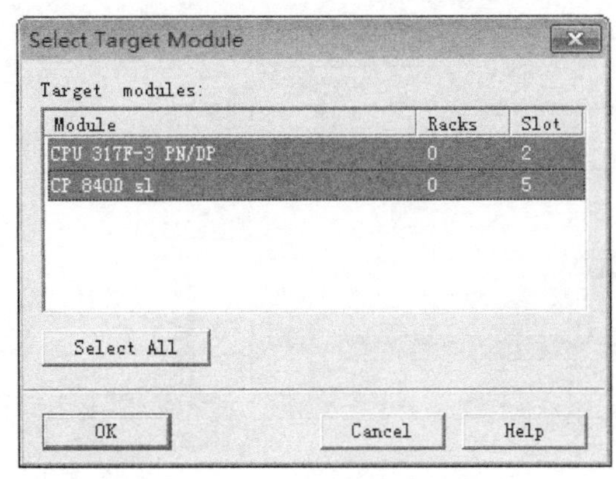

图 5-26 下载硬件组态

如图 5-27 所示，在弹出的界面中选择下载 IP 地址为 “192. 168. 215. 1”，单击 “OK” 按钮即可启动硬件组态的下载，下载时会先停止 PLC 运行，下载完成后会提示是否重新启动 PLC。

6. 在硬件组态中添加 PROFINET 设备

如果项目中还存在 PROFINET 设备，同样需要进行组态。此处以 ET200S 从站和 PP 72/48 为例。

(1) 组态 ET200S 从站

如图 5-28 所示，根据各模块的订货号和固件版本，从硬件组态树状菜单栏中 “PROFINET IO”→“I/O”→“ET 200S” 目录中依次选择相应模块，并拖曳插入到 PROFINET IO 系统下。

注意：切勿使用 GSD 目录下的模块，否则组态有可能失败。

如图 5-29 所示，指定 ET200S 接口模块的设备名称和 IP 地址，例如，修改设备名称为 ET200S-IM151-3PN-001，修改 IP 地址为 192. 168. 0. 2，子网掩码为 255. 255. 255. 0。

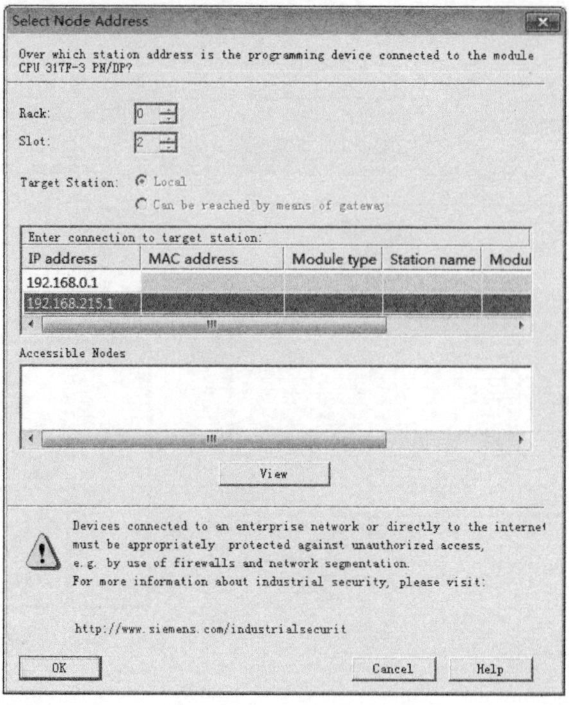

图 5-27　选择下载 IP 地址

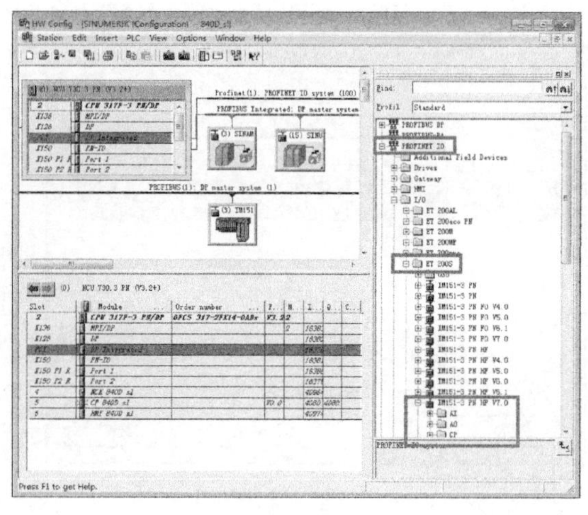

图 5-28　PROFINET 网络组态 ET200S 的 I/O 硬件

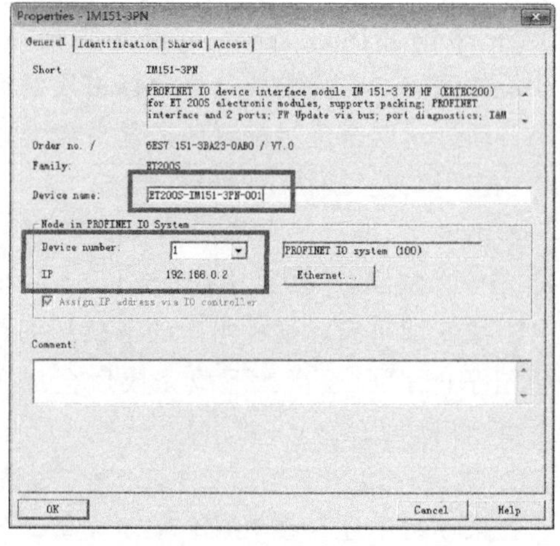

图 5-29　PROFINET 网络 ET200S 的设备名称及 IP 地址

PROFINET I/O 组态经验分享：

1）确保计算机与硬件连接；

2）连接网络通信正常；

3）组态完成后，要分配 I/O 名称和指定 IP 地址。

（2）组态 PP 72/48

如图 5-30 所示，根据订货号，从硬件组态树状菜单栏中“PROFINET IO”→“I/O”→

"SINUMERIK" 目录下选择并拖曳插入到 PROFINET IO 系统下。

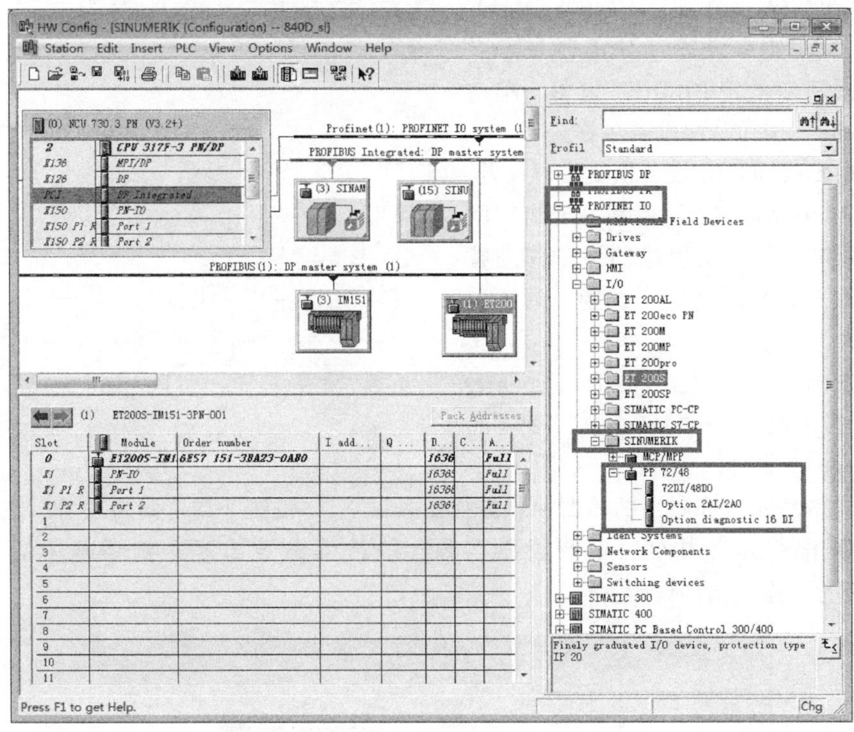

图 5-30 PROFINET 网络组态 PP 72/48

（3）分配 PROFINET IO 设备名称

分配 PROFINET IO 设备名称的具体步骤如下：

如图 5-31 所示，单击菜单 "PLC"→"Ethernet"→"Assign Device Name..."，在弹出的界

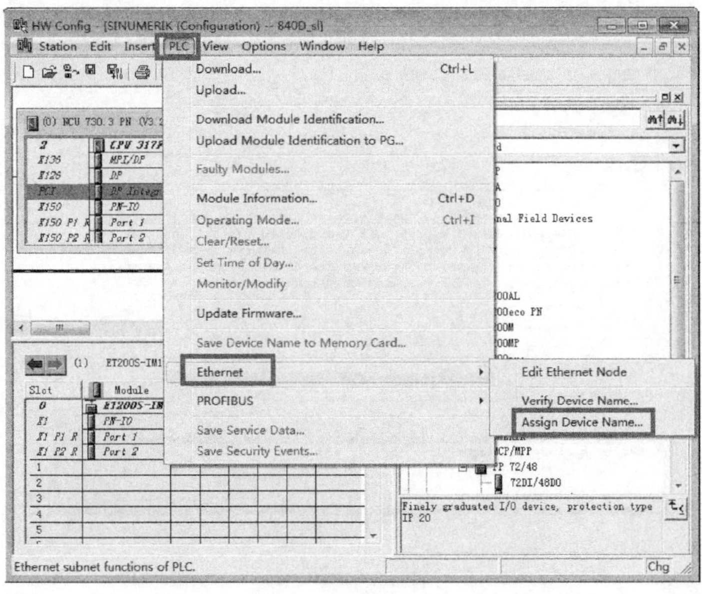

图 5-31 分配 PROFINET IO 设备名称

面中从设备名称（Device name）下拉框中选择设备名称，例如，ET200S-IM151-3PN-001。然后根据设备的 MAC 地址和设备类型选择对应的 PROFINET 设备，单击“Assign name”按钮分配设备名称。

（4）PROFINET IO 设备恢复出厂设置

新的 PROFINET IO 设备都处于出厂默认状态，如果将曾经使用过的设备作为替换设备，首先需要恢复出厂设置，具体步骤如下：

如图 5-32 所示，在 SIMATIC Manager 菜单中单击“PLC”→“Ethernet”→“Edit Ethernet Node”。

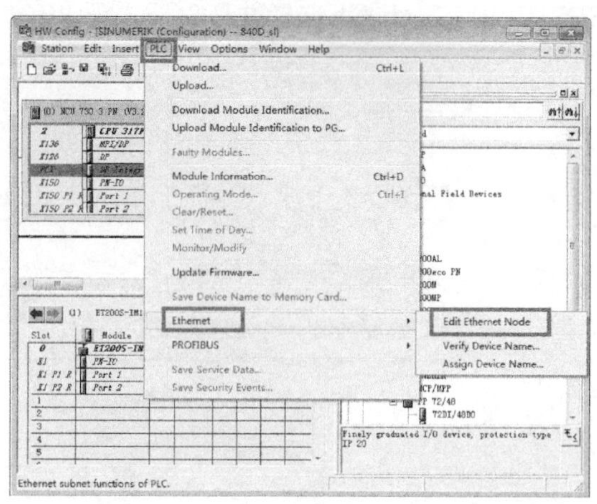

图 5-32　PROFINET IO 设备恢复出厂设置

如图 5-33 所示，在弹出的界面中单击“Browse...”按钮，浏览网络设备，选择要替换的设备，单击“OK”按钮，等待设备名称、地址等参数出现在对话框中之后，单击“Reset”按钮，恢复出厂设置。

Edit Ethernet Node
Ethernet node
Nodes accessible online
MAC address:　Browse...
Set IP configuration
Use IP parameters
IP address:
Subnet mask:
Gateway
Do not use router
Use router
Address:
Obtain IP address from a DHCP server
Identified by
Client ID　MAC address　Device name
Client ID:
Devices connected to an enterprise network or directly to the internet must be appropriately protected against unauthorized access, e.g. by use of firewalls and network segmentation. For more information about industrial security, please visit http://www.siemens.com/industrialsecurity
Assign IP Configuration
Assign device name
Device name:　Assign Name
Reset to factory settings
Reset
Close　Help

图 5-33　恢复出厂设置

5.2 插入 PLC 基本程序

插入 PLC 基本程序前必须确保硬件组态已完成，并且已进行保存、编译并生成了 PLC 的系统数据（System data），同时，SINUMERIK 840D sl Toolbox V04.07 已安装完成。

1. 打开 PLC 基本程序库

如图 5-34 所示，在 SIMATIC Manager 界面依次单击“File”→“Open”菜单。

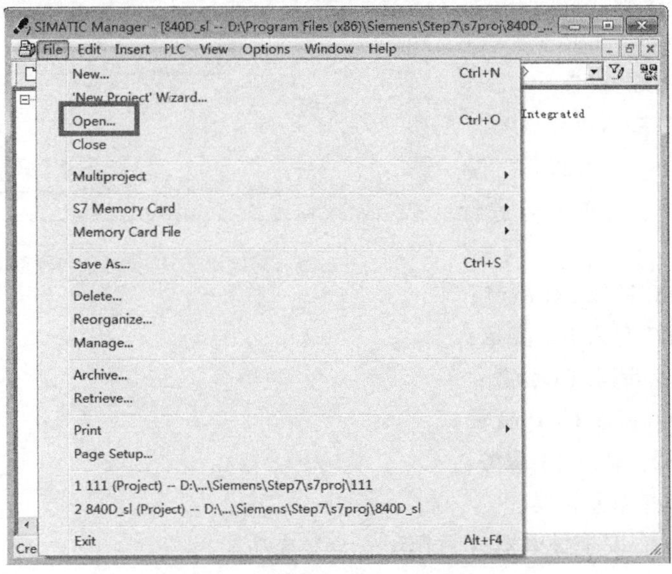

图 5-34　打开 PLC 基本程序库（一）

如图 5-35 所示，在弹出的界面中单击“Libraries”，选择 PLC 基本程序库，例如，“bp7x0_47”，并单击“OK”按钮，打开 PLC 基本程序库。

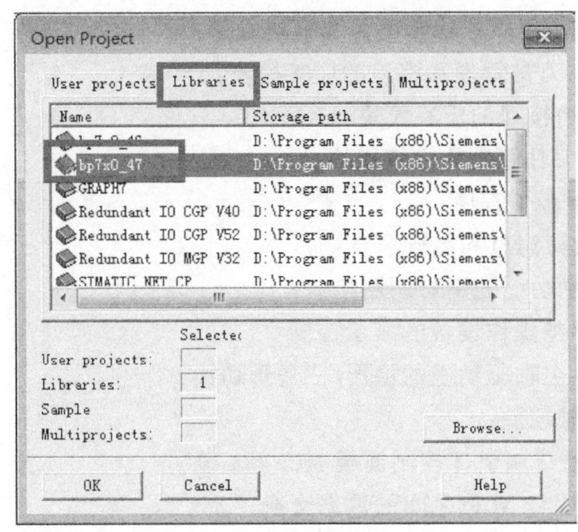

图 5-35　打开 PLC 基本程序库（二）

2. 复制 PLC 基本程序库到用户 PLC 程序中

如图 5-36 所示，PLC 基本程序库打开之后，复制源文件、程序块、符号文件到用户 PLC 程序中，并确认覆盖 OB1。另外，复制完成之后，如果 PLC 系统数据（System data）丢失，可再次编译硬件组态，重新生成。

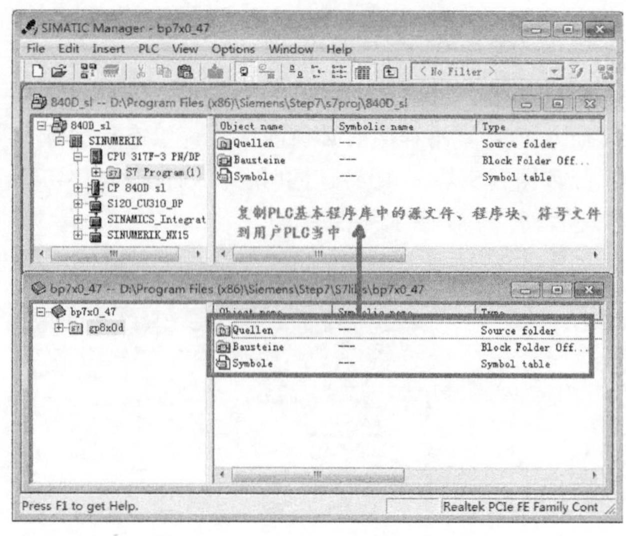

图 5-36 复制 PLC 基本程序库到用户 PLC 程序

3. SINUMERIK 840D sl Toolbox 中常用的 PLC 基本程序块

FB1 RUN_UP：基本程序、启动部分，对面板、手持单元等进行设定；

FB2 GET：PLC 读取 NC 变量；

FB3 PUT：PLC 写入 NC 变量；

FB4 PI_SERV：请求 PI 服务；

FB5 GETGUD：读取 GUD 变量；

FB7 PI_SERV2：请求 PI 服务；

FB9 M2N：操作单元切换；

FB10 SI_Relais：安全继电器（适用于安全集成功能）；

FB11 SI_BrakeTest：安全抱闸测试（适用于安全集成功能）；

FB29 Diagnose：诊断信号记录器和数据触发器；

FC2 GP_HP：基本程序，循环部分；

FC3 GP_PRAL：基本程序，报警控制部分；

FC5 GP_DIAG：基本程序，诊断报警和模块故障；

FC6 TM_TRANS2：刀具管理和多刀的应答模块；

FC7 TM_REV：刀塔换刀的应答模块；

FC8 TM_TRANS：刀具管理的应答模块；

FC9 ASUP：启动异步子程序；

FC10 AL_MSG：故障消息和运行消息；

FC12 AUXFU：辅助功能的用户调用接口；

FC13 BHGDisp：手持操作设备的显示控制；

FC17 YDelta：数字主轴驱动上的星形/三角形切换；

FC18 SpinCtrl：主轴控制；

FC19 MCP_IFM：铣床版机床控制面板 MCP483 程序；

FC21 Transfer：PLC 与 NCK 之间的数据交换；

FC22 TM_DIR：刀具管理的方向选择；

FC24 MCP_IFM2：铣床版机床控制面板 MCP310 程序；

FC25 MCP_IFT：车床版机床控制面板 MCP483 程序；

FC26 HPU_MCP：手持操作单元、机床控制面板 HT8 程序；

FC1005 AG_SEND：将数据传输至以太网 CP；

FC1006 AG_RECV：从以太网 CP 接收数据。

5.3 编写用户 PLC 程序

当创建 STEP7 项目、硬件组态、插入 PLC 基本程序完成之后，便可以编写用户 PLC 程序了。

1. PLC 结构图

PLC 结构图如图 5-37 所示。

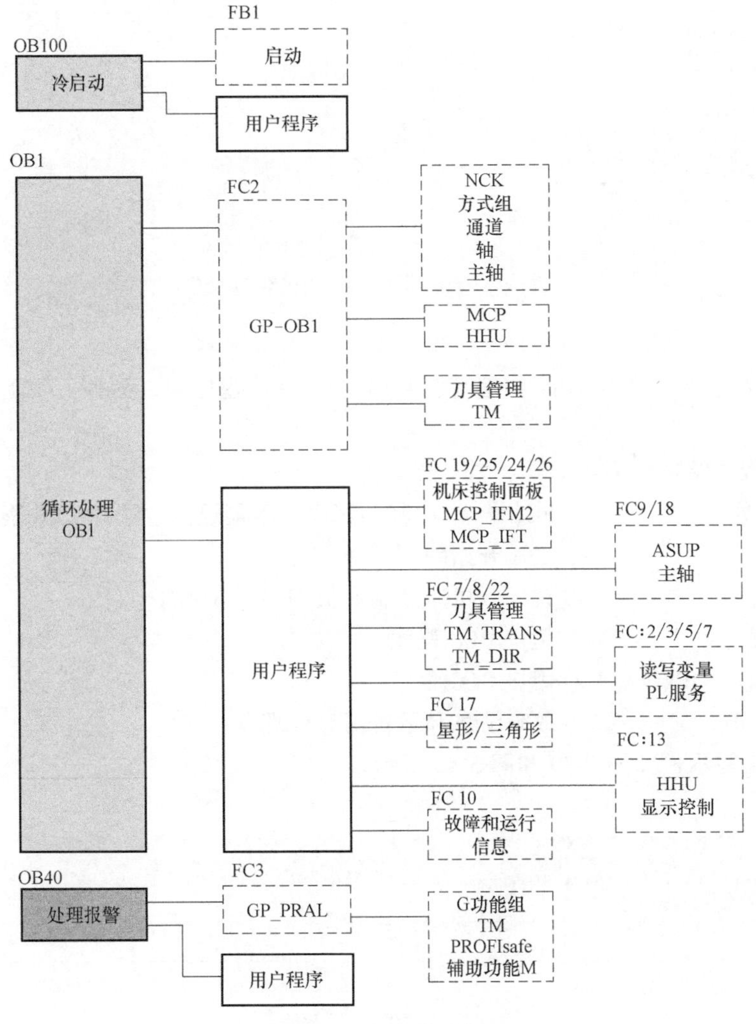

图 5-37 PLC 结构图

2. 修改 OB100 中的机床控制面板参数

如图 5-38 所示，机床控制面板的信号是由 PLC 基本程序传送的。为了机床控制面板正常工作，必须在 OB100 中调用 FB1 并输入相关参数。另外，系统上电时首先执行 OB100，且只执行一次。

OB100 编写示例如图 5-38 所示。

```
OB100 : Title:
Comment:
⊟ Network 1: Title:
    CALL  "RUN_UP" , "gp_par"         FB1 / DB7         -- Startup Baseprogram / Parameters for Baseprogram
     MCPNum               :=1
     MCP1In               :=P#I 0.0
     MCP1Out              :=P#Q 0.0
     MCP1StatSend         :=P#Q 8.0
     MCP1StatRec          :=P#Q 12.0
     MCP1BusAdr           :=6
     MCP1Timeout          :=
     MCP1Cycl             :=
     MCP2In               :=
     MCP2Out              :=
     MCP2StatSend         :=
     MCP2StatRec          :=
     MCP2BusAdr           :=
     MCP2Timeout          :=
     MCP2Cycl             :=
     MCPMPI               :=
     MCP1Stop             :=
     MCP2Stop             :=
     MCP1NotSend          :=
     MCP2NotSend          :=
     MCPSDB210            :=
```

图 5-38　OB100 中的 MCP 面板程序

3. 在 OB1 中编写与调用用户 PLC 程序块

用户可根据实际应用在 OB1 中编写、调用用户 PLC 程序块。另外，OB1 中的程序会被循环执行。

1）OB1 程序结构示例：

CALL FC2;　　　　　//FC2 为 PLC 基本程序，不能删除，用户 PLC 程序在该程序块之后开始编写

CALL FC19;　　　　//铣床版机床控制面板 MCP483 程序

CALL FCxx;　　　　//用户 PLC 程序

CALL FBxx, DBxxx;　//用户 PLC 程序

CALL FC10;　　　　//故障消息和运行消息处理

2）OB1 编写示例如图 5-39 和图 5-40 所示。

```
OB1 : Title:
Comment:
⊟ Network 1: PLC 基本程序
    CALL  FC     2                 //FC2为PLC基本程序，不能删除，用户PLC程序在该程序块之后开始编写
```

图 5-39　基本程序循环部分

4. 下载用户 PLC 程序

如图 5-41 所示，当用户 PLC 程序编写完成后，可选择 PLC 程序中的“Blocks”，单击“Download”按钮，下载所有 PLC 程序块。

⊟ Network 2: 铣床版机床控制面板MCP 483程序

```
CALL  FC    19                       //铣床版机床控制面板MCP 483程序
 BAGNo       :=B#16#1                //方式组号
 ChanNo      :-B#16#1                //通道号
 SpindleIFNo:=B#16#4                 //主轴编号
 FeedHold    :=DB2.DBX184.0          //MCP上进给停止按键"FEED STOP"被按下，此处有输出
 SpindleHold:=DB2.DBX184.1           //MCP上主轴停止按键"SPINDLE STOP"被按下，此处有输出
```

⊟ Network 3: 急停

```
AN    I       32.0          //I32.0 --> 急停按钮
=     DB10.DBX   56.1       //DB10.DBX56.1 --> 激活急停(PLC-->NC)

A     I        3.7          //I3.7 --> MCP483复位按键，消除急停
A     DB10.DBX  106.1       //DB10.DBX106.1 --> 急停有效(NC-->PLC)
AN    DB10.DBX   56.1       //DB10.DBX56.1 --> 激活急停(PLC-->NC)
=     DB10.DBX   56.2       //DB10.DBX56.2 --> 响应急停，确认消除急停(PLC-->NC)
```

⊟ Network 4: 伺服轴测量系统、倍率、使能

```
SET
=     DB31.DBX    1.5       //第 1 个伺服轴，第一测量系统生效
=     DB31.DBX    1.7       //第 1 个伺服轴，伺服轴倍率生效
=     DB31.DBX    2.1       //第 1 个伺服轴，控制器使能生效
=     DB31.DBX   21.7       //第 1 个伺服轴，脉冲使能生效
```

⊟ Network 5: 通道倍率

```
SET
=     DB21.DBX    6.6       //第 1 通道，快速进给倍率生效
=     DB21.DBX    6.7       //第 1 通道，进给倍率生效
L     DB21.DBB    4
T     DB21.DBB    5         //第 1 通道，进给倍率 传递给 快速进给倍率
```

⊟ Network 6: 机床坐标系/工件坐标系切换

```
      A     I       5.4          //I5.4 --> MCP483上MCS/WCS切换按键
      FP    M     100.0
      JCN   MAK1
      A     Q       3.5          //Q3.5 --> MCP483上MCS/WCS切换按键指示灯
      =     DB19.DBX   0.7       //DB19.DBX0.7 --> 显示WCS
MAK1: A     DB19.DBX  20.7       //DB19.DBX20.7 --> HMI上MCS/WCS切换按键
      FP    M     100.1
      JCN   MAK2
      AN    DB19.DBX   0.7       //DB19.DBX0.7 --> 显示WCS
      =     DB19.DBX   0.7       //DB19.DBX0.7 --> 显示WCS
MAK2: NOP   0
```

⊟ Network 7: 故障消息和运行消息处理

FC10 参数：ToUserIF:=TRUE，将显示 500000 和 600000 范围内的错误消息/报警（通过DB2 设置）。系统将自动发出进给保持、读入禁用等信号，此时，PLC编程时不要再处理通道或轴接口信号中的相关信号，例如，DB21.DBX6.1（读入禁止），否则会发生冲突。
FC10 参数：ToUserIF:=FALSE，将显示 500000 和 600000 范围内的错误消息/报警（通过DB2 设置）。系统不会自动发出进给保持、读入禁用等信号，需要用户自己处理。

```
CALL  FC    10
 ToUserIF:=TRUE
 Quit     :=I3.7                 //I3.7 --> MCP483复位按键，消除报警信息
```

图 5-40 用户程序

编写用户 PLC 程序经验分享：

1）用户 PLC 程序通常需编写机床控制面板 MCP，急停控制，伺服轴测量系统、使能、倍率，通道倍率，机床坐标系 MCS/工件坐标系 WCS 切换显示，故障消息和运行消息处理等；

2）机床控制面板 MCP483 铣床版需调用 FC19 程序，车床版需调用 FC25 程序。

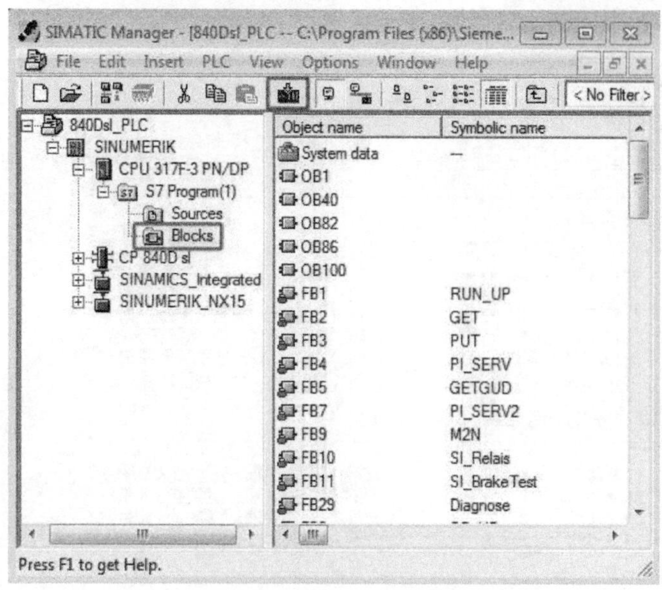

图 5-41　下载用户 PLC 程序

[思考练习]

1. 简述 PLC 项目的建立过程。
2. 简述 PLC 硬件组态中添加扩展数控单元 NX10.3 的过程。
3. 简述 PLC 编译、保存和下载硬件组态过程。
4. 简述 PLC 硬件的 PROFINET 网络组态过程。
5. 简述 PLC 硬件的 PROFIBUS 网络组态过程。
6. 简述 PLC 硬件的 CP 840D sl 网络组态过程。
7. 简述 S7-300 PLC 结构图。
8. 简述用户 PLC 程序编写的主要内容。

第6章 Chapter 6

系统报警文本编辑

在数控机床使用过程中，总会遇到各种报警信息，无论是提示类报警还是停机类报警都能够很好地帮助操作者或维修人员快速判断问题点，因此，能够编辑机床报警信息是调试维修人员一项很重要的能力。

6.1 PLC 报警和消息

1. PLC 报警和消息的编号范围及功能

SINUMERIK 840D sl 数控系统 PLC 报警和消息的编号范围及功能见表 6-1。表中序号 1、5、6 范围内的报警和消息是由系统产生的，用户无法进行配置，表中序号 2、3、4 范围内的报警和消息是通过用户 PLC 激活的，各报警和消息在 DB2 中都要有一个接口位，用于激活各个报警，机床对 500000/600000 范围内报警的响应由系统预定义。

表 6-1 PLC 报警和消息编号的范围及功能

序号	报警和消息编号	功能
1	400000~499999	PLC 常规报警和消息
2	500000~599999	PLC 通道报警和消息
3	600000~609999	PLC 轴和主轴报警和消息
4	700000~709999	PLC 用户报警和消息
5	800000~899999	PLC 序列链/图报警和消息
6	810000~810009	PLC 系统报警和消息

只要机床发生故障，相应的报警就会显示在屏幕上方的消息行中，如图 6-1 所示。显示内容包括报警编号、确认方法和简短的文本描述，通过位于报警编号右侧的向下箭头提示还有其他的报警。报警和消息可以显示成红色或黑色，通常用红色表示比较严重的报警，用黑色表示消息。

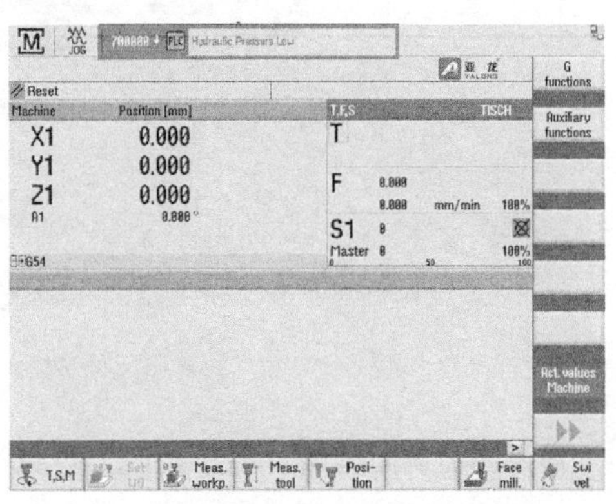

图 6-1 报警显示

2. PLC 接口信号 DB2

PLC 接口信号 DB2 用于激活报警和消息，每个报警编号中都包含各自的接口位，该位置位时将激活报警和消息。报警分为错误消息

（EM）和操作消息（OM），错误消息是较严重的报警，例如，700000 表示液压压力不足；操作消息是提示消息；700032 表示安全防护门被打开。编号 700000～709999 范围内的报警可在用户 PLC 程序中自由配置，报警对系统的影响完全由机床制造商负责。例如，700000～700063 报警编号与 DB2 接口信号之间的对应关系见表 6-2。

表 6-2　PLC 报警编号与 DB2 接口信号之间的对应关系

DB2 字节	位 7	位 6	位 5	位 4	位 3	位 2	位 1	位 0
180(EM)	700007	700006	700005	700004	700003	700002	700001	700000
181(EM)	700015	700014	700013	700012	700011	700010	700009	700008
182(EM)	700023	700022	700021	700020	700019	700018	700017	700016
183(EM)	700031	700030	700029	700028	700027	700026	700025	700024
184(OM)	700039	700038	700037	700036	700035	700034	700033	700032
185(OM)	700047	700046	700045	700044	700043	700042	700041	700040
186(OM)	700055	700054	700053	700052	700051	700050	700049	700048
187(OM)	700062	700061	700060	700060	700059	700058	700057	700056

6.2　编写 PLC 用户报警文本

SINUMERIK 840D sl 数控系统有两种编写 PLC 用户报警文本的方法：一种是在 HMI 操作面板上直接编写，另一种是使用 Access MyMachine 软件进行编写。

1. 在 HMI 操作面板上直接编写报警文本

（1）选择菜单

依次单击“菜单”→“调试”→“HMI”→“报警文本”，如图 6-2 所示。

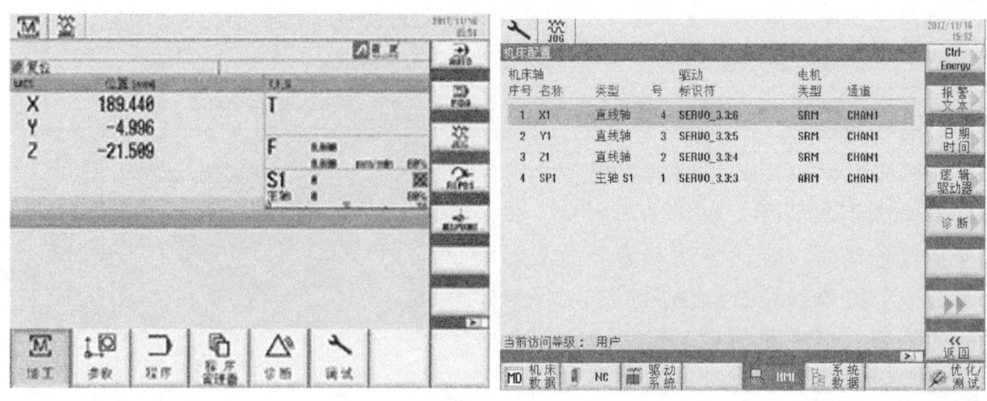

图 6-2　菜单和 HMI 界面

需要当前访问等级：用户及以上等级。建议在进入“报警文本”菜单前输入制造商级口令：“SUNRISE”，制造商的访问等级在用户之上。

(2) 选择文件

选择“制造商 PLC 报警文本 (oem_alarms_plc)”,如图 6-3 所示,单击“确认”按钮。编辑报警文本如图 6-4 所示。

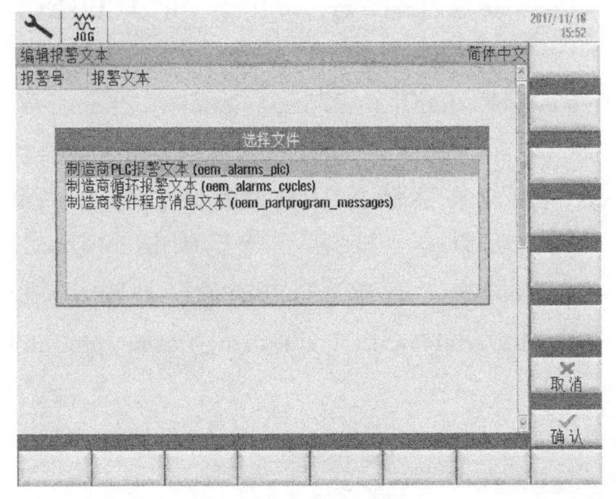

图 6-3 报警文本选择文件

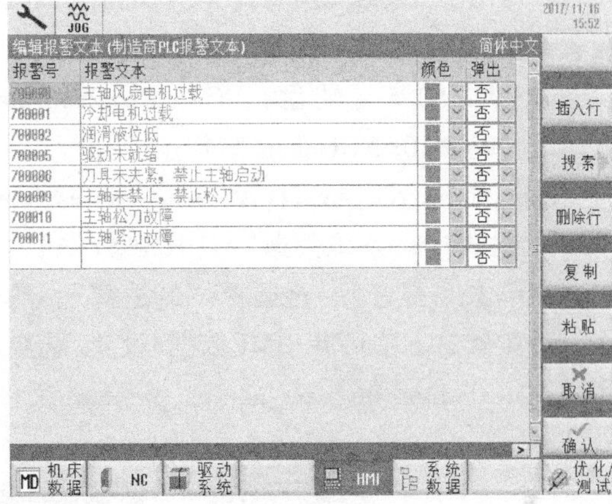

图 6-4 编辑报警文本

(3) 输入报警号、报警文本、颜色、弹出选项

1) 报警号:必须在 700000~709999 之间的 PLC 用户报警信息。

2) 报警文本:可使用英语、中文、德语等语言;创建不同语言的报警文本时,需要 HMI 也切换至相应语言;使用快捷键组合 Alt+S 可进行中/英文输入法切换。

3) 颜色:一般情况下,错误信息 (EM) 文本选择红色,操作信息 (OM) 文本选择黑色。

4) 弹出选项:选择“否”报警显示在报警显示区域,选择“是”报警以弹出窗口的形式显示。

(4) 生成报警文本

报警文本编写完成后,单击“确认”按钮,系统将自动生成以下文件。

1) oem_alarm_plc_xxx. ts:报警文本编辑文件。

2) oem_alarms_plc_xxx. qm:系统内部用来显示报警文本的文件(如果此文件不存在,报警将无法显示)。

3) alarmtexteditor_db_oem_alarms_plc. xml:报警文本颜色和显示方式的配置文件。

4) alarmtexteditor_db_oem_alarms_plc. hmi:报警文本颜色和显示方式的生效文件(此文件需要 HMI 重启后才会生成)。

oem_alarm_plc_xxx. ts 和 oem_alarms_plc_xxx. qm 文件中的“xxx”部分是语言标识符,eng 为英语、deu 为德语、chs 为简体中文。

oem_alarm_plc_xxx. ts 和 oem_alarms_plc_xxx. qm 文件存储在以下路径中。

1) HMI 数据:HMI 数据/文本/制造商,适用于 OP+TCU+NCU 或 OP+PCU+NCU 配置结构;

2) NCU (系统 CF 卡):/SystemCF card/oem/sinumerik/hmi/lng,适用于 OP+TCU+NCU 配置结构;

3) PCU50. 5 (硬盘):C:/ProgramData/Siemens/MotionControl/oem/sinumerik/hmi/lng,适用于 OP+PCU+NCU 配置结构。

alarmtexteditor_db_oem_alarms_plc. xml 和 alarmtexteditor_db_oem_alarms_plc. hmi 文件存储在以下路径中：

1）HMI 数据：HMI 数据/设置/制造商，适用于 OP+TCU+NCU 或 OP+PCU+NCU 配置结构；

2）NCU（系统 CF 卡）：/SystemCF card/oem/sinumerik/hmi/cfg，适用于 OP+TCU+NCU 配置结构；

3）PCU50. 5（硬盘）：C：/ProgramData/Siemens/MotionControl/oem/sinumerik/hmi/cfg，适用于 OP+PCU+NCU 配置结构。

oem_alarm_plc_xxx. ts 和 oem_alarms_plc_xxx. qm 文件存储在 HMI 数据中，单击“菜单”→“调试”→“系统数据”→“HMI 数据”，在界面右侧单击“打开”，然后单击“文本”，在右侧单击“打开”，再选择“制造商”，然后在右侧单击“打开”进行查看，如图 6-5 所示。用类似的方法可在 HMI 数据/设置/制造商中找到 alarmtexteditor_db_oem_alarms_plc. xml 和 alarmtexteditor_db_oem_alarms_plc. hmi 文件。

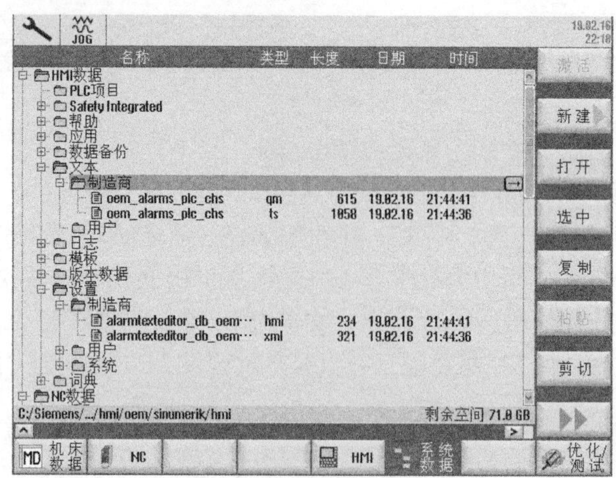

图 6-5 报警文本文件

使用 Access MyMachine 创建报警文件

2. 使用 Access MyMachine 软件编写报警文本

1）打开 Access MyMachine 软件，如图 6-6 所示，单击“文件”→“新建”→“项目”，创建新项目。

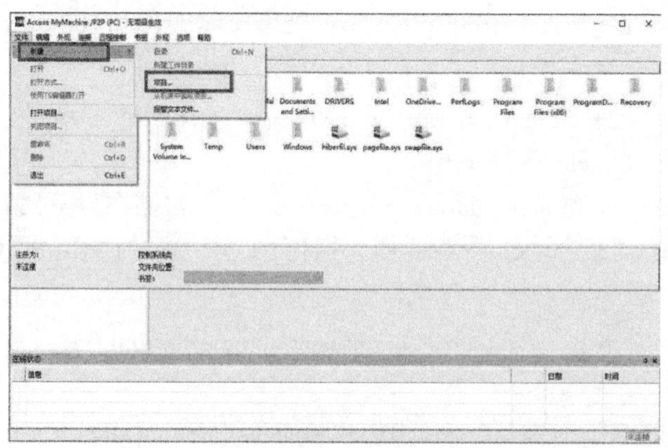

图 6-6 创建新项目

在弹出的新项目窗口中修改控制类型、目标语言、项目名称、文件夹位置，如图 6-7 所示。例如：

① 控制类型：840D sl；

② 目标语言：英语；

③ 名字：840D sl Alarm Text. rcsproj；

④ 文件夹位置：C：\ 。

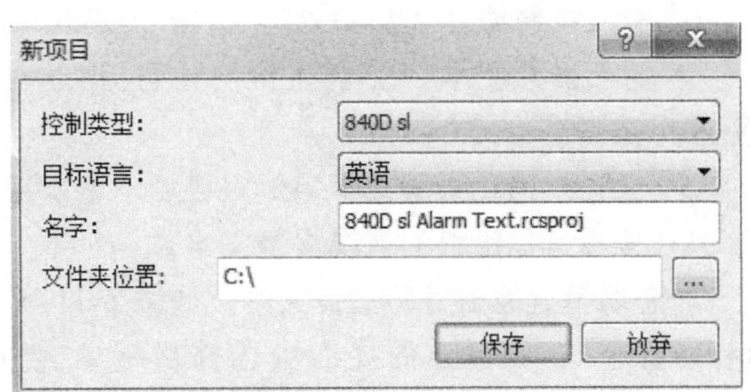

图 6-7 修改新项目

项目创建完毕，Access MyMachine 处于离线状态，如图 6-8 所示。

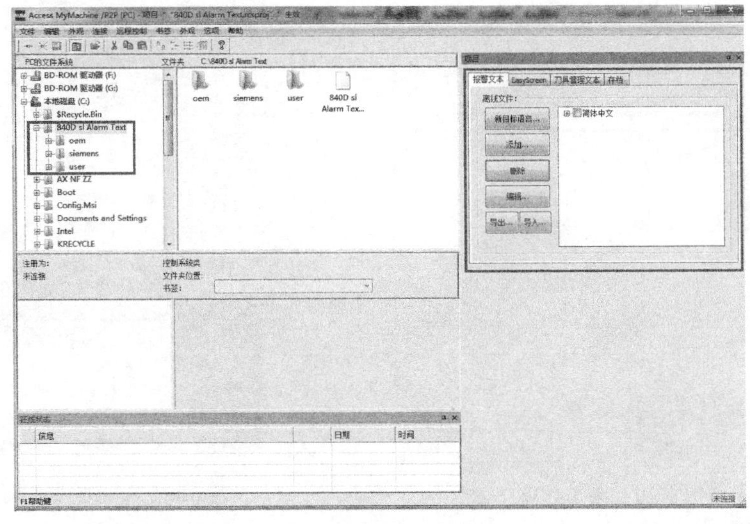

图 6-8 项目创建完毕

2）如图 6-9 所示在“报警文本”标签页中，选中离线文件“oem_alarm_plc_chs. ts”双击，或单击“编辑”按钮，编辑中文报警文本。

3）如图 6-10 所示，在弹出的报警文本编辑界面编辑用户 PLC 中文报警文本。例如：

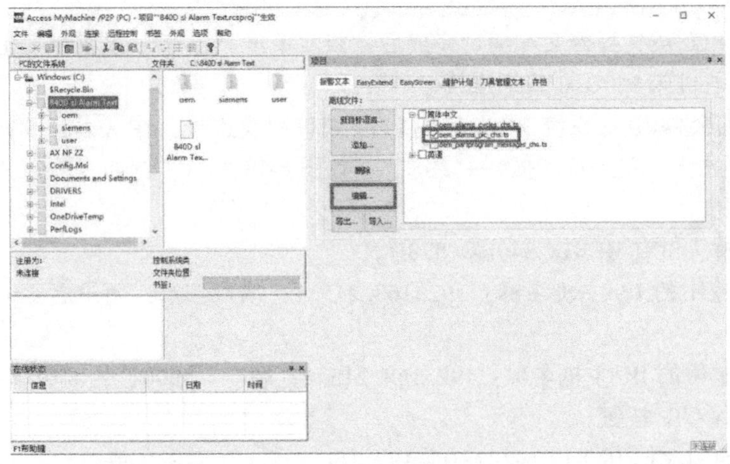

图 6-9 选中离线文件“oem_alarm_plc_chs. ts”

① 输入报警编号“700032”，单击“添加”按钮。

② 输入报警文本“安全防护门被打开”，选择颜色“黑色”，勾选“弹出窗”，单击“更改”按钮。

③ 当用户 PLC 报警文本编辑完成后，依次单击“保存”按钮和“退出”按钮。

4）编辑其他语言的离线报警文本。

如需编辑其他语言的报警文本，如图 6-11 所示，可在“报警文本”标签页中单击“新目标语言…”，在弹出的界面中选择目标语言（如“英语”），复制模板（如“简体中文”），单击“正常”按钮，软件自动将之前创建的中文报警文本作为模板，编辑英文报警文本。

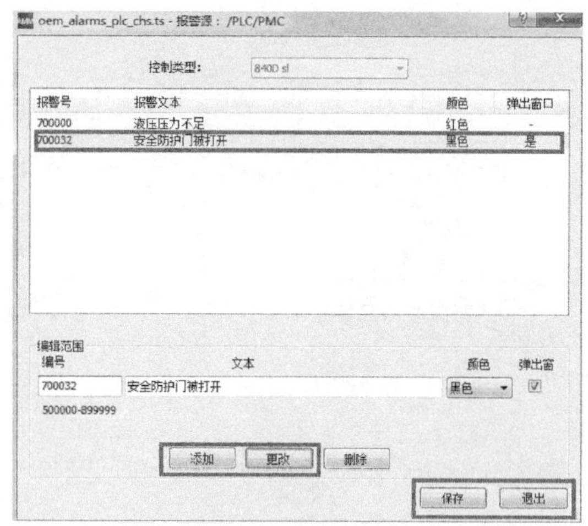

图 6-10　编辑用户 PLC 中文报警文本

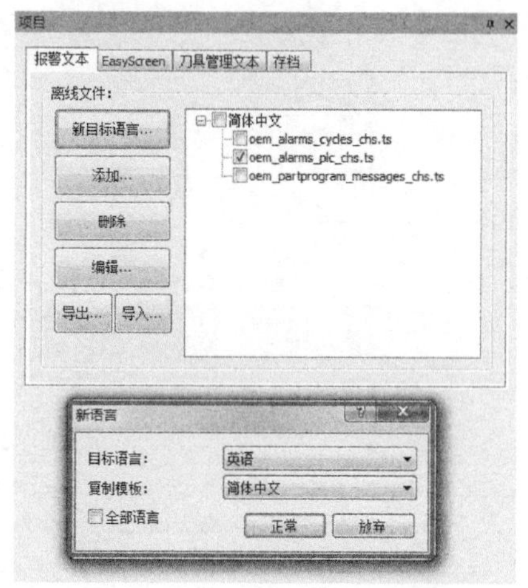

图 6-11　编辑新语言文本

在“报警文本”标签页中选中离线文件“oem_alarm_plc_eng.ts”双击，或单击“编辑”按钮，编辑英文报警文本。

如图 6-12 所示，在弹出的报警文本编辑界面，编辑用户 PLC 英文报警文本。例如：

① 选中报警编号“700032”，更改报警文本为“Safety Door Open”，单击“更改”按钮。

② 当用户 PLC 英文报警文本编辑完成后，依次单击“保存”按钮和“退出”按钮。

5）计算机与机床 840D sl 系统连接。

计算机与机床 840D sl 系统 NCU 板上 X127 端口网线连接，在 Access MyMachine 软件界面依次单击“连接”（左上角红框）→“编辑”，如图 6-13 所示，例如，输入“连接详情”中的内容：

① 连接名称：SINUMERIK 840Dsl/828D。

② 文件传输中的 IP/主机名称：192.168.215.1；端口：22；用户名：manufact，密码：SUNRISE。

③ 远程控制中的 IP/主机名称：192.168.215.1；端口：5900；传输速率：低。

④ 单击“保存”按钮。

⑤ 选中“SINUMERIK 840Dsl/828D@192.168.215.1”双击，或单击“连接”按钮，完成计算机与机床 840D sl 系统连接。

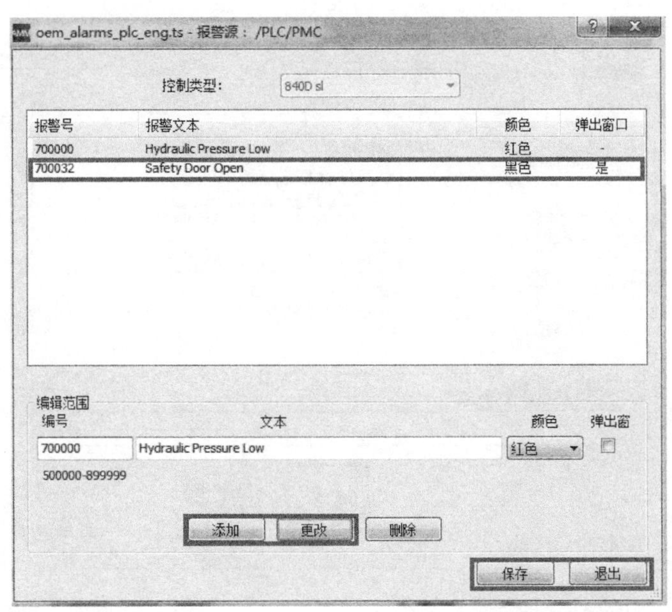

图 6-12　编辑用户 PLC 英文报警文本

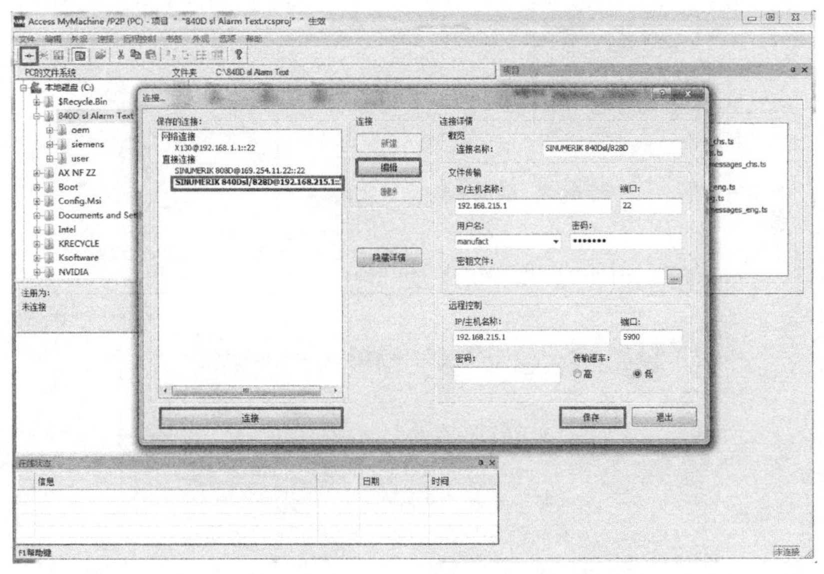

图 6-13　连接设置

6）装载离线报警文本到控制系统（适用于 OP+TCU+NCU 配置结构）。

在项目中勾选“oem_alarms_plc_chs.ts”和“oems_alarms_plc_eng.ts”，单击“下载”按钮，如图 6-14 所示。

单击“Yes”按钮，下载色度信息文件和配置文件到控制系统，如图 6-15 所示。

当报警文本、色度文件、配置文件传输到控制系统之后重启 HMI，报警文本创建完毕，如图 6-16 所示。

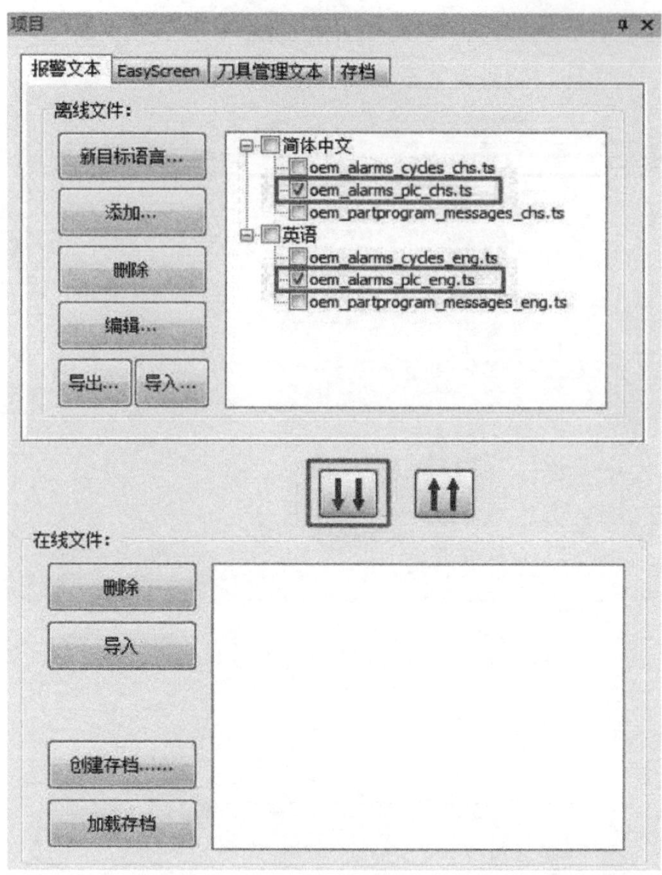

图 6-14　装载离线报警文本到控制系统

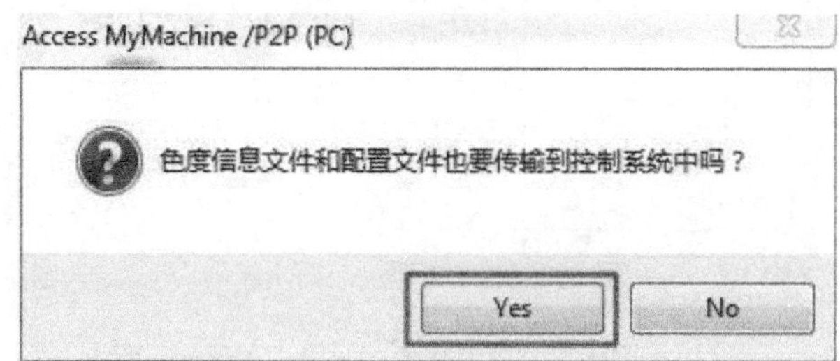

图 6-15　下载色度信息文件和配置文件到控制系统

7）装载离线报警文本到控制系统（适用于 OP+PCU+NCU 配置结构）。

对于 OP+PCU+NCU 配置结构，需要手动将离线报警文本复制到 PCU50.5 硬盘中，而不是存储到系统 CF 卡中，步骤如下。

① 将之前创建的离线项目 840D sl Alarm Text/oem/sinumerik/hmi/lng 文件夹中的 oem_alarm_plc_xxx.ts 文件复制到以下任一路径中：

a）HMI 数据：HMI 数据/文本/制造商。

b）PCU50.5（硬盘）：C：/ProgramData/Siemens/MotionControl/oem/sinumerik/hmi/lng。

② 将之前创建的离线项目 840D sl Alarm Text/oem/sinumerik/hmi/cfg 文件夹中的 alarm-

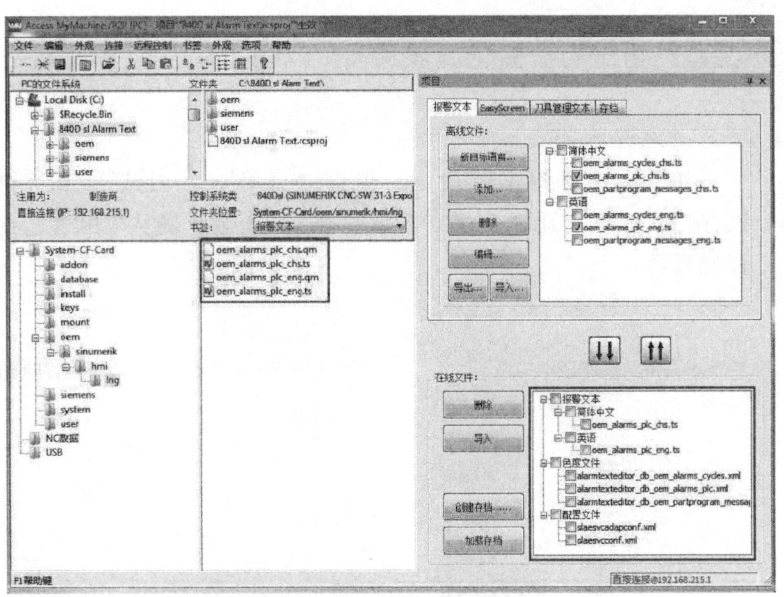

图 6-16 报警文本创建完毕

textedito r_db_oem_alarms_plc. xml 文件复制到以下任一路径中：

a）HMI 数据：HMI 数据/设置/制造商。

b）PCU50. 5（硬盘）：C：/ProgramData/Siemens/MotionControl/oem/sinumerik/hmi/cfg。

查看报警文本

③ 完成后，重启 HMI。

3. 报警文本显示测试

报警文本创建完成，并通过 PLC 程序触发相关报警，如图 6-17 所示。

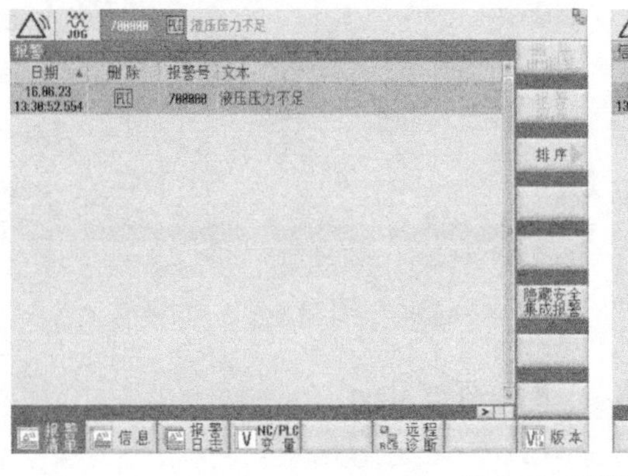

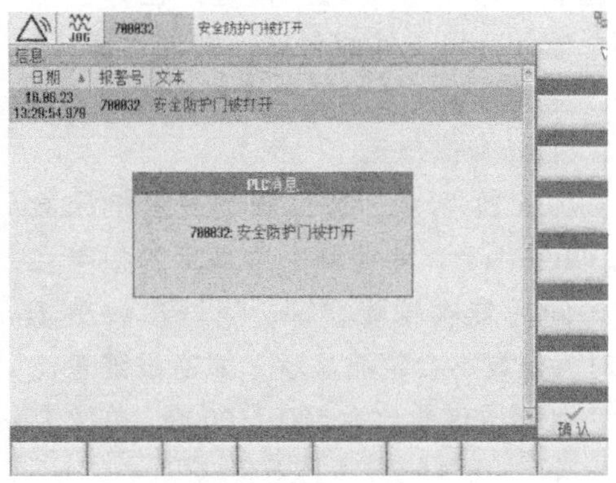

图 6-17 报警文本显示

Access MyMachine 软件编写报警文本经验分享：

1）计算机与系统 NCU 板 X127 端口连接设置 IP 地址必须为 192. 168. 215. 1；

2）编辑用户 PLC 报警文本时，先编写中文，后编写英文；

3）装载离线报警文本到控制系统后，需要重启 HMI，报警文本才生效。

6.3 报警文本的备份与报警轮流显示

1. 备份报警文本

备份报警文本

如图 6-18 和图 6-19 所示，单击“菜单”→“调试”，在界面中单击“调试存档”标签，选择“建立调试存档”，单击“确认”按键，进入建立调试存档界面。

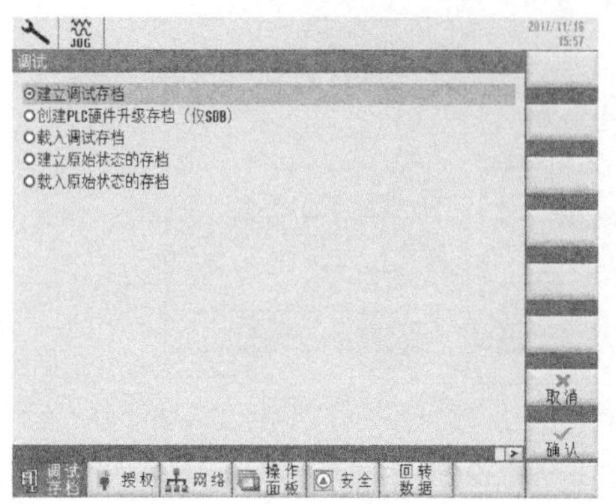

图 6-18　调试存档界面

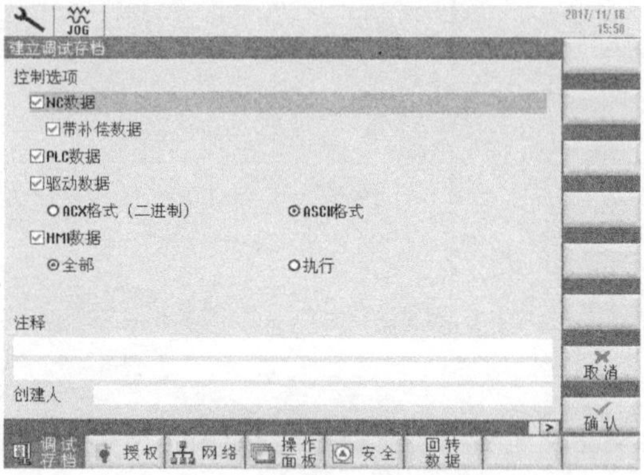

图 6-19　建立调试存档界面

如图 6-20 所示，如果仅备份报警文本和属性文件，只需勾选 HMI 数据，选择“执行”并勾选“文本”和“配置”，单击“确认”按钮。在弹出的界面中选择存档保存的位置，单击“确认”按键。在弹出的界面中输入存档文件的名称，单击“确认”按键，完成报警文本和属性文件的备份。

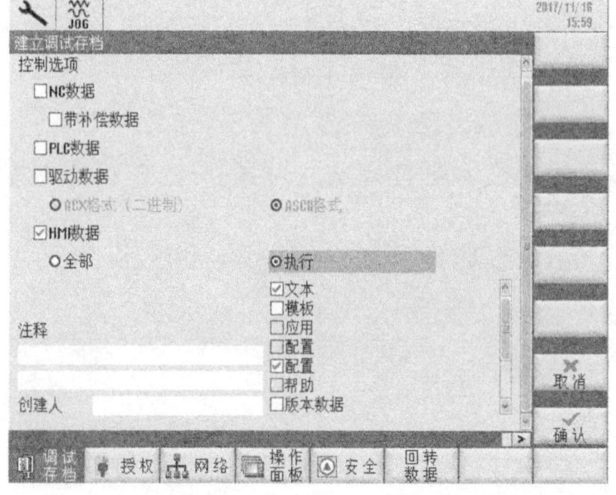

图 6-20　备份报警文本和属性文件

2. 报警轮流显示

如图 6-21 所示，通过修改显示机床数据 MD9056，可以使屏幕上方显示的报警在设定时间后依次轮流显示。当该参数小于 500 时，报警不会轮流显示。如需报警轮流显示，可修改该参数为 500~10000，单位为 ms，推荐值为 3000。

3. 设置报警记录项目数量

设置报警记录项目数量有两种方法：

1）在“诊断”区域界面直接修改。

2）修改“slaesvcconf. xml”配置文件。

本章仅介绍第一种方法，设置步骤如下。

如图 6-22 所示，单击“菜单”→“诊断”→“报警日志”→“设置”，在弹出的界面中输入“项数”和“写入模式”，单击“确认”按钮完成设置。

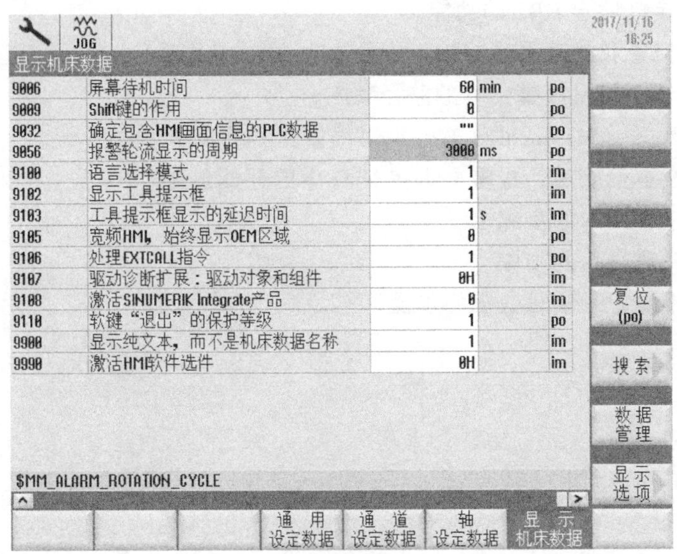

图 6-21 报警轮流显示

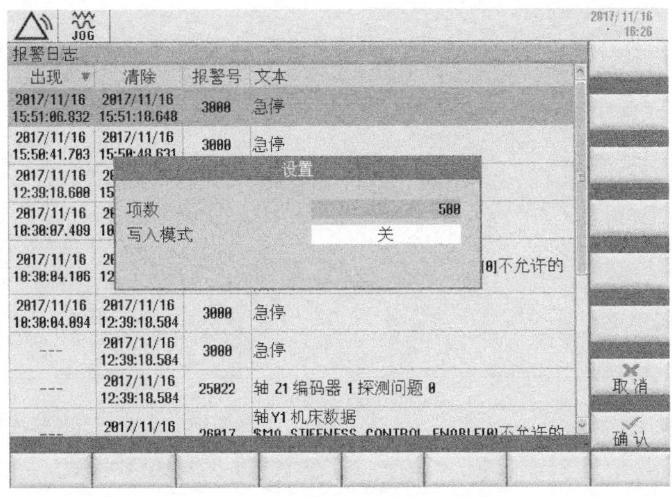

图 6-22 设置报警记录项目数量

设置报警记录项目数量经验分享：

1）"项数"是记录报警的数量，取值范围：0~32000；

2）"文件写入模式"有如下选择：

①"关"：默认设置，不会记录报警；

②"立即写入"：每次报警事件发生时都会保存报警日志（永久保存）；

③"定时写入"：间隔一段时间后保存报警日志，时间间隔单位为 s（最大值为 32000s）。

[思考练习]

1. 简述 PLC 报警和消息编号的范围及功能。

2. 简述 PLC 接口信号 DB2 的功能。
3. 简述 PLC 报警和消息编号与接口信号 DB2 的对应关系。
4. 简述在 HMI 上编辑报警文本的路径顺序。
5. 简述使用 Access MyMachine 软件编写报警文本的步骤。
6. 简述报警文本生成后，报警文本在 HMI 中的存储位置。
7. 简述备份报警文本的步骤。
8. 简述报警轮流显示的步骤。
9. 简述设置报警记录项目数量的步骤。

第7章 Chapter 7

驱动优化

驱动优化的主要目的是为了机电系统的匹配达到最佳，以获得最优的稳定性能和动态性能。在数控机床中，机电系统不匹配通常会引起机床振动、加工零件的表面过切、表面质量不良等问题，尤其是模具加工中，对伺服驱动的优化几乎是必需的。

7.1 驱动优化基础

1. 基本概念

驱动系统包括 3 个反馈回路，即位置回路、速度回路及电流回路，其组成框图如图 7-1 所示。最内环回路的反应速度最快，中间环的反应速度必须高于最外环，如果没有遵守此原则，将会造成振动或反应不良。通常驱动器的设计可确保电流回路具备良好的反应性能，用户只需调整位置回路与速度回路。

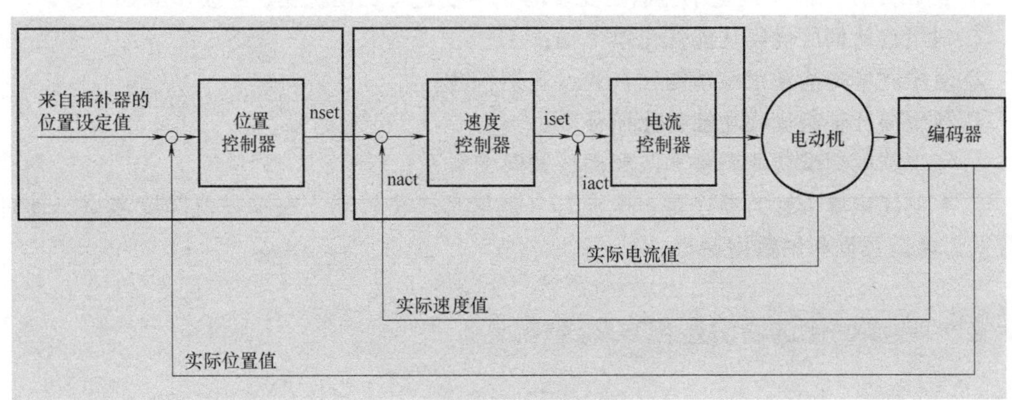

图 7-1　伺服系统组成框图

一般而言，位置回路的反应不能高于速度回路的反应。因此，若要增加位置回路的增益，必须先增加速度回路的增益。如果只增加位置回路的增益，振动将会造成速度指令及定位时间增加，而非减少。

2. SINUMERIK 840D sl 系统自动优化功能

SINUMERIK 840D sl 系统具有自动优化功能，由驱动系统在负载状态下自动测试和分析调节器的频率特性，确定调节器的比例增益和积分时间常数。如果自动优化的结果不够理想，达不到机床最佳控制效果，则需要在此基础上进行手工优化。840D sl 系统使用 SINUMERIK Operate 的自动伺服优化功能，通过一系列对话界面，实现单个轴和插补轴组的自动优化。使用测量和伺服跟踪功能，可检查伺服优化结果和轴动态特性。

1）使用 SINUMERIK Operate 的自动伺服优化功能，通过一系列对话界面，实现单个轴和插补轴组的自动优化。在 SINUMERIK Operate V4.7 SP3 及更高版本中，提供以下功能：

① 单轴自动优化；

② 龙门轴组自动优化；

③ 插补轴组优化；

④ 检查或修改速度环或位置环的优化结果；

⑤ 检查或修改插补轴组的优化结果；

⑥ 生成优化报告（单轴和插补轴组）；

⑦ 保存优化结果；

⑧ 重新载入优化结果；

⑨ 电流环测量；

⑩ 速度环测量；

⑪ 位置环测量；

⑫ 跟踪功能；

⑬ 圆度测试；

⑭ 函数信号发生器；

⑮ 主从轴组的自动优化；

⑯ 通过程序调用自动优化。

2）当机床使用默认设定不能满足要求时，需要进行驱动优化，主要步骤如下：

① 利用自动伺服优化功能优化单个轴；

② 使用测量功能和跟踪功能检查和设定轴特性；

③ 利用插补轴组优化功能优化插补轴；

④ 使用圆度测试功能调整和匹配插补轴间的关系；

⑤ 手动优化单个轴的顺序是：电流环、速度环、位置环，跟踪以及圆度测试，通过通用数据、通道数据和轴数据调整。

7.2 自动优化选项设置和方案选择

1. 选项设置

单击“菜单”→“调试”→“优化测试”→“自动伺服优化”，在弹出的界面中选择“选项”后，出现“自动伺服优化：选项”界面，如图 7-2 所示，840D sl 系统自动伺服优化选项设置共有 10 项内容供用户选择，按照使用需求选择相应的选项，最终单击“确认”按钮。

2. 选择方案

（1）预定义方案

单击“菜单”→“调试”→“优化测试”→“自动伺服优化”→“选择方案”，在弹出的界面中选择“预定义”后，出现“自动伺服优化：自定义方案”界面，如图 7-3 所示。

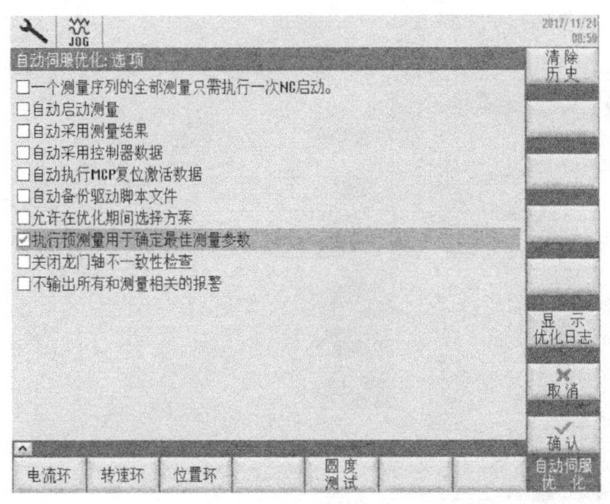

图 7-2　自动伺服优化选项

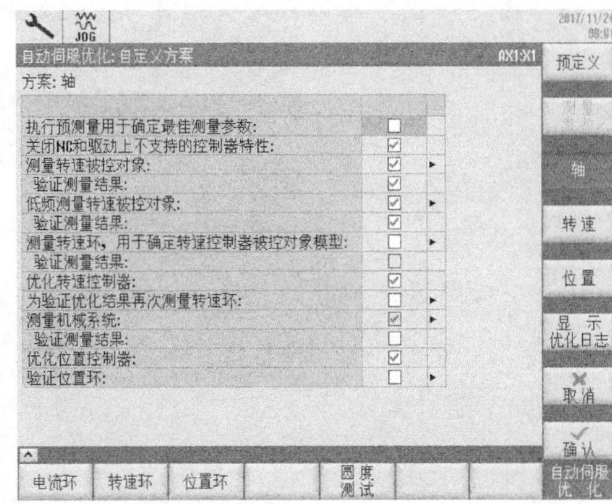

图 7-3　自动伺服优化预定义方案

单轴优化有三种预定义的方案：

1）快速控制。速度控制器和位置控制器以最大增益和最低稳定性进行优化，较小的幅频和相频裕量，适用于小型高速机床。

2）正常控制。速度控制器和位置控制器以 80% 的最大增益和良好的稳定性进行优化，较大的幅频和相频裕量，适用于中小型机床。

3）稳定控制。最大化幅频和相频裕量，适用于轴机械或负载量变化较大的机床。推荐使用默认方案，即轴方案：102，转速环方案：303，位置环方案：203。

（2）自定义方案

单击“菜单”→“调试”→“优化测试”→“自动伺服优化”→“选择方案”，在弹出的界面中选择“自定义”后，出现“自动伺服优化：自定义方案”界面，可自定义轴方案、转速环/速度环方案和位置环方案。

单击“轴”可以自定义轴优化方案，如图 7-4 所示。

单击“转速”可以自定义转速环/速度环优化方案，如图 7-5 所示。

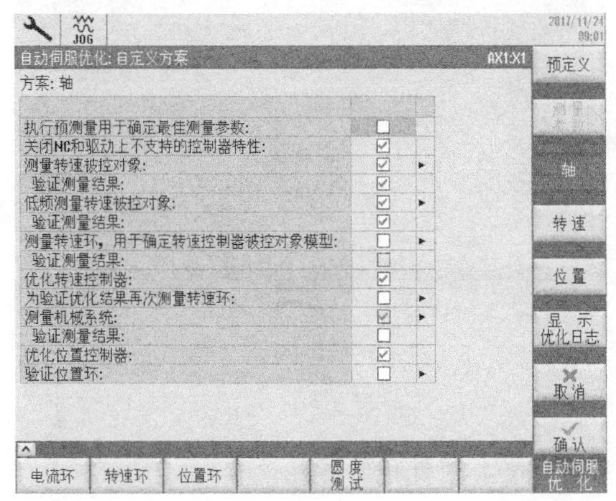

图 7-4　自定义轴优化方案

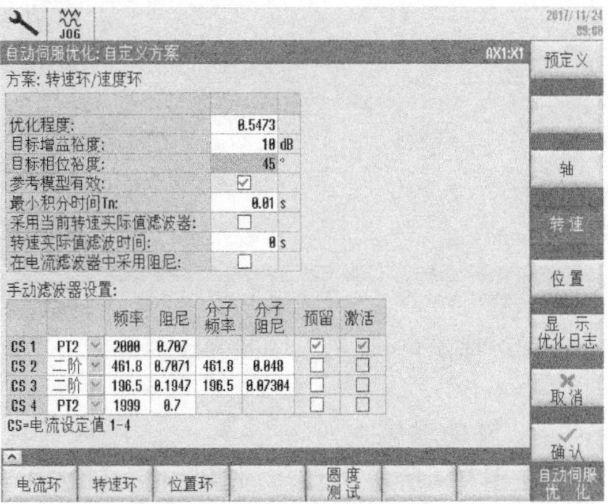

图 7-5　自定义转速环/速度环优化方案

单击“位置”可以自定义位置环优化方案，如图 7-6 所示。

自动伺服优化：自定义方案 AX1:X1

方案：位置环

DSC有效：	☑	
增益系数下调系数：	0.6	
增益系数上限：	4	1000/min
前馈控制模式：	转矩	
最大化增益系数的方法：	标准	

手动滤波器设置：

		频率	阻尼	分子频率	分子阻尼	预留	激活
SS 1	PT1	3999				☐	☐
SS 2	PT1	3999				☐	☐

SS=转速设定值 1-2

预定义 轴 转速 位置 显示优化日志 取消 确认

电流环 转速环 位置环 圆度测试 自动伺服优化

图 7-6　自定义位置环优化方案

7.3　单轴自动优化

X 轴伺服优化

1. 选择轴

单击“菜单”→“调试”→“优化测试”→“自动伺服优化”，在弹出的“自动伺服优化：轴选择”界面中选择需要自动伺服优化的轴，如图 7-7 所示。

2. 选择方案

单击“选择方案”进入“自动伺服优化：自定义方案”界面，单击“轴”，自定义轴优化方案，如图 7-8 所示，然后单击“确认”按钮。

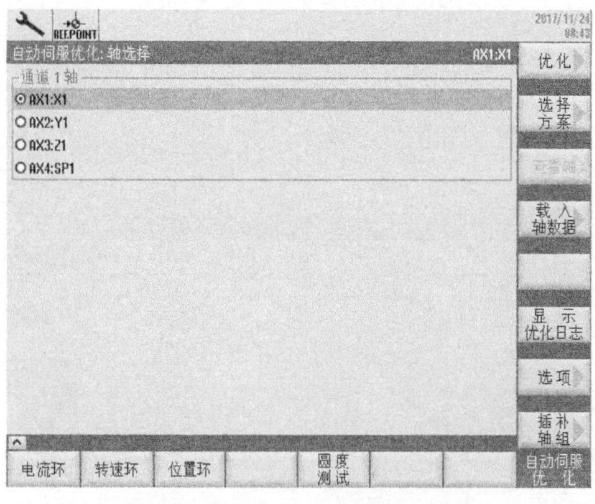

图 7-7　选择自动伺服优化的轴

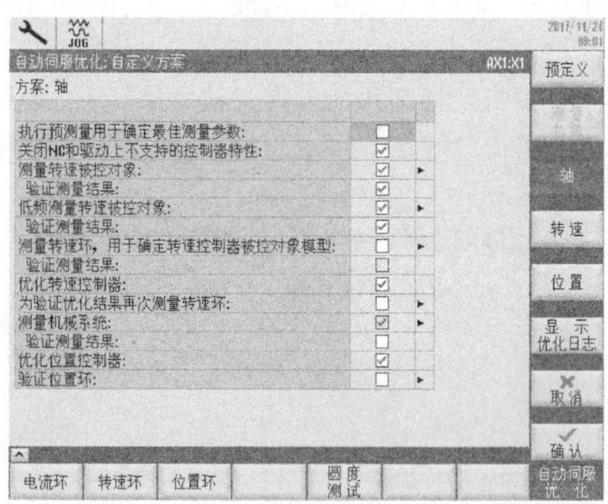

图 7-8　轴自定义方案

3. 轴的优化

在图 7-7 所示“自动伺服优化：轴选择”界面中单击“优化”按钮。

4. 确认选择的优化方案

在图 7-3 所示“自动伺服优化：自定义方案”界面中确认已选择预定义的方案“轴方

案：102，转速环方案：303，位置环方案：203”，单击“确认”按钮。

5. 轴停止位置

在“自动伺服优化：轴停止位置”界面中将机床轴移动至安全位置，如图 7-9 所示，单击“确认”按钮。

6. 单轴优化进行中

如图 7-10 所示，在“自动伺服优化：测试执行中”界面中单击“启动测量”按钮，开始进行优化。根据提示按下 MCP 上的 CYCLE START 键启动测试，HMI Operate 上显示优化过程中的测试曲线。可在自动伺服优化的任意步骤中按 MCP 上的“RESET”键中断优化进程。优化中断后，系统将会恢复启动优化前的原始数据。

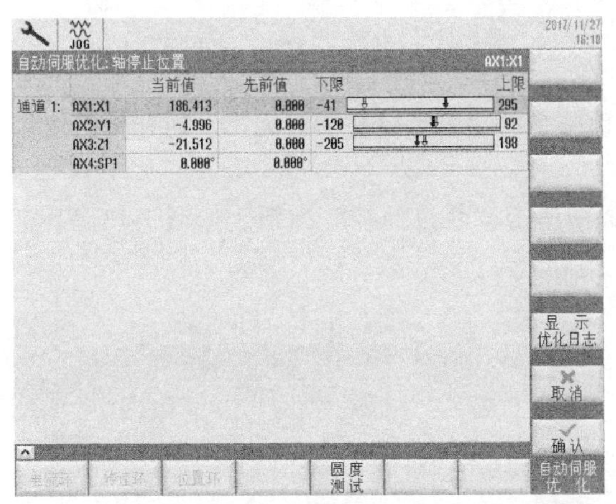

图 7-9　自动伺服优化轴的运动位置上下限

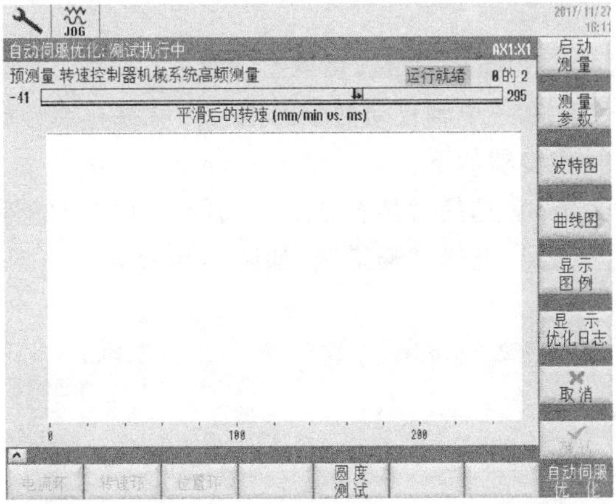

图 7-10　伺服优化测试执行中

7. 保存自动优化调整结果

优化结束后，出现“自动伺服优化：验证轨迹插补”界面，如图 7-11 所示，单击“接收”按钮，保存自动优化调整结果。

8. 优化结果可保存为文件或生成报告

在“自动伺服优化：验证轨迹插补”界面中单击“◀◀”按钮，如图 7-12 所示，可选择将优化结果“保存到文件”或“生成报告”。

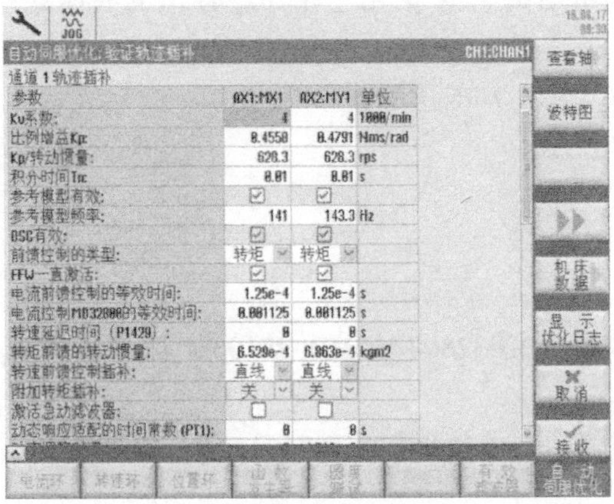

图 7-11　保存自动优化调整结果

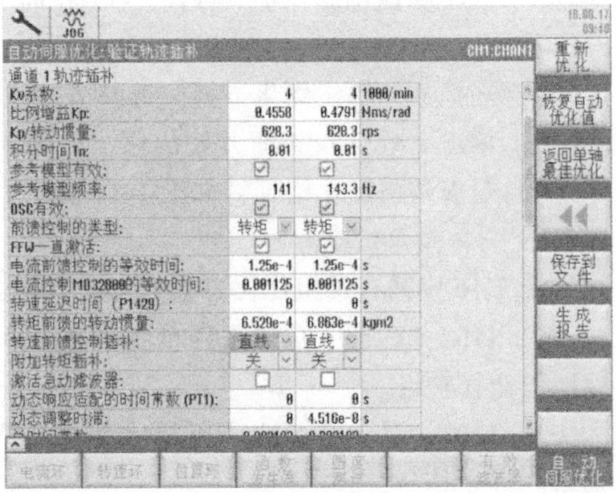

图 7-12　保存到文件或生成报告

单轴自动优化操作经验分享：

1）自动优化的过程中优化的轴会发生移动，一定要生效限位保护，并且确保无任何机械干涉，停在一个安全的位置，以免发生碰撞，以确保优化过程安全；

2）自动优化前，设置该轴 MD32450 反向间隙为 0、MD32700 螺距误差补偿无效为 0；

3）优化结果和报告存储在调试→系统数据→“HMI 数据＼日志＼优化”文件夹下。

7.4 插补轴组优化

1. 插补轴组优化操作步骤

在各个轴自动伺服优化后，可将有插补联动关系的轴进行插补轴组优化。插补轴组优化操作步骤如下：

1）选择“插补轴组”功能。在弹出的界面中单击“轨迹插补”按钮，如图 7-13 所示。

2）选择“通道”，如图 7-14 所示。

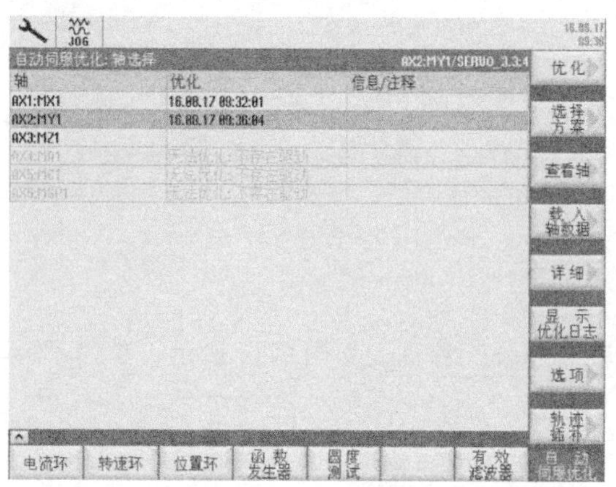

图 7-13　选择“插补轴组”功能

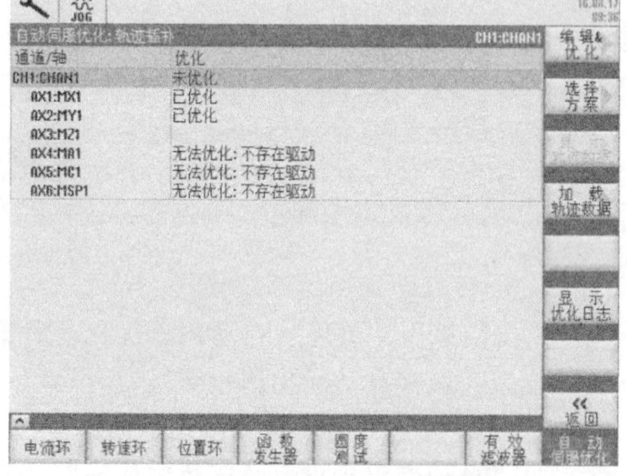

图 7-14　选择“通道”

3）编辑和优化选择轴。在图 7-14 界面中单击“编辑 & 优化”按钮，弹出的界面如图 7-15 所示。

4）选择插补轴组优化方案。选择方案 1105，如图 7-16 所示。

5）单击“确认”按钮开始优化，如图 7-17 所示。

6）检查调整优化结果，如图 7-18 所示。

2. 插补轴组优化方案

图 7-16 中插补轴组优化方案有如下几种：

1）1102：对于所有轴采用最大等效时间常数（MD32800 或 MD32810），适当减少 Kp 以匹配插补轴组。

2）1103：对于所有轴采用最大等效时间常数（MD32800 或 MD32810），以匹配插补轴组。

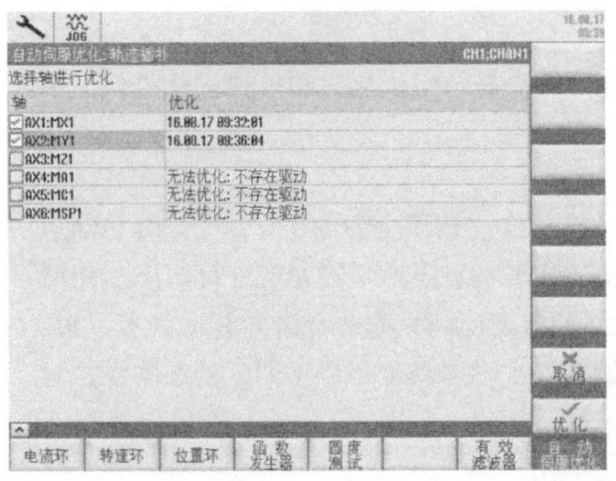

图 7-15 编辑和优化选择轴

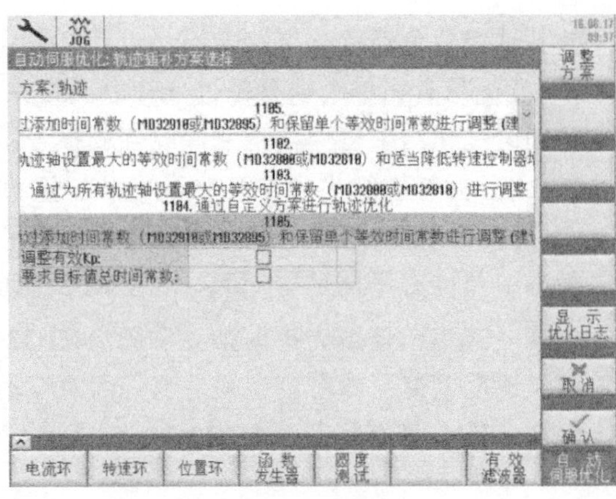

图 7-16 选择插补轴组优化方案

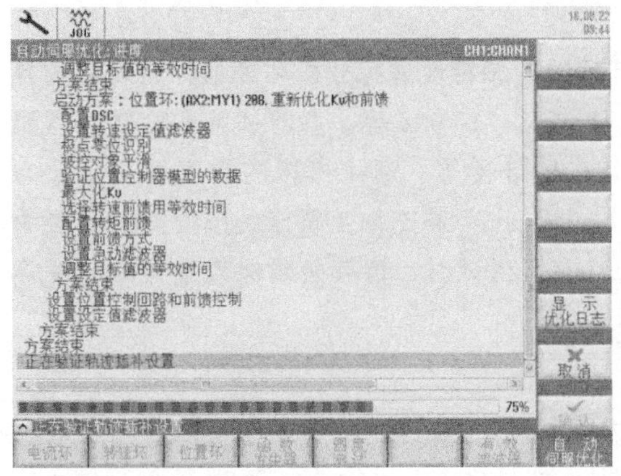

图 7-17 开始优化

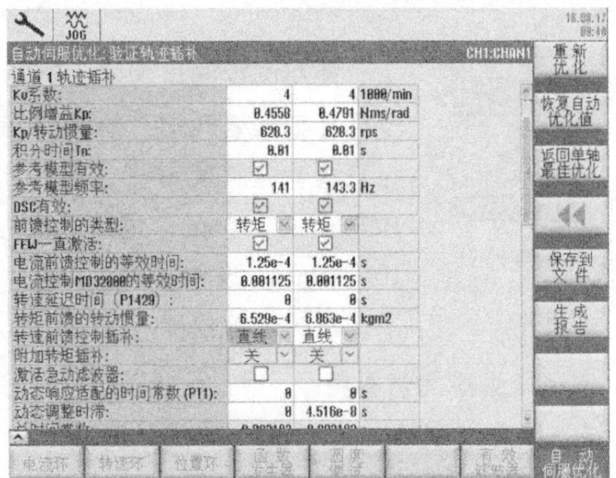

图 7-18 检查、调整优化结果

3）1104：通过自定义方案匹配插补轴组。

4）1105：通过保持各自的等效时间，但使用动态匹配因素（MD32910 或 MD32895）。

3. 插补轴组优化结果

插补轴组优化结果如图 7-19 所示。

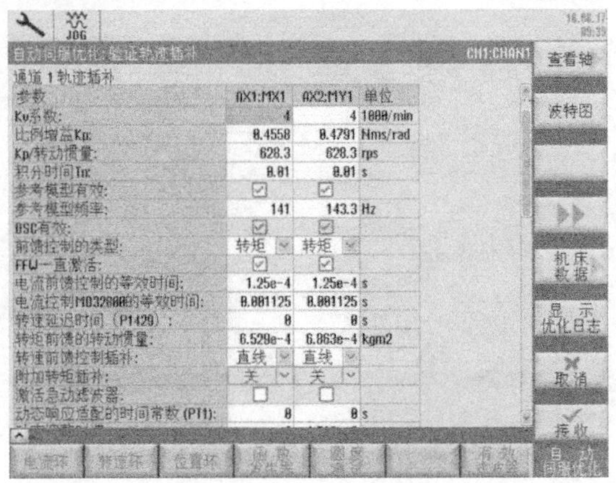

图 7-19 插补轴组优化结果

插补轴组优化经验分享：

1）只有在单个轴都经过 AST 优化之后才可做插补轴组优化，和单轴优化类似，插补轴组优化结果可保存到文件或生成报告；

2）插补轴组优化方案推荐使用方案 1105；

3）系统在 SW4.5 版本时，要求位置环增益一致（按最小的 MD32200），而 SW4.7 版本中允许有不同的 K_v 值，采用 MD32910 或 MD32895 等延时的方式进行匹配。前馈方式（速度前馈或力矩前馈）一致，MD32620 的值要相同。前馈时间常数可以不一致。对于速度前馈，参考模型须一致；而对于力矩前馈，参考模型可以不同。动态刚性控制 DSC 一致，具有相同的 MD32640 值。

7.5 圆度测试

圆度测试

使用圆度测试功能，对插补轴的动态特性进行分析和评估，同时检查各个插补轴是否匹配，如 X 与 Y、X 与 Z、Y 与 Z 等。参与插补的旋转轴需要与直线轴做圆度测试，如 A 与 Y、B 与 X 等。通用机床的圆度测试半径为 100mm 或 150mm，进给速度为 1~2m/min。高速加工机床的圆度测试半径为 10~25mm，进给速度为 5~10m/min。测试时，请务必确保轨迹实际速度等于设定的进给速度。

1. 生成测试程序

单击“菜单”→“调试”→“优化测试”→“圆度测试”，在弹出的界面中可以自动生成圆度测试的程序，具体操作是：先选择两个插补轴，如 MX1 轴、MY1 轴，再选择圆度测试的参数，如半径、进给率和圈数等，这时“生成圆弧程序”按钮激活，单击此按钮即可，如图 7-20 所示。单击“确认”按钮，激活圆弧程序，再次单击“确认”按钮，保存圆弧程序，如图 7-21 所示。

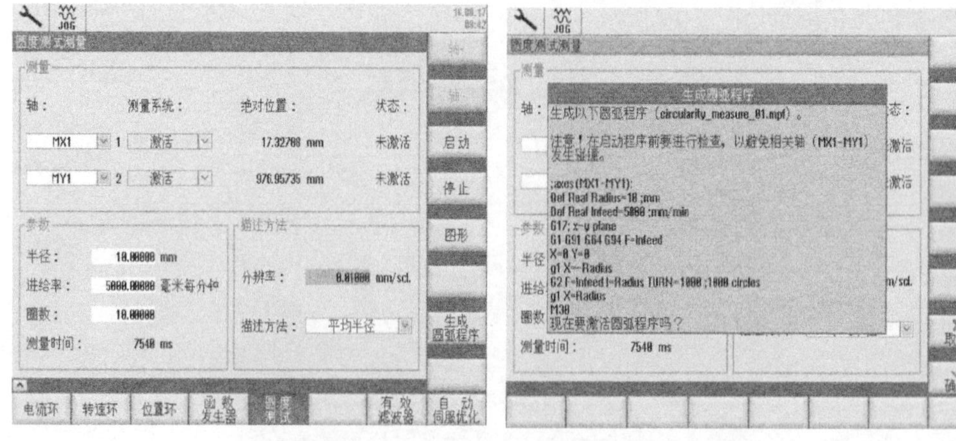

图 7-20　生成圆弧程序

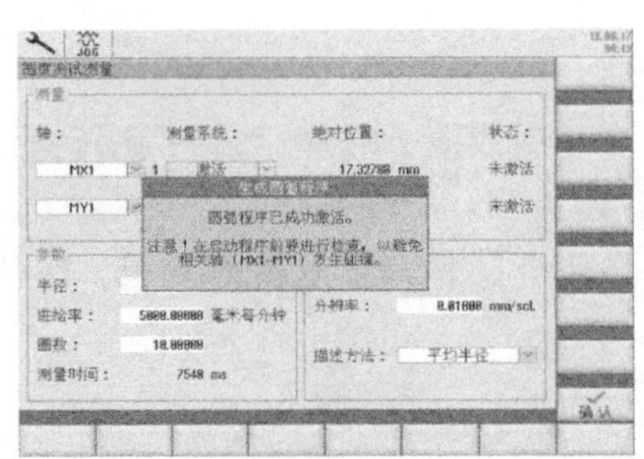
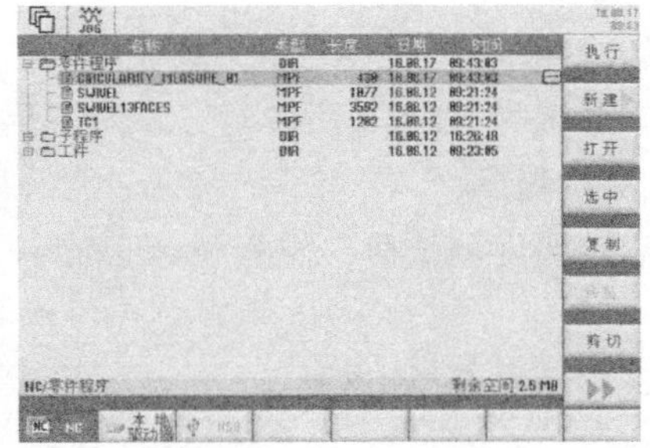

图 7-21 激活、保存圆弧程序

2. 启动圆度测试

在图 7-20 中，单击“启动”按钮，按下 MCP 上的 CYCLE START 键启动测试，机床按照圆弧程序运行。

3. 测量结果

等待圆度测试完成后，在图 7-20 中单击“图形”按钮显示测量结果，如图 7-22 所示。

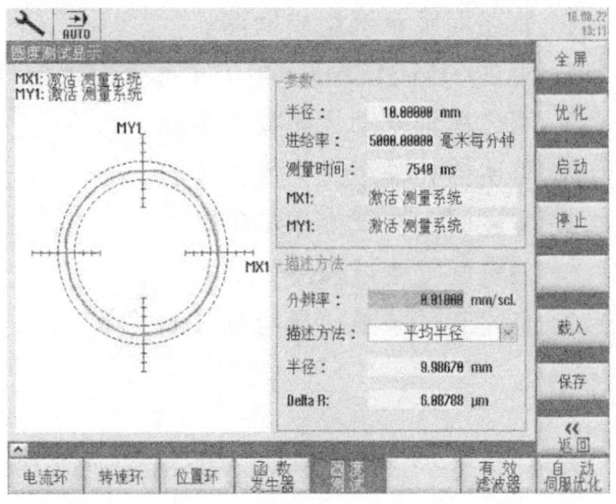

图 7-22 测量结果

此时，可以使用不同的分辨率更清晰地观察圆度图形。圆度测试主要检查两个指标，即平均半径（Mean radius）和圆度（Delta R）。对于这两个指标，不同的机床有不同的要求。

4. 通过参数调整圆过象限质量

通过调整参数 MD32500 = 1（摩擦补偿生效）、MD32520 = 调整值（最大摩擦补偿值）、MD32540 = 调整值（摩擦补偿时间常数）可改变圆过象限质量，如图 7-23 所示。

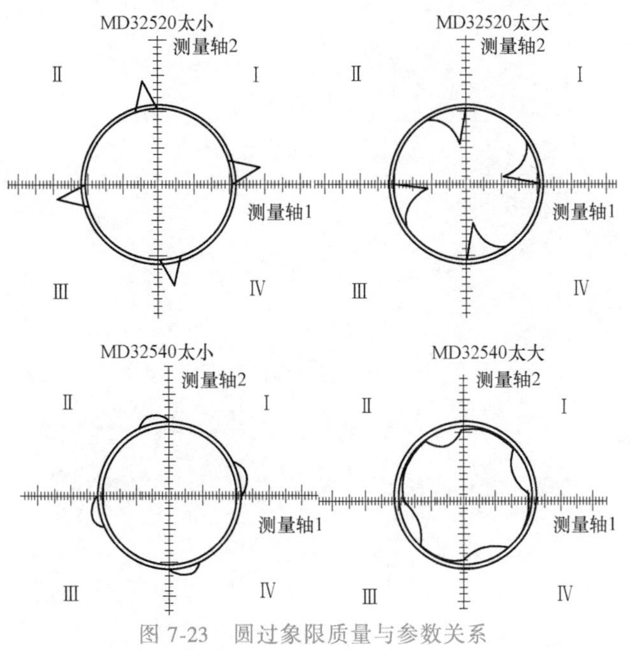

图 7-23 圆过象限质量与参数关系

圆度测试经验分享：

1）在系统为 SW4.5 版本时，系统不能自动生成测试程序，需在 MDI 操作方式下人工输入测试程序；

2）启动圆度测试前，需将机床停在一个安全位置，有足够的行程，限位保护要生效；

3）进给倍率选择 100%。

[思考练习]

1. 简述伺服系统组成框图。
2. 简述 SINUMERIK 840D sl 系统提供的自动伺服优化功能。
3. 简述单轴自动优化操作步骤。
4. 简述插补轴组优化操作步骤。
5. 简述圆度测试操作步骤。
6. 编辑圆度测试程序。
7. 简述圆过象限质量与参数的关系。

第8章 Chapter 8

精度检测与补偿

机床在对工件进行加工的过程中，由于测量系统和力的传递过程中会产生误差和机床自身的磨损或装配工艺问题的影响，使得加工工件的轮廓偏离理想的几何曲线，导致加工工件产品质量下降。特别是在加工大型工件时，由于温度和机械力的影响使得加工精度损失更为严重。因而在机床出厂前，需要进行一定的误差补偿。螺距误差补偿是最常见的一种补偿方式。

在影响数控机床加工精度的众多因素中，机床的动态误差是主要因素。因为机床的制造、安装误差必然会引起运动的误差，所以机床运动精度对于精密加工而言不可或缺。与激光干涉仪相比，球杆仪在检测机床的动态性能时，通过其圆轨迹测量曲线几乎可以反映机床中所有误差项，且具有测量精度高、成本低等优点。此外，利用球杆仪测试软件，不仅可以自动对测试数据进行诊断分析，得到如反向间隙、反向跃冲、伺服不匹配、垂直度、直线度等诊断值，还可分析出各误差因素所占百分比。通常需要根据球杆仪诊断结果确定误差因素，进而采取合理的措施调整数控机床。

8.1 丝杠螺距误差补偿

丝杠螺距误差是指由螺距累积误差引起的常值系统性定位误差。在半闭环系统中，定位精度很大程度上受滚珠丝杠精度的影响。尽管滚珠丝杠的精度很高，但总存在着制造误差。要得到超过滚珠丝杠精度的运动精度，必须采用螺距误差补偿功能，利用数控系统对丝杠螺距误差进行补偿与修正，从而减小丝杠螺距误差对加工精度的影响。

激光干涉仪准备

激光干涉仪对于 Y 轴检测

激光干涉仪对于 Z 轴检测

1. 补偿原理

螺距误差补偿的基本原理是将数控机床某坐标轴的指令位置与高精度位置测量系统所测得的实际位置相比较，计算出在全行程上的误差分布曲线，将误差以表格或文件的形式输入到 SINUMERIK 840D sl 系统中，以后当数控系统控制该轴运动时，会自动考虑该差值并加以补偿。螺距误差补偿是按照坐标轴进行的，轴的补偿曲线如图 8-1 所示。起始点为 100，终止点为 1200，补偿点间隔为 100，两个补偿点之间按照线性补偿，补偿点数为 0~11。

2. 螺距误差补偿机床参数

1）MD32700：螺距误差补偿数据需要用机床数据 MD32700 激活，还可对激活的补偿数

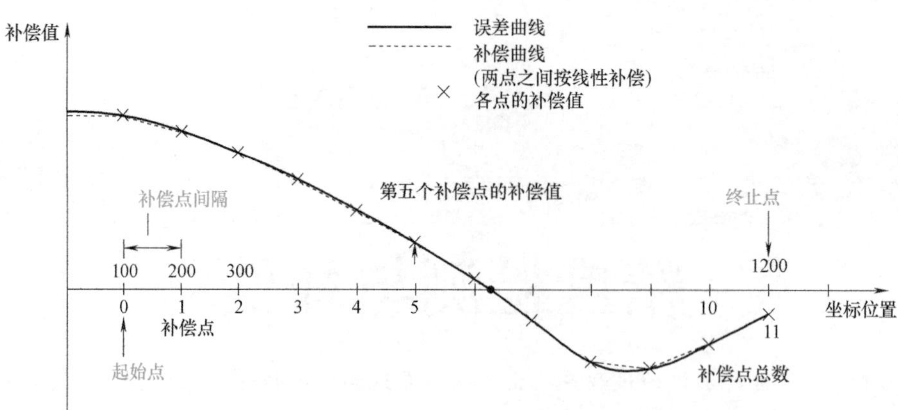

图 8-1　轴的补偿曲线

据进行写保护。设置 MD32700 为 0 时，螺距误差补偿使能禁止，在此状态下可以修改补偿值。设置 MD32700 为 1 时，螺距误差补偿使能生效，保护补偿文件，系统复位或补偿轴回参考点后，新的补偿值生效。机床正常工作时，MD32700 为 1。

2）MD38000：机床数据 MD38000 中设置螺距误差补偿的最大点数，实际补偿点数应小于该参数的规定。

3. 补偿方法

SINUMERIK 840D sl 系统提供了两种螺距误差补偿方法，下面以一台数控铣床的 *X* 轴为例，进行均值螺距误差补偿（轴的正、负向都补偿同一数值）。*X* 轴补偿起点位置：0mm，补偿终点位置：2000mm，补偿间隔：200mm。激光干涉仪测量的各点误差数值见表 8-1。

表 8-1　补偿数值

编号	轴线位置/mm	均值补偿×0.001/mm	编号	轴线位置/mm	均值补偿×0.001/mm
1	0	0	7	1200	17
2	200	2	8	1400	18
3	400	3	9	1600	19
4	600	5	10	1800	20
5	800	8	11	2000	22
6	1000	12			

螺距补偿设置

（1）使用 SINUMERIK Operate 进行螺距误差补偿

1）单击“调试”→“NC”，找到“丝杠螺距误差”选项，如图 8-2 所示。

2）单击“丝杠螺距误差”选项，进入“配置”界面。首次配置会提示“该轴没有完成补偿设置!”。单击“轴+”“轴-”或“选择轴”按钮，选择需要进行补偿的轴。并单击“配置”按钮，如图 8-3 所示。

3）在弹出的“补偿表配置”界面中，选择“测量系统”，单击“修改配置”按钮，设置“起始位置”“结束位置”和“支点间距”。完成后，单击“激活”按钮，如图 8-4 所示。

4）此时，系统会提示需要重启 NCK，单击“确认”按钮重启 NCK，生成补偿表，完成配置，如图 8-5 所示。

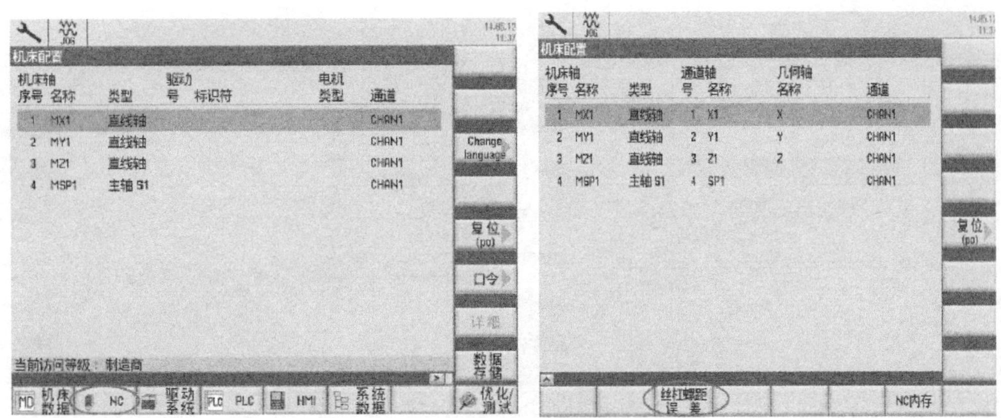

图 8-2 “丝杠螺距误差”选项

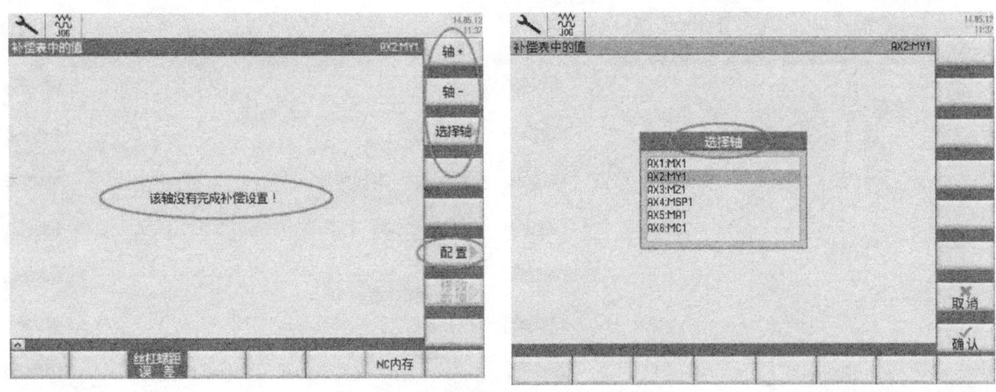

图 8-3 配置要补偿的轴

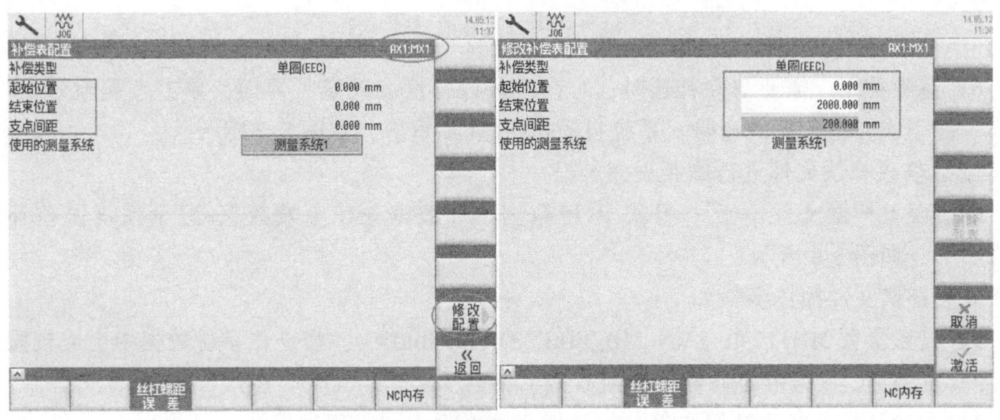

图 8-4 配置补偿范围及间距

5）在“补偿表中的值”界面单击“修改数值”按钮，将激光干涉仪采集的误差值（带符号绝对差值）按照所对应的点位（坐标点）在补偿表格中进行填写。填写完成后，单击“激活”按键，系统自动激活补偿结果（不需重启 NCK）。补偿生效后的数值可在“诊断”→“轴诊断”→“轴信息”界面中查看，如图 8-6 所示。

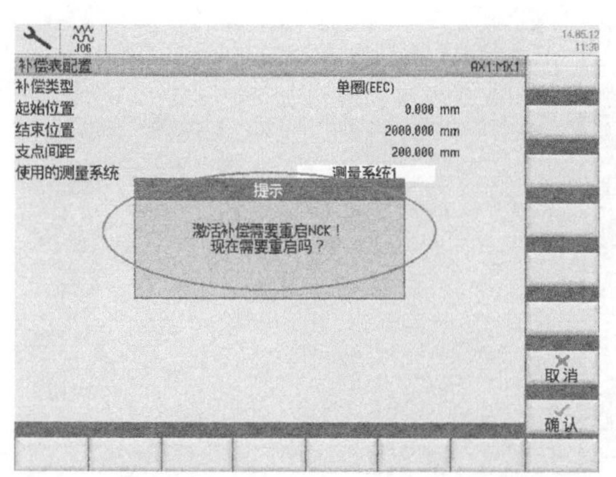

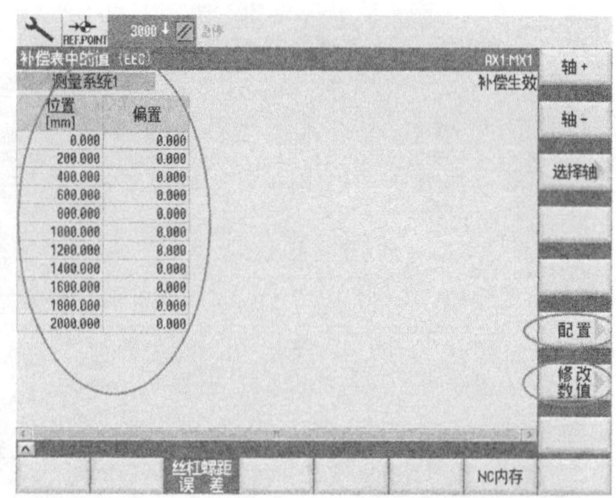

图 8-5 重启 NCK 完成配置

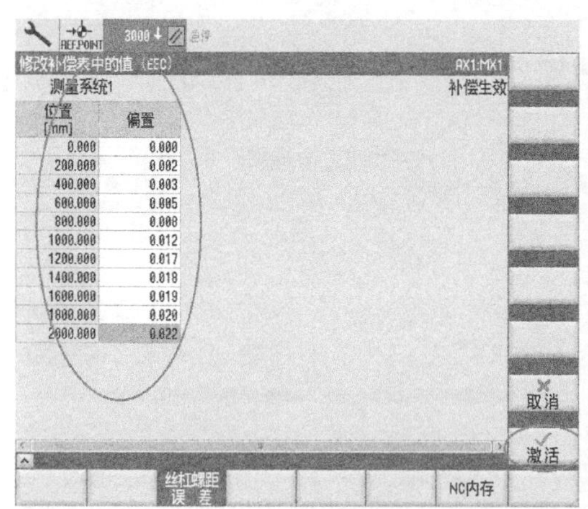

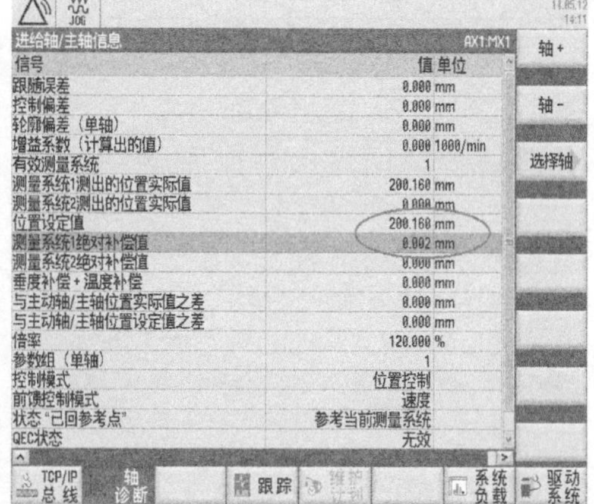

图 8-6 输入误差数值完成补偿

6）清除补偿。需要清除补偿时，可在“修改补偿表配置”界面，单击“删除列表”按钮，一键完成补偿数据的清除，系统自动执行 NCK 重启，如图 8-7 所示。

（2）修改补偿文件进行螺距误差补偿

螺距误差补偿文件位于“调试/系统数据/NC 数据/NC 生效数据/测量系统误差补偿”文件夹下，如图 8-8 所示。

修改补偿文件操作步骤如下：

1）设置参数 MD11230 $MN_MD_FILE_STYLE Bit0=0，禁止在备份数据中生成校验码。

2）复制 NC 数据中的补偿文件到 U 盘。

3）在计算机上修改补偿文件，将补偿文件修改成加工程序格式，见表 8-2。

4）设定轴 1 参数 MD32700=0，将修改过的补偿文件复制到机床的“菜单、程序、零件程序”文件夹中，选择“BUCHANG”加工程序，单击“选中”和“执行”按钮，SINUMERIK 840D sl 系统进入“自动操作方式”，然后按 MCP 面板上 CYCLE START 键，执行“BUCHANG”加工程序后补偿值存入 SINUMERIK 840D sl 系统中。

5）设定轴 1 参数 MD32700=1，NCK 复位，然后返回参考点，补偿值生效。

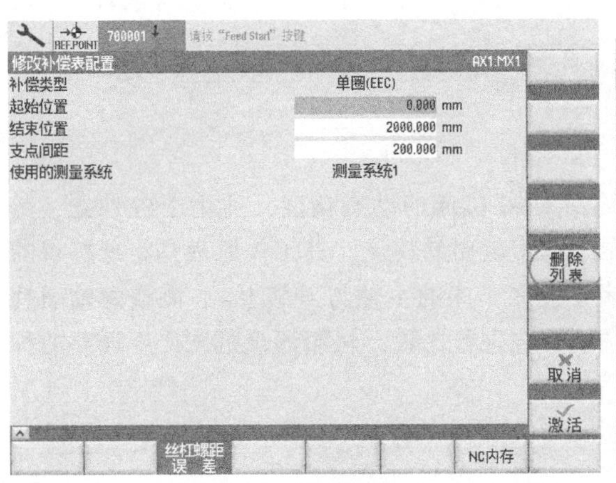

图 8-7 清除补偿

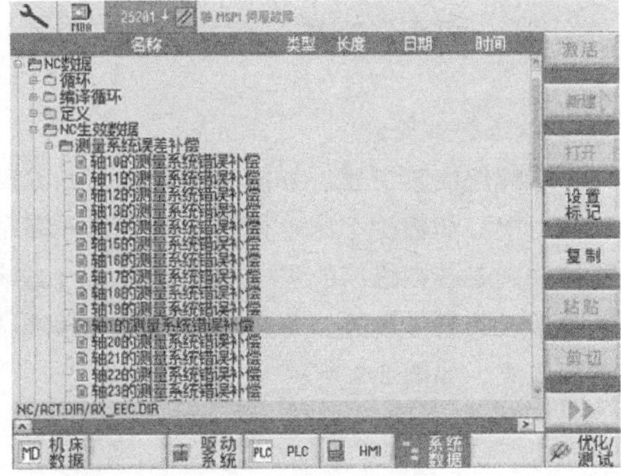

图 8-8 误差补偿文件位置

表 8-2 补偿程序

补偿程序	注释
%_N_BUCHANG_MPF	补偿程序名称
; $PATH=/_N_MPF_DIR	补偿程序存储路径
$AA_ENC_COMP[0,0,AX1]=0.0	对应于最小位置的误差值
$AA_ENC_COMP[0,1,AX1]=0.002	对应于最小位置+1个间隔位置上的误差值
$AA_ENC_COMP[0,2,AX1]=0.003	对应于最小位置+2个间隔位置上的误差值
$AA_ENC_COMP[0,3,AX1]=0.005	对应于最小位置+3个间隔位置上的误差值
$AA_ENC_COMP[0,4,AX1]=0.008	对应于最小位置+4个间隔位置上的误差值
$AA_ENC_COMP[0,5,AX1]=0.012	对应于最小位置+5个间隔位置上的误差值
$AA_ENC_COMP[0,6,AX1]=0.017	对应于最小位置+6个间隔位置上的误差值
$AA_ENC_COMP[0,7,AX1]=0.018	对应于最小位置+7个间隔位置上的误差值
$AA_ENC_COMP[0,8,AX1]=0.019	对应于最小位置+8个间隔位置上的误差值
$AA_ENC_COMP[0,9,AX1]=0.020	对应于最小位置+9个间隔位置上的误差值
$AA_ENC_COMP[0,10,AX1]=0.022	对应于最小位置+10个间隔位置上的误差值
$AA_ENC_COMP_STEP[0,AX1]=200	测量间隔为200mm
$AA_ENC_COMP_MIN[0,AX1]=0	最小位置为0mm
$AA_ENC_COMP_MAX[0,AX1]=2000	最大位置为2000mm
$AA_ENC_COMP_IS_MODULO[0,AX1]=0	用于旋转轴，旋转轴是模态的，直线轴不是模态的
M02	程序结束

丝杠螺距误差补偿经验分享：

1）修改参数MD32800（MM_ENC_COMP_MAX_POINTS最大补偿点数）会对内存重新分配，会导致加工程序、测量循环等重要数据丢失，请及时做好备份；

2）只有在机床参数MD32700=0时，补偿文件才能写入NC系统；当MD32700=1时，SINUMERIK 840D sl内部的补偿数据进入写保护状态。

8.2 动态二维精度检测分析

1. 球杆仪简介

球杆仪能够快速、方便、经济地评价和诊断 CNC 机床的动态精度，适用于各种立、卧式加工中心和数控车床等机床，具有操作简单、携带方便的特点。其工作原理是将球杆仪的两端分别安装在机床的主轴与工作台上（或者安装在车床的主轴与刀塔上），测量两轴插补运动形成的圆形轨迹，并将这一轨迹与标准圆形轨迹进行比较，从而评价机床产生误差的种类和幅值，如图 8-9 所示。

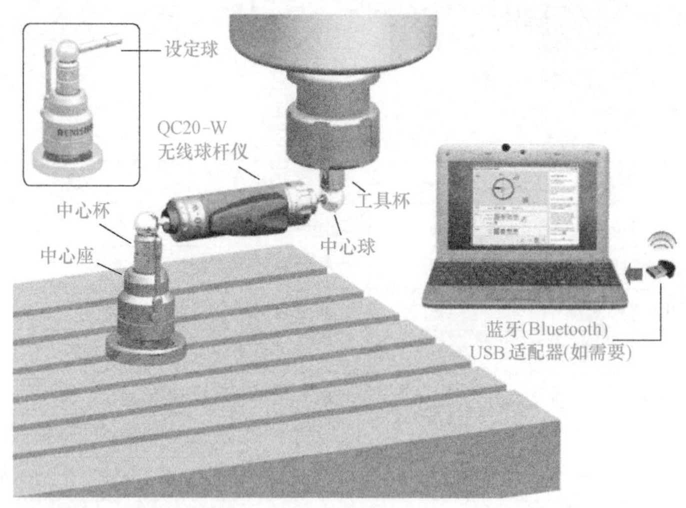

图 8-9 球杆仪

球杆仪本质上是一个高精度伸缩式线性传感器，每端各有一个精密球，球杆两头的距离是设定的标准长度。在测量过程中，将中心座固定在机床的工作台上，另一端连接在主轴端，编制程序，使得机床主轴端相对于工作台作圆周运动。分析圆周运动过程中球杆仪杆长的微小变化，可以得到机床误差分布情况，从而人为地对误差源进行修正，以达到允许的误差范围。

2. 球杆仪软件的安装

1）打开安装盘，双击 setup 文件，如图 8-10 所示。

名称	修改日期	类型	大小
documents	17/12/26 14:11	文件夹	
Autorun	15/3/4 17:26	安装信息	1 KB
Ballbar	15/3/4 17:26	图标	22 KB
setup	15/3/4 17:33	应用程序	181,677 KB

图 8-10 打开安装盘

2）单击“下一步”按钮，如图 8-11 所示。

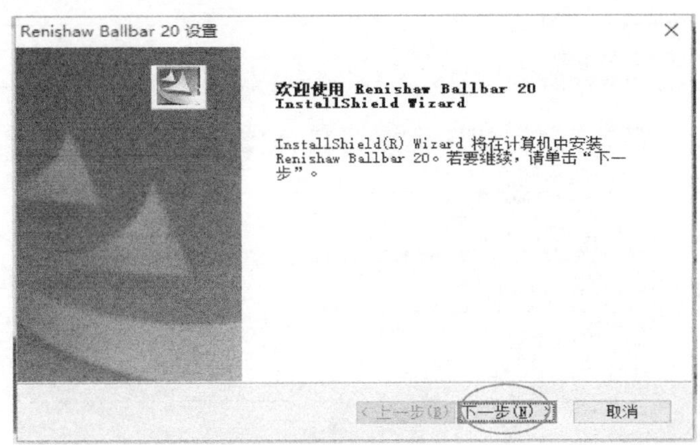

图 8-11　下一步

3）同意许可证协议，单击“是”按钮，如图 8-12 所示。

图 8-12　同意许可证协议

4）安装类型选择“全部”，如图 8-13 所示。

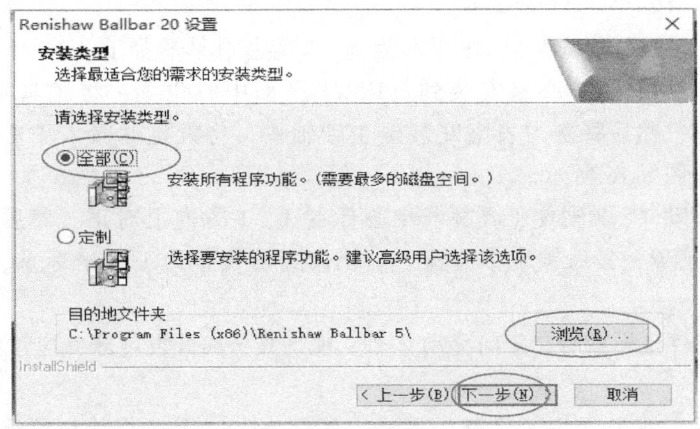

图 8-13　选择安装类型

5）选择程序文件夹，然后单击“下一步”按钮，如图 8-14 所示。

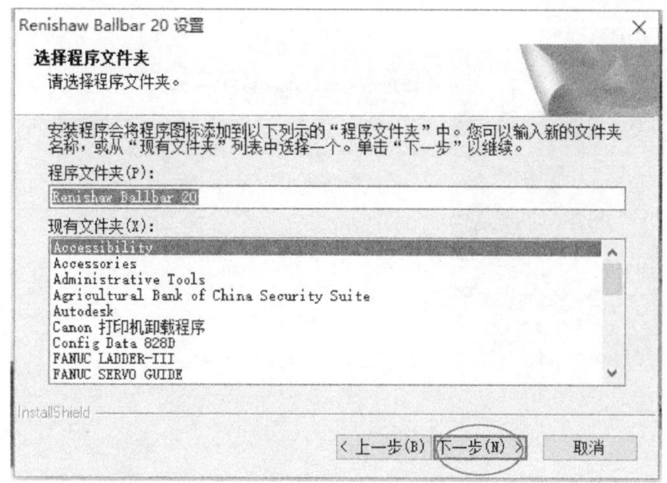

图 8-14　选择程序文件夹

6）重启计算机，完成安装，如图 8-15 所示。

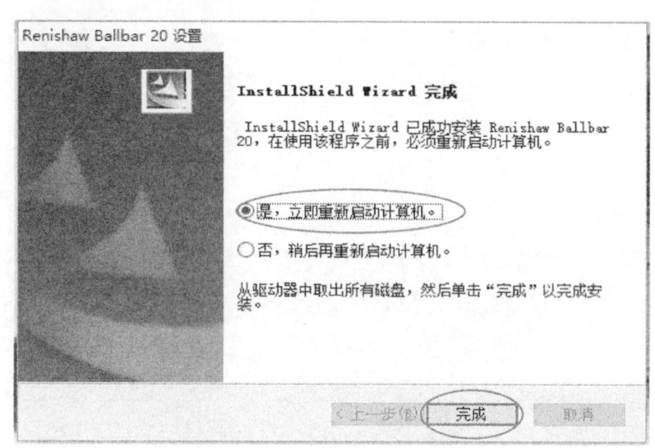

图 8-15　重启计算机

3. 球杆仪的安装

球杆仪安装准备

球杆仪安装以 *XY* 平面为例，安装操作步骤如下：

1）将中心座安装到机床 *XY* 平面中心位置，将工具杯连接至磁力表座，然后将磁力表座安装至主轴轴头，将设定球吸入中心座上的中心杯，如图 8-16 所示。

2）首先，移动 *X*、*Y* 轴使工具杯与中心杯在 *X*、*Y* 方向上对正，然后向下移动 *Z* 轴，使工具杯吸合设定球，最后锁定中心座，以机床当前位置为工件坐标系，设定 G54 零偏数值。

3）设定完工件坐标系后，正向移动 *Z* 轴，使工具杯离开设定球，这时可移开设定球。

4. 软件设置

1）启动软件：双击“快速检测”图标，然后单击“①运行球杆仪测试”，如图 8-17 所示。

图 8-16　球杆仪安装

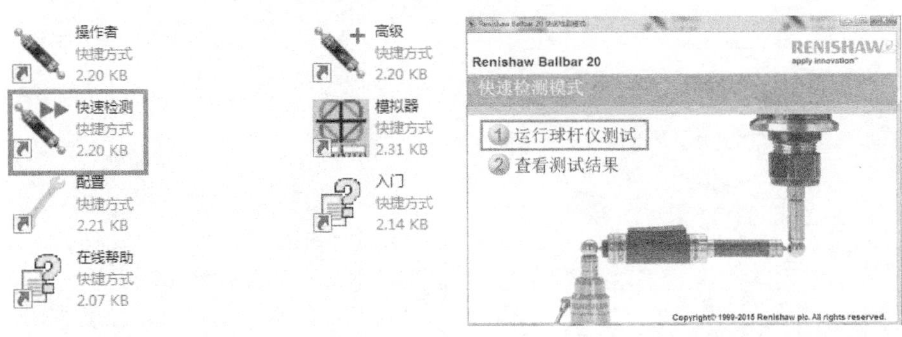

图 8-17　打开球杆仪检测软件

2）选择机器类型（根据实际机型选择）、测试平面和测试半径，例如，立式数控铣床，机器类型选择 1、测试平面选择 XY、测试半径选择 100mm，如图 8-18 所示。

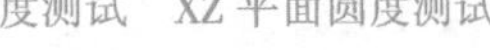

XY 平面圆度测试　XZ 平面圆度测试

3）单击选择弧度和运行方向，如图 8-19 所示。

弧度要根据机床实际情况选择，例如，立式数控铣床测试 X、Y 轴时，球杆仪运动范围为 360°，那么弧度就选：采集 360、越程 180；但在测试 X、Z 轴或 Y、Z 轴时，由于工作台的限制，球杆仪的运动范围达不到 360°，那么弧度就要选：采集 220、越程 2。运行选择：运行 1 G03、运行 2 G02，即在此例中先逆时针旋转两圈，再顺时针旋转两圈。

YZ 平面圆度测试

4）单击生成测试程序，如图 8-20 所示。

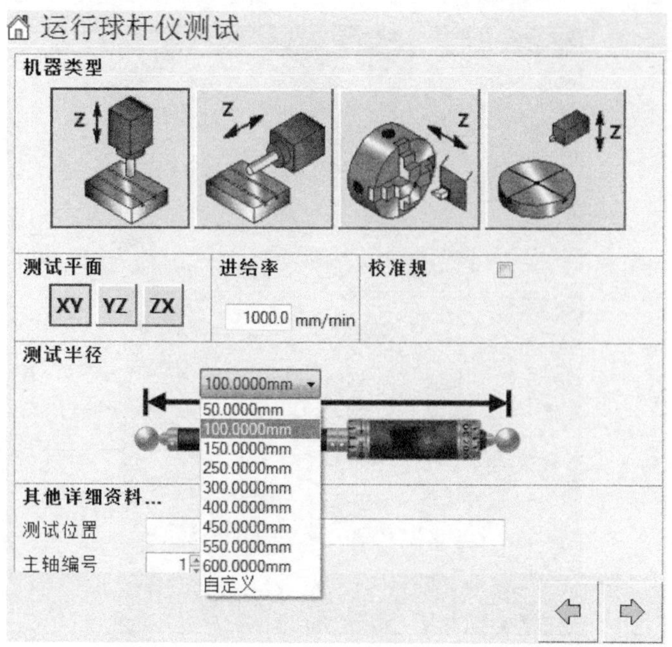

图 8-18　设定机器类型、测试平面和测试半径

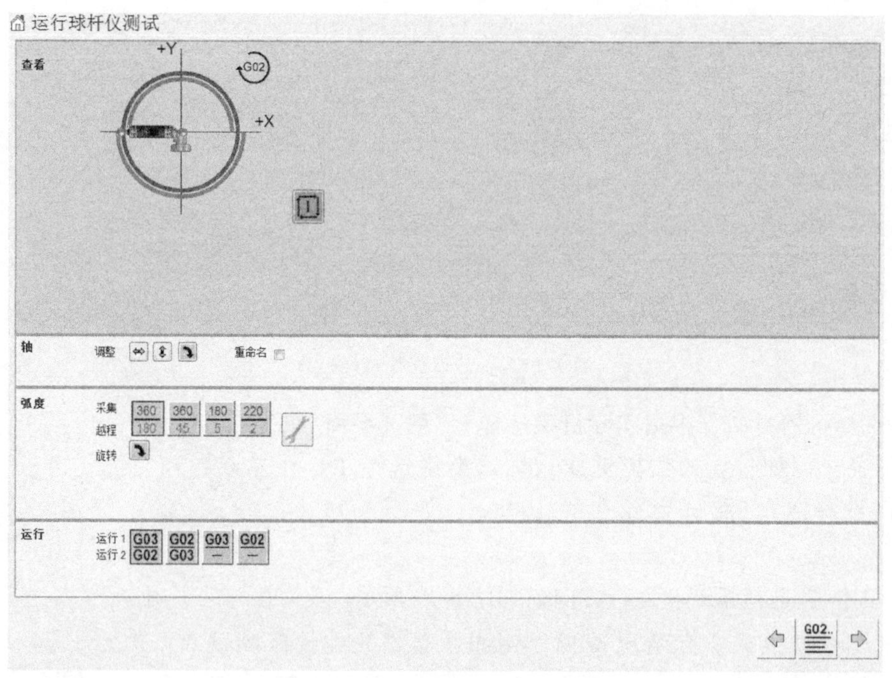

图 8-19　选择弧度和运行方向

5）选择指定控制器。此处选择 Siemens 840D(metric). b5c，如图 8-21 所示，然后单击“打开”按钮。

6）单击修改控制器配置，即生成测试程序的格式，根据图 8-22 进行相应的设置。设置完成后，按照提示进行保存。

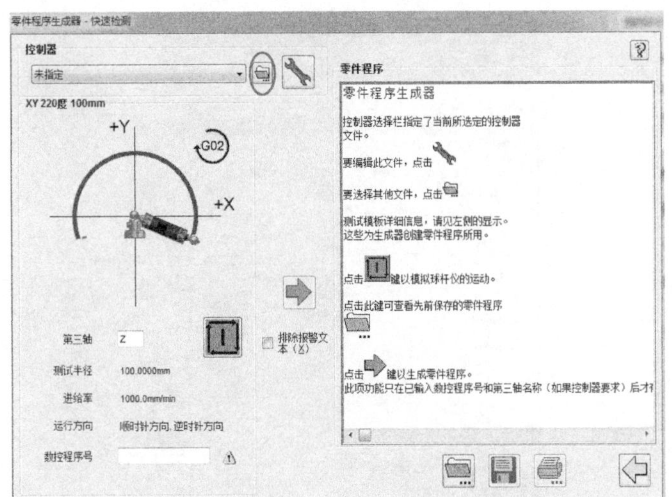

图 8-20 生成测试程序

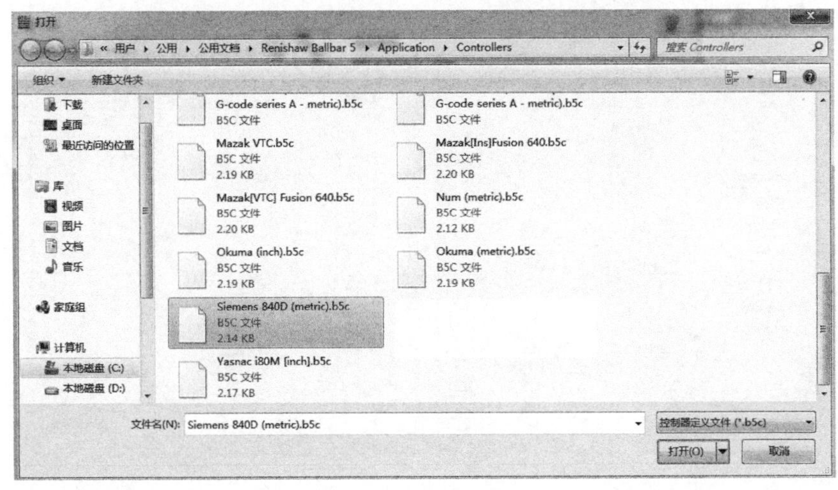

图 8-21 指定控制器

在“一般”标签页中设置“行号格式”为“N”、“注释格式”为“;”，勾选“换行符”“包括小数点”“生成注释”选项。

在“标题”标签页中设置“控制器单位”为“公制”“指令”为“G71”，在“辅助指令”中添加“M05”和“M19”。

在“移动”标签页中勾选“将第三轴的运动包含到开始指令里”，设置“运行间暂停命令”为“G4 F5”“程序结束命令”为“M30”。

7）生成测试程序，在图 8-20“数控程序号”中输入程序名称，例如“111”，勾选“排除报警文本”，单击，然后单击保存程序，生成程序如图 8-23 所示。然后将“111”测试程序复制到机床的“零件程序”文件夹中，操作步骤：单击操作面板“菜单”，单击“程序管理器”→“NC”，选择“零件程序”后单击“打开”。选择“111”加工程序，单击“选中”和“执行”按钮，SINUMERIK 840D sl 系统进入“自动操作方式”，等待计算机与球杆仪连接成功后，再按 MCP 面板上 CYCLE START 启动键。

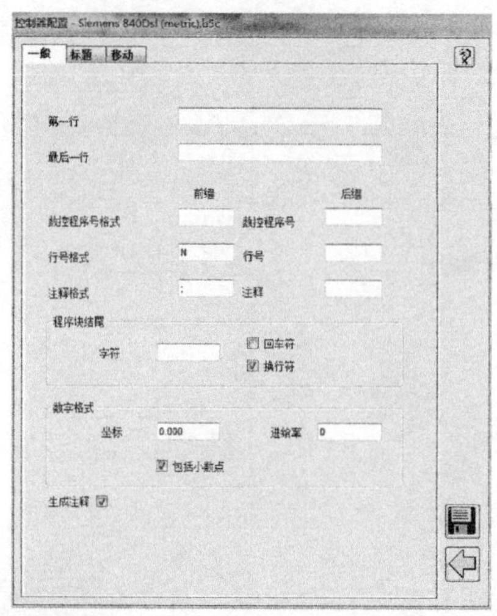

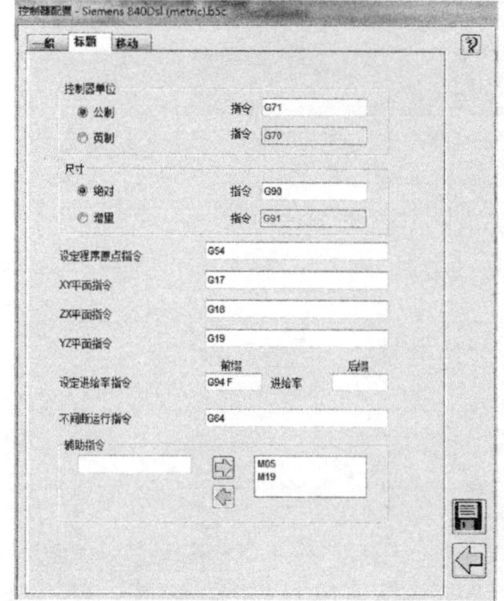

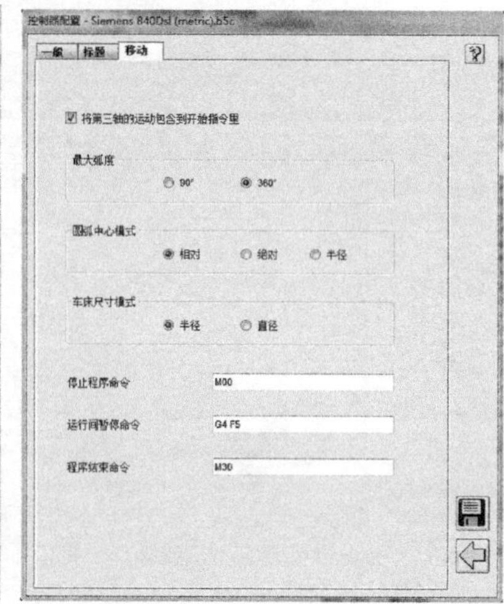

图 8-22　修改控制器配置

8）连接球杆仪，在图 8-20 中单击 ，返回图 8-19 所示界面，单击 两次连接球杆仪，球杆仪未与计算机连接时显示绿色，如图 8-24 所示。

球杆仪连接成功时显示蓝色，如图 8-25 所示。

9）单击 进入采集数据界面，如图 8-26 所示。

10）采集数据，单击图 8-26 界面上的 ，机床运行生成的测试程序如图 8-27 所示。

11）程序运行后有 M00 机床停止指令，这时需要把球杆仪一端（靠近电池端）吸入到中心杯，另一端吸入到工具杯，如图 8-28 所示。

12）安装完球杆仪后，机床继续运行程序，等待数据采集完成，如图 8-29 所示。

```
111 ;数控程序号

;快速检测: XY 360度 100mm
;XY、360度数测试、100mm半径、1000mm/进给率
;工件偏置值必须定义为中心球的球中心位置。

N10 G71 ;输入mm
N20 G54 ;设定起始位置
N30 G90 ;绝对尺寸
N40 G17 ;XY平面
N50 G64 ;不间断运行
N60 M05 ;辅助指令
N70 M19 ;辅助指令
N80 G94 F1000 ;进给率为mm/min
N90 G01 X-101.500 Y0.000 Z0.000 ;移至起始点
N100 M00 ;停止以安装球杆仪
N110 G01 X-100.000 Y0.000 ;进给切入
N120 G03 X-100.000 Y0.000 I100.000 J0.000 ;逆时针弧
N130 G03 X-100.000 Y0.000 I100.000 J0.000 ;逆时针弧
N140 G01 X-101.500 Y0.000 ;进给切出
N150 G4 F5 ;运行间暂停
N160 G01 X-100.000 Y0.000 ;进给切入
N170 G02 X-100.000 Y0.000 I100.000 J0.000 ;顺时针弧
N180 G02 X-100.000 Y0.000 I100.000 J0.000 ;顺时针弧
N190 G01 X-101.500 Y0.000 ;进给切出
N200 M30 ;程序结束
```

图 8-23　*XY* 平面运行程序

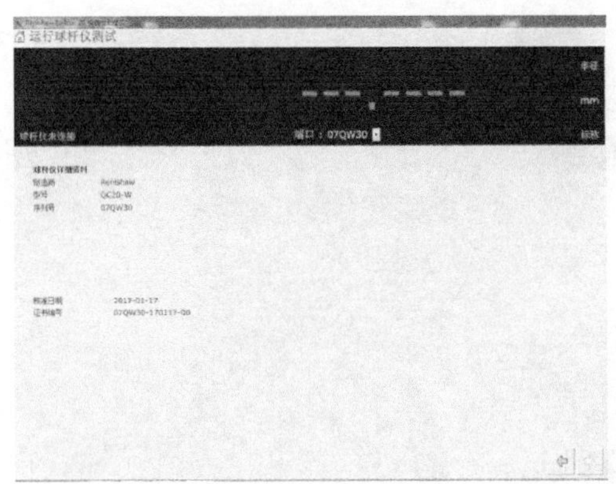

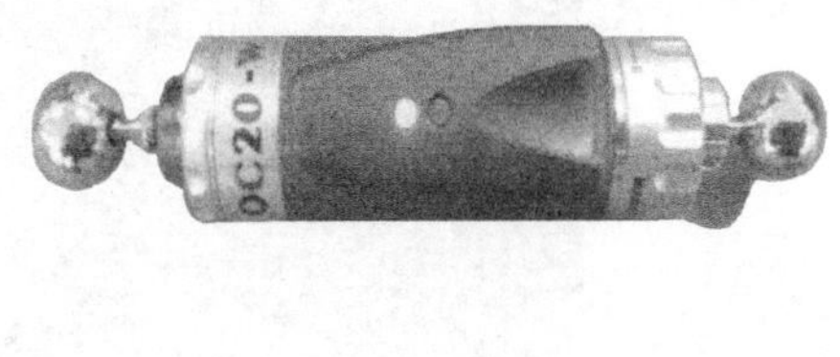

图 8-24　连接球杆仪

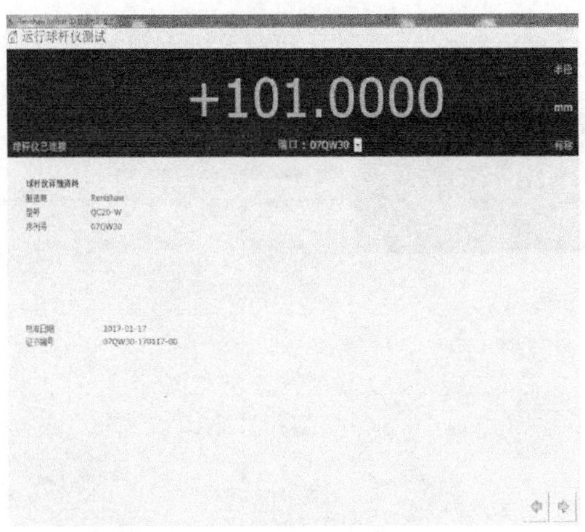

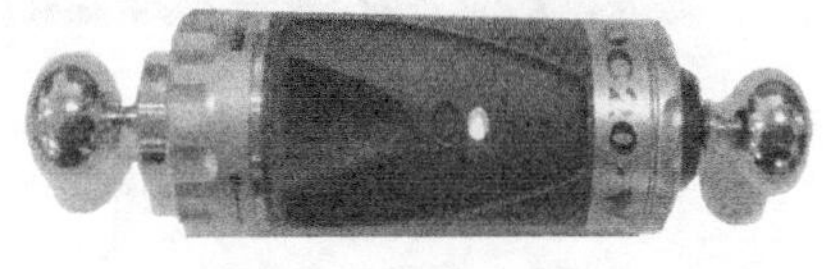

图 8-25　球杆仪连接成功状态

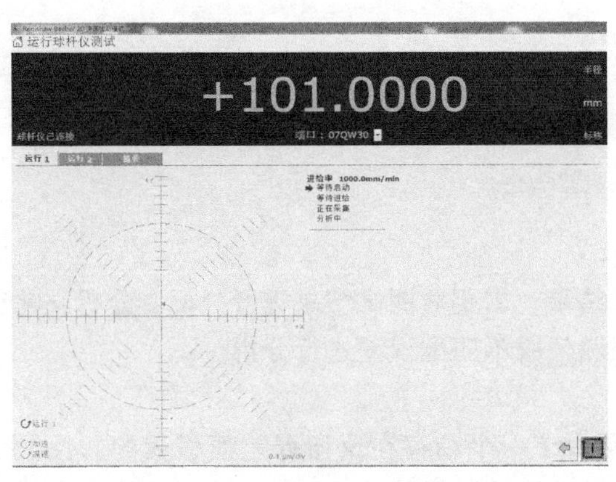

图 8-26　数据采集等待画面

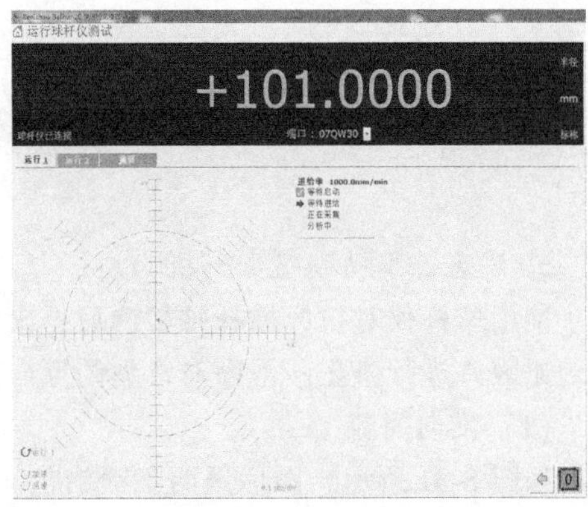

图 8-27　采集数据

13）单击可保存数据，单击可查看测试结果，如图 8-30 所示。显示“反向跃冲 X”“反向跃冲 Y”“比例不匹配”“垂直度”“横向间隙 Y”等数值及百分比，以及“圆度”数值等。

图 8-28　安装球杆仪

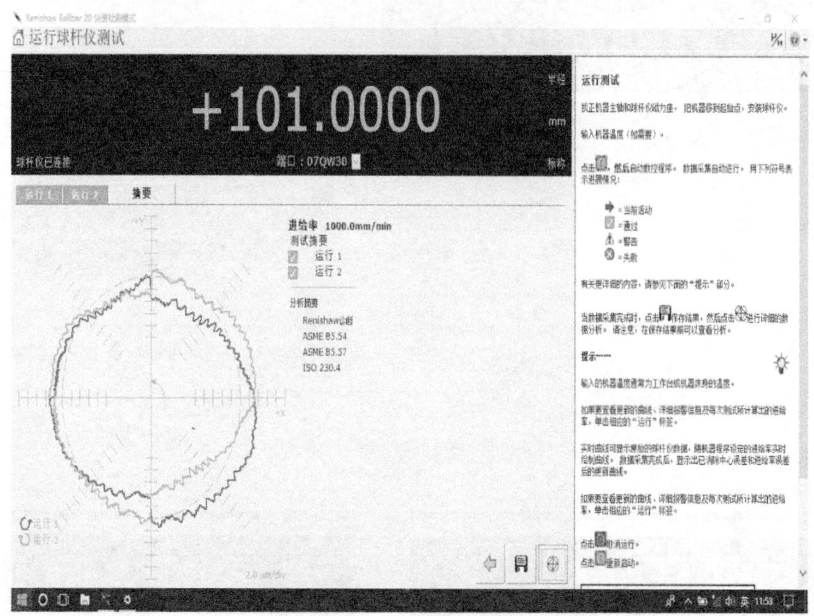

图 8-29　数据采集完成

5. 动态二维精度检测分析

使用球杆仪对机床插补轴检测后得出测试结果，需要对测试结果进行分析，分析误差产生的原因并进行修正。下面对常见的反向间隙和伺服不匹配误差进行分析。

（1）反向间隙

如图 8-31 所示，图形呈两半圆错位，这是由于一个轴存在反向误差而引起的。反向误差是由机械传动间隙、不稳定的弹性变形和变动的摩擦阻尼等造成的。首先，应调整机械环节加以消除，若调整后检测出某轴仍有误差，则可以调整 SINUMERIK 840D sl 系统的机床数据 MD32450 反向间隙补偿功能加以补偿。

（2）伺服不匹配

如图 8-32 所示，图形呈斜椭圆状，沿 45°或 135°对角方向拉伸变形。如果在分别进行顺

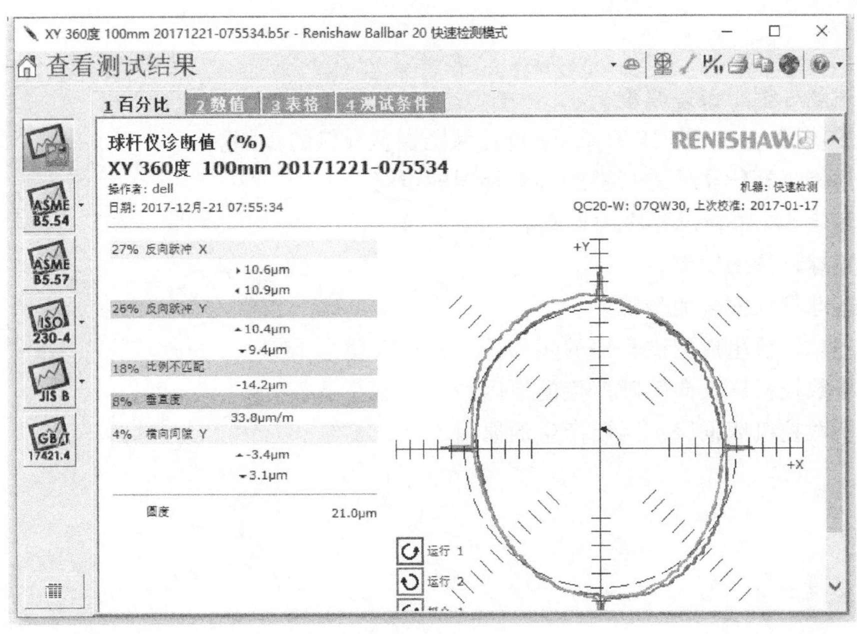

图 8-30　测试结果

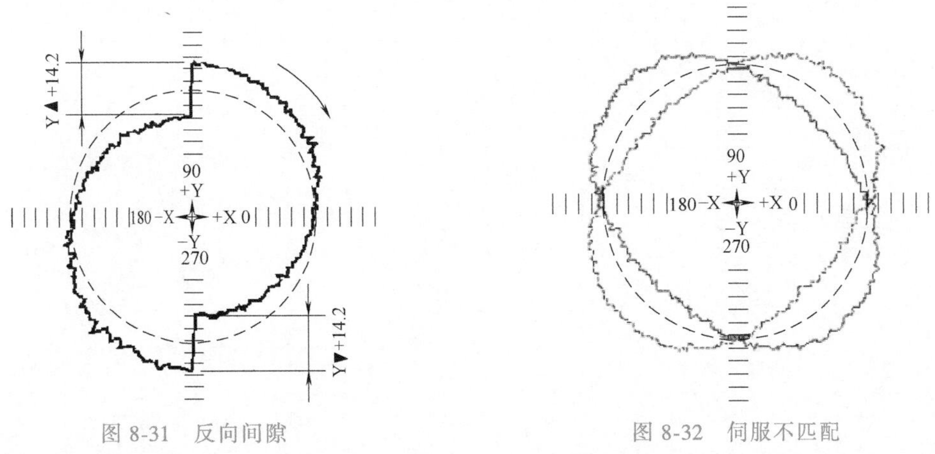

图 8-31　反向间隙　　　　图 8-32　伺服不匹配

时针或逆时针测试时拉伸变形轴向发生改变，则是由于两坐标轴实际的系统增益不一致造成的。此种情况多是由机械部分的结构、装配质量、负载情况等不同造成的，可根据实际情况适当调整速度反馈增益、位置回路增益、系统增益参数等环节加以改善。调整 SINUMERIK 840D sl 系统的机床数据 MD32200 位置环增益，根据实际情况，可使滞后轴的增益加大，也可降低超前轴的增益。

动态二维精度检测分析经验分享：

1）测试程序生成后，先不安装球杆仪到机床上，而是在机床上运行程序验证运动轨迹是否正确，避免因程序错误损坏球杆仪；

2）计算机与球杆仪通过蓝牙连接时，注意两者距离不要太远，以免连接失败。

[思考练习]

1. 简述丝杠螺距误差原理。
2. 简述使用 SINUMERIK Operate 进行螺距误差补偿的步骤。
3. 简述修改补偿文件进行螺距误差补偿的步骤。
4. 简述表 8-2 中补偿程序的含义。
5. 简述球杆仪的功能。
6. 简述球杆仪安装的步骤。
7. 简述球杆仪生成测试程序的步骤。
8. 分析数控机床反向间隙产生的原因。
9. 分析数控机床伺服不匹配产生的原因。

第9章 Chapter 9

数据备份及授权管理

技术的发展使数控系统的自动化程度提高，差异化也逐渐增大。系统软件升级、硬件变更、驱动更新等操作可能会使系统中的数据意外丢失、覆盖。为了防止失去重要数据，一般需要进行数据备份。SINUMERIK 840D sl 作为数控系统，因其配置方案有所相同，致使需要进行备份的数据类型也有所差异，通常有调试存档的备份、PCU 硬盘数据备份、系统 CF 卡数据备份等。

授权管理契合面向对象的管理理念，是数控系统中重要的管理方法。不同的数控机床、不同的用户操作权限，用以区分机床工作的能力。SINUMERIK 840D sl 系统的授权管理是结合 CF 卡进行的，CF 卡更像用户的一把权限“钥匙”，不同的 CF 卡绑定不同的使用权限。

9.1 SINUMERIK 840D sl 系统数据备份

1. 调试存档的备份与载入

查看软硬件版本

备份软硬件版本

批量数据备份可用于保存 NC、PLC、驱动和 HMI 数据。备份数据可以有效防止因数据丢失造成的损失，在进行下列工作前必须做好数据备份：批量机床生产、更换 TCU、更换 PCU、更换 NCU/PLC、更换系统 CF 卡。

（1）数据备份参数设置

用参数 MD11210、MD11212、MD11230 设置备份数据内容和格式介绍如下。

西门子 840D sl 调试文档备份的两种方法

1）备份所有数据。

MD11210：$MN_UPLOAD_MD_CHANGES_ONLY=0H，备份所有数据，如图 9-1 所示。

MD11212 $MN_UPLOAD_CHANGES_ONLY =0。

2）备份修改过的数据。

MD11210：$MN_UPLOAD_MD_CHANGES_ONLY=FFH，仅备份修改过的数据，如图 9-2 所示。

MD11212 $MN_UPLOAD_CHANGES_ONLY=1。

3）备份格式。

MD11230：$MN_ MD_ FILE_ STYLE=2H，如图 9-3 所示。

Bit 0：输出数据行的校验和；

Bit 1：输出机床数据号；

Bit 2：在 TEA 文件中输出通道轴名称作为字段索引；

Bit 3：在 NCU-Link 中输出 LINK 轴的机床数据；

Bit 4：输出所有本地轴。

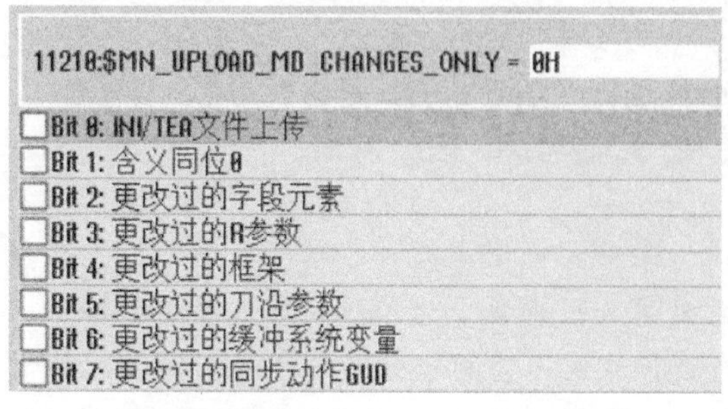

图 9-1　MD11210 备份所有数据

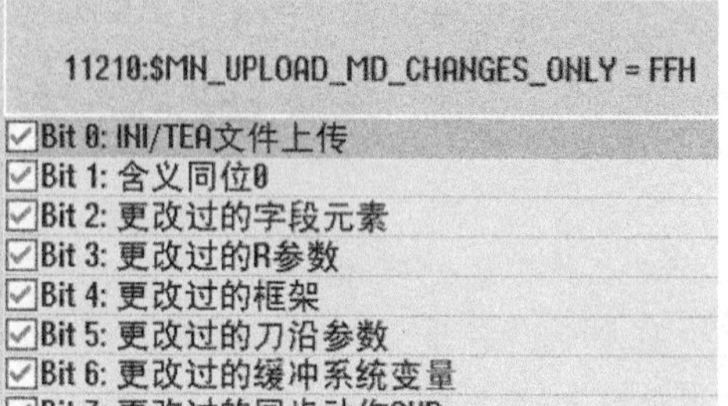

图 9-2　MD11210 备份修改过的数据

（2）调试存档

按“菜单”→“调试”→“水平扩展键>”的顺序进行操作，如图 9-4 所示。

此时，单击［调试存档］，进入“调试存档”界面如图 9-5 所示，可以选择相应操作：

1）建立调试存档：使用此选项可对四个控制组件（NC、PLC、驱动、HMI）创建调试存档。

图 9-3　MD11230 备份格式

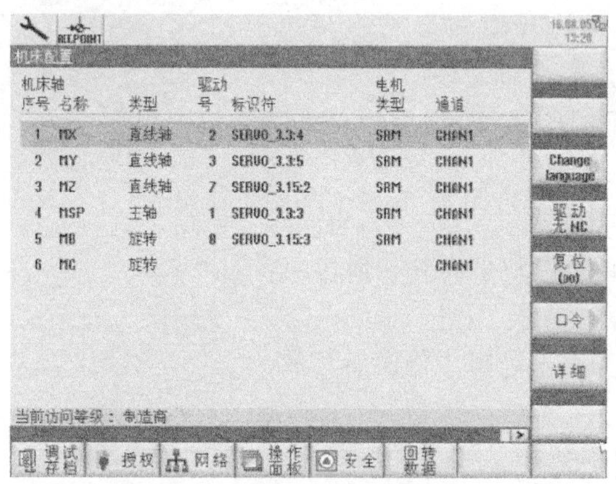

图 9-4　“机床配置”界面

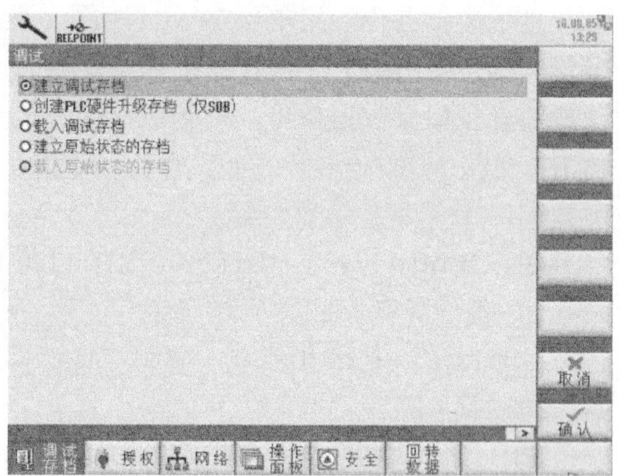

图 9-5　“调试存档”界面

2）创建 PLC 硬件升级存档（仅 SDB）：创建调试批量机床时使用的 PLC 存档数据（用于测试 PLC 外设组件）。

3）载入调试存档：使用此选项读取存档数据。

4）建立原始状态的存档：用于创建使机床返回其交货状态的存档数据。

5）载入原始状态的存档：用于读取原始状态存档数据。

PCU50 和 TCU 的调试存档数据创建方法相同。不过，在本地存储数据时，存储的目标地址不同。对于 PCU50，数据存储在硬盘驱动器上。对于 TCU，存储在系统 CF 卡上，具体路径为/card/oem/sinumerik/data/archive 目录下，默认文件名为 origin. arc。

（3）建立调试存档

1）调试存档数据分类。

NC 数据：所有机床和设置数据（驱动机床数据除外），如刀具和刀库数据，补偿数据，循环、偏移、R 参数、部件程序、工件、选件数据，全局及本地用户数据（GUD 和 LUD）。

PLC 数据：此选项用于创建适用于还原 PLC 用户程序的调试存档。

驱动数据：此选项用于创建包含 SINAMICS 驱动数据的归档数据。

HMI 数据：此选项用于保存存储在 HMI 上的数据。包含循环存储、文本、模板、应用、配置、版本数据、日志、用户视图、词典。

2）操作流程。在“调试存档”界面中可以建立调试存档，如图 9-5 所示，单击“确认”按钮，进入下一级界面。在“建立调试存档”界面可以选择进行 NC 数据、PLC 数据、驱动数据及 HMI 数据四大类数据的备份工作，如图 9-6 所示。

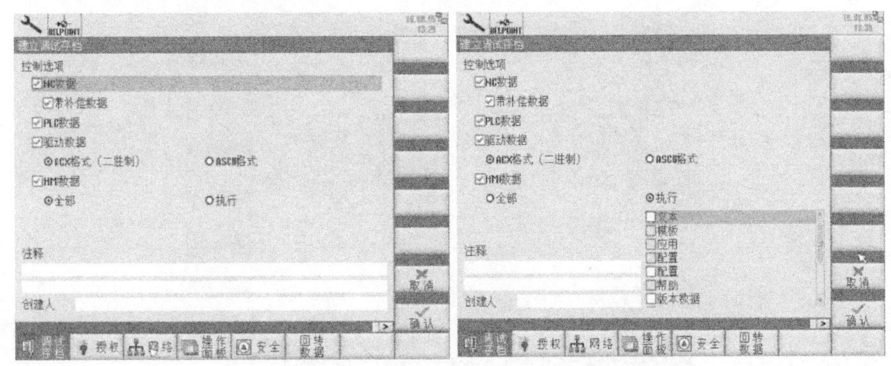

图 9-6 选择要备份的数据

选择后单击“确认”按钮，进入到保存路径操作。默认保存在“调试系统数据/存档/制造商”目录下，也可以将其保存至 U 盘中，还可以在“制造商”文件夹下新建目录以存储数据。

选择保存路径后单击“确认”按钮，输入存档文件名称，单击“确认”按钮继续，如图 9-7 所示。

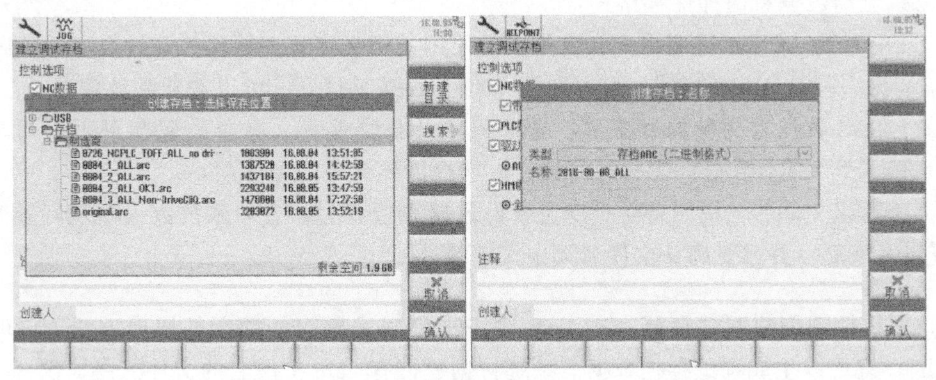

图 9-7 保存调试文档

等待出现“存档已成功结束!”提示框，单击“确认”按钮结束建立调试存档工作，如图 9-8 所示。

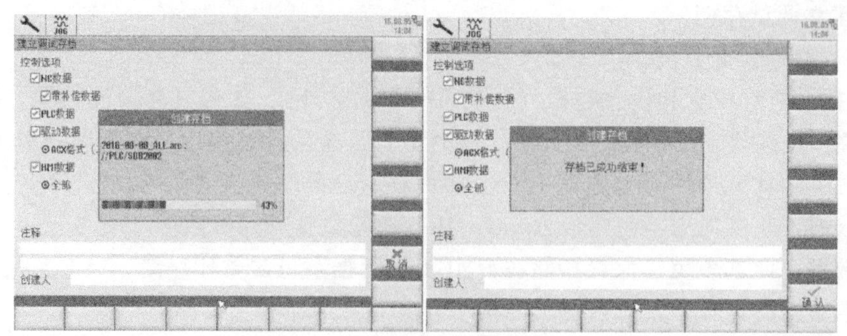

图 9-8 创建调试存档

在“调试/系统数据/存档/制造商”目录下，可以找到刚刚备份的数据，如图 9-9 所示。

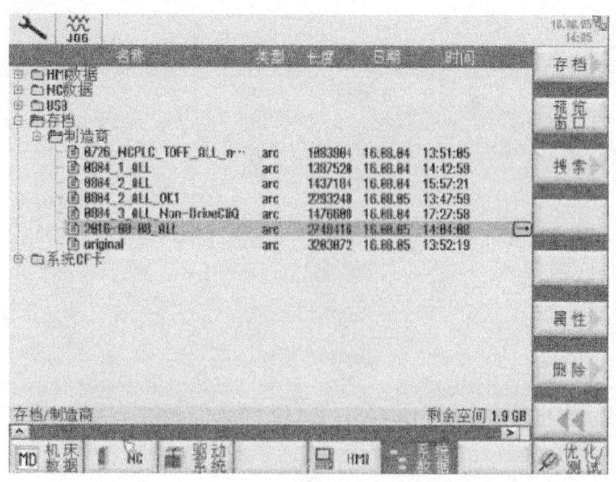

图 9-9 调试存档位置

建立调试存档经验分享：

1）四类调试存档可以单独备份，也可以整体打包备份。建议两种备份方法都使用，在恢复数据时可以有针对性地进行工作；

2）驱动数据有两种保存格式：

① 一种是 ACX 二进制格式，备份文件使用常用文字处理软件打开后会显示乱码；

② 另一种是 ASCII 格式，可以使用 WordPad 强制打开，可以看到驱动数据；

3）HMI 数据有两种保存方式：全部保存及分类保存。在分类保存下可以对“文本”“配置”“版本数据”等进行勾选，以选择需要备份的具体项目；

4）建议文件名：按照备份日期及备份数据类型命名，方便系统数据出现问题时进行查找及恢复，并且要确认文件名无中文字符。

3）用快捷键创建调试存档。在 USB 设备中创建完整存档数据的快捷方法：同时按下 Ctrl+Alt+C 键可以生成调试存档数据。系统将创建带有 .arc 扩展名的文件，并提供一个包含时间和日期信息的默认名称。在存档任务过程中，系统会显示多个对话框，任务结束后系统将清除这些对话框。使用此方法创建的存档文件也可以导入到西门子数控仿真软件 SinuTrain 中，模拟实际机床的运行状态，在 SinuTrain 环境下进行 NC 数据调试。

（4）载入调试存档

单击“菜单”→“调试”→“调试存档”，在“调试存档”界面中选择“载入调试存档”后，出现选择调试存档的界面，按照备份的日期及类型选择恢复。例如，想要恢复保存的 0804_2_ALL_OK1. arc 备份文档，按照前述方式进入调试存档界面后，按上下键选择对应的文档，单击“确认”按钮，系统会弹出需要恢复的存档类型，有 NCK、PLC、驱动、HMI 四种，与之前保存的数据一一对应。数据恢复过程中，NCK 会重新启动一次，最终单击“确认”按钮完成载入调试存档的全部工作，如图 9-10 所示。

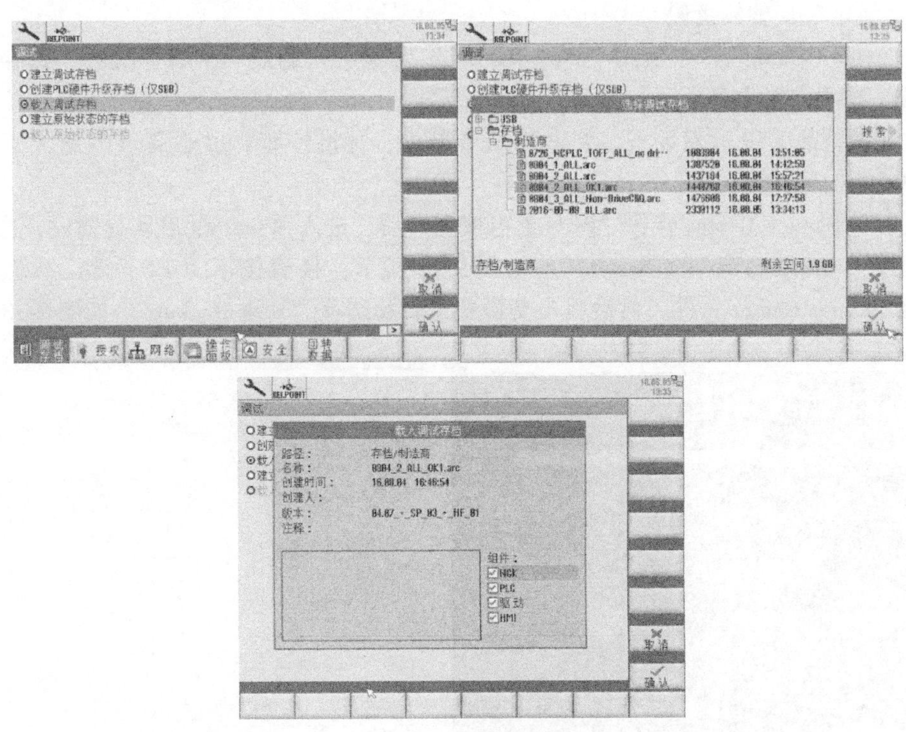

图 9-10　载入调试存档

（5）单项数据备份

在特定需求下，需要对某一项数据单独进行备份，如螺距补偿数据、刀库配置数据等。操作的流程为：“调试”→“系统数据”→“NC 数据”→“NC 生效数据”。然后使用界面右侧“复制”“粘贴”按钮进行数据复制，如图 9-11 所示。

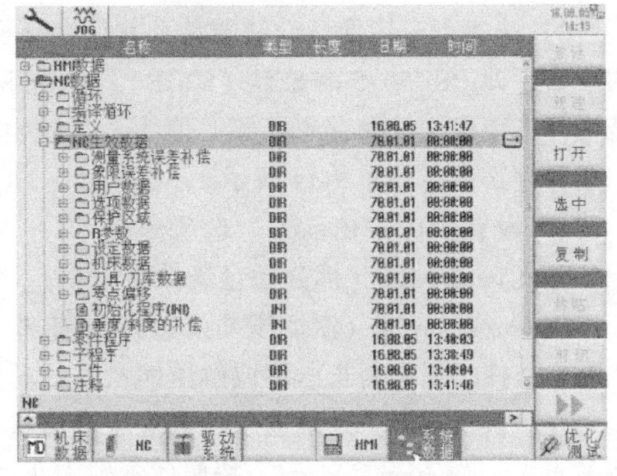

图 9-11　单项数据备份

2. PCU 硬盘数据备份与恢复

只有 TCU 的数控系统中，NC 数据等重要信息存储在 CF 卡中；含有 PCU 的数控系统，NC 数据存储在 PCU 中。对含有 PCU 的系统来说，PCU 硬盘数据备份就显得非常重要，推荐做整个硬盘的镜像备份。

PCU50.5 的硬盘存储空间为 80GB，共有三个分区：系统保留分区（System Reserved）、C 盘和 D 盘，分区格式采用 NTFS，详情如下：

1）系统保留分区（System Reserved）：预留给 Microsoft Windows PE 维修系统使用；

2）C 盘：预留给 Windows 7 操作系统和安装 SINUMEIRK Operate 时使用；

3）D 盘：用于用户的程序安装及数据存放，可以存放 PCU50.5 硬盘本地 GHOST 镜像文件，也可以存放二次开发文件及重要数据、照片、截图文件等。

PCU50.5 允许通过 Service Center 软件创建或恢复硬盘镜像，可以进行：创建 SSD 整体镜像；还原 SSD 整体镜像；创建单个分区的硬盘镜像；恢复单个分区的硬盘镜像。

（1）创建 SSD 整体镜像

在 Service Center 软件中使用“Disk Backup”功能可以创建一个镜像文件，保存到外部 USB 设备，具体方法如下：

1）连接外部 USB 存储设备。将 PCU50.5 断电，再将外部 USB 设备（容量大于 16GB）连接到 PCU50.5 接口上。

2）启动 Service Center 软件。PCU 上电或重启后，进入 Windows 启动界面时，在 OP 操作面板选择“Booting Service System”，如图 9-12 所示；接着按下 INPUT 键，系统将调用 SSD 上的 Service Center 软件，然后单击备份整个硬盘选项“Disk Backup”，如图 9-13 所示。

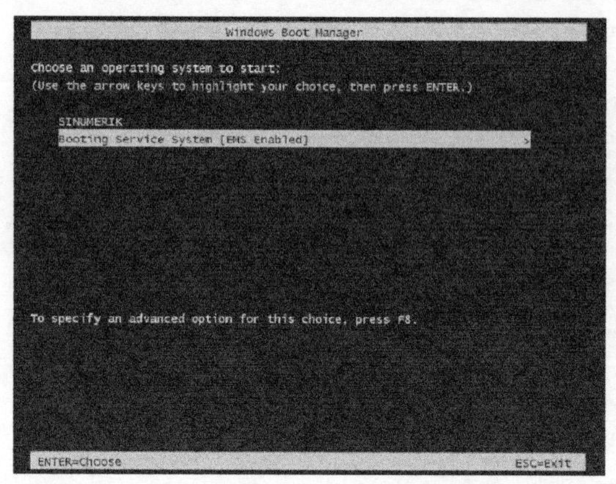

图 9-12 Windows 启动菜单“Booting Service System”

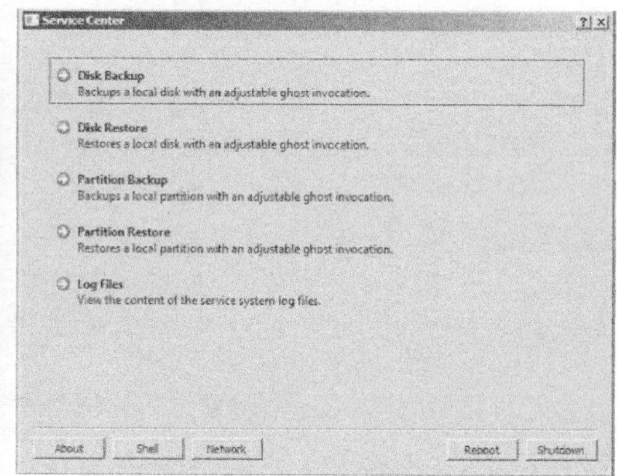

图 9-13 Service Center 软件菜单

3）选择创建镜像备份的硬盘及其保存路径。在弹出的对话框中选择需要创建镜像备份的硬盘，即 PCU50.5 的 SSD（80GB）。单击 Select destination 按钮，选择需要保存的位置。若选择将镜像文件保存到外部 U 盘上，系统自动分配盘符为 F。完成该步骤后，对话框内将生成保存路径，如图 9-14 所示。

4）设置“Disk Backup”选项参数。

Split image size（拆分硬盘镜像的大小）：可将硬盘镜像分成特定大小的多个文件。

Compress image（激活压缩或选择压缩率）：可将硬盘镜像压缩，较高的压缩度会相应地缩小文件，但将延长压缩或解压缩所需的时间。

在默认情况下，系统选项参数处于激活状态，默认单个文件大小为 2000MB，压缩选项为 High compression（Size），按照此参数大小做出的镜像文件如图 9-15 所示。

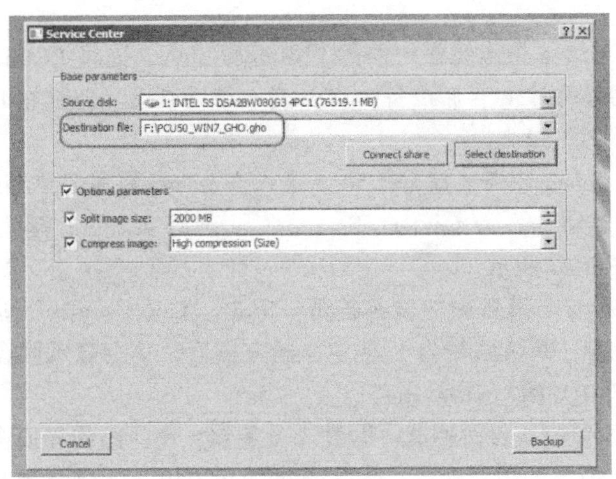

图 9-14　硬盘备份及路径选择

Name	Date modified	Type	Size
PCU50_WIN7_GHO.gho	05/11/2015 9:23	GHO File	2,047,995 ...
PCU50_WIN7_GHO001.ghs	05/11/2015 9:17	GHS File	2,047,992 ...
PCU50_WIN7_GHO002.ghs	05/11/2015 9:23	GHS File	2,047,980 ...
PCU50_WIN7_GHO003.ghs	05/11/2015 9:23	GHS File	345,197 KB

图 9-15　拆分镜像制作示例

在实际应用中，可根据自己的要求决定是否激活选项参数，或者进行不同组合。需要注意的是，做出的镜像文件大小与文件数量会不同。

5）开始创建硬盘镜像。单击“Backup”按钮，开始创建硬盘镜像文件，创建过程如图 9-16 所示。硬盘镜像创建成功后，将弹出提示对话框，单击“OK”按钮确认。系统将返回 Service Center 界面，单击“Shutdown”按钮，关闭 PCU50. 5，拔下外部 USB 存储设备。

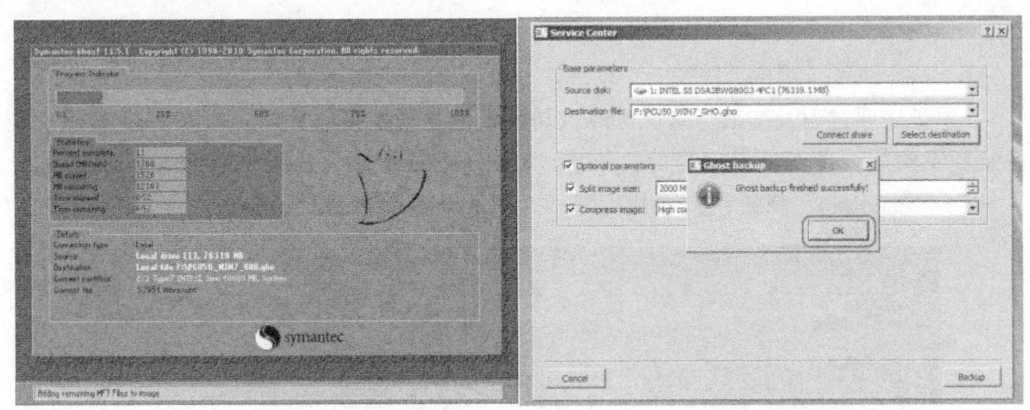

图 9-16　创建镜像过程

（2）硬盘数据整体恢复

当 PCU50. 5 操作系统工作不稳定时，可通过 Service Center 软件中“Disk Restore”功能恢复 SSD 整个硬盘镜像。

具体步骤如下：

1）连接存在 PCU50.5 硬盘镜像的外部 USB 存储设备。先将 PCU50.5 断电，再将存在 PCU50.5 硬盘镜像的外部 USB 存储设备（如 U 盘、移动硬盘）连接在 PCU50.5 侧面的 USB 接口上，并重新启动 PCU50.5。

2）启动 Service Center 软件。在 PCU50.5 进入 Windows 启动菜单界面之后，选择“Booting Service System”启动 Service Center。Service Center 启动之后，单击还原整个硬盘选项“Disk Restore”，如图 9-17 所示。

3）选择外部 USB 存储设备中的镜像备份。单击“Select source”按钮，选择外部 USB 存储设备中的镜像备份，默认路径为 F 盘。选择完毕后，将会显示硬盘镜像所在的存储路径，例如，“F:\PCU50_WIN7_GHO.gho”。

4）选择需要还原镜像备份的硬盘，设置选项参数。在弹出的界面中选择需要恢复镜像备份的硬盘，即 PCU50.5 的内置硬盘。然后选择在 PCU50.5 上恢复硬盘镜像时需使用的分区图。如果 PCU50.5 基于软件 Windows 7，硬盘分区图则要选择“PCU Base Windows 7 partition scheme”，如图 9-18 所示。当以上参数设置完成并确认后，单击“Restore”按钮进行硬盘还原工作。

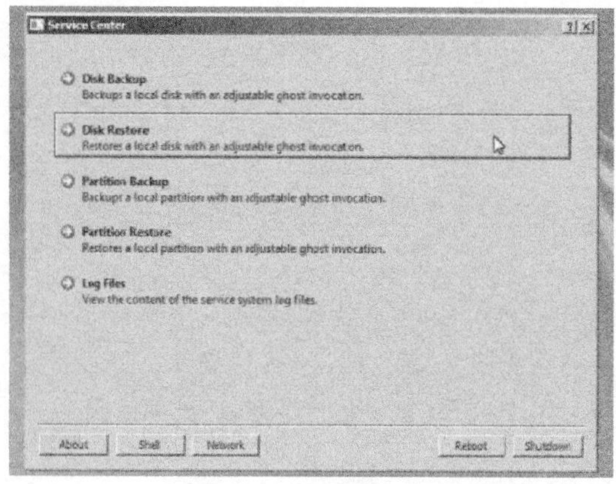

图 9-17　硬盘整体还原

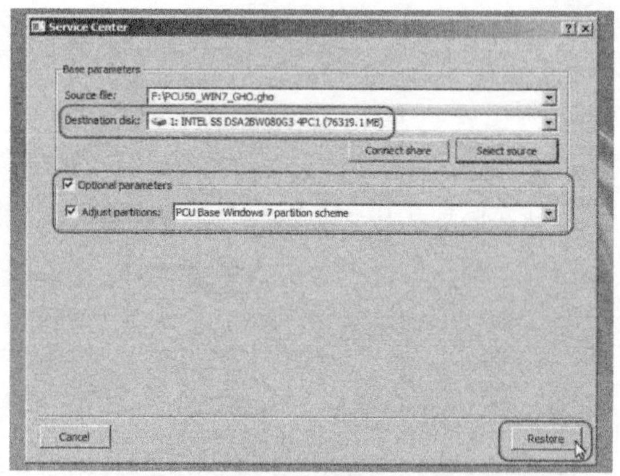

图 9-18　硬盘还原参数设置

5）硬盘还原过程及结束。系统已经自动开始恢复硬盘镜像文件，如图 9-19 所示。硬盘镜像恢复成功后，将弹出提示界面，单击“OK”按钮确认，系统将返回 Service Center 界面。单击“Shutdown”按钮，关闭 PCU50.5，拔下外部 USB 存储设备。

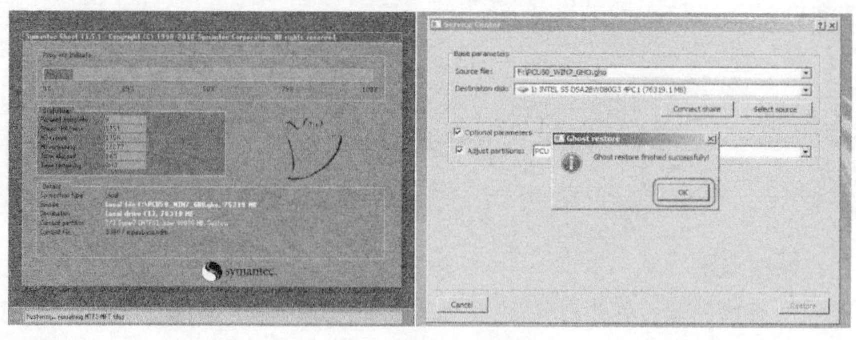

图 9-19　硬盘还原过程

PCU 硬盘数据备份与恢复经验分享：

1）使用外部 USB 设备时，容量要大于等于 16GB，必须无病毒；

2）硬盘镜像恢复完成之后，将完全替换 PCU50.5 SSD 上的现有数据；

3）硬盘数据备份与恢复的选项在练习时不要选错。

9.2 系统 CF 卡数据备份与还原

SINUMERIK 840D sl 系统 CF 卡使用的是 Linux 操作系统，对系统 CF 卡创建备份的可以使用紧急启动系统的方法。需要使用 U 盘作为数控系统的启动盘，U 盘内包含紧急启动系统软件。将 U 盘插入 NCU 接口 X125 后，系统将从 U 盘启动。启动进入 Emergency Boot System（紧急启动系统）菜单，在此菜单中可以创建/还原备份文件。目标 CF 卡上包含的许可证详细信息需要保持完备，备份文件使用 Linux 系统主流压缩格式 TGZ 较为符合这一要求。

1. 创建 USB 维修启动盘

Access MyMachine 软件可用于创建 USB 维修启动盘。此软件的文件采用“zip”格式，用户应将此类文件解压到计算机上的适当位置。解压文件时，可在以下路径找到文件“linuxbase.img”：Emergency Boot System 840Dsl Vxx\eboot_system。具体流程如下：

（1）U 盘写入镜像文件

运行 Access MyMachine 软件，单击“选项”→“向 CF 卡写入镜像”，如图 9-20 所示。将镜像文件 Linuxbase.img 写入 U 盘，单击“写”按钮，如图 9-21 所示。

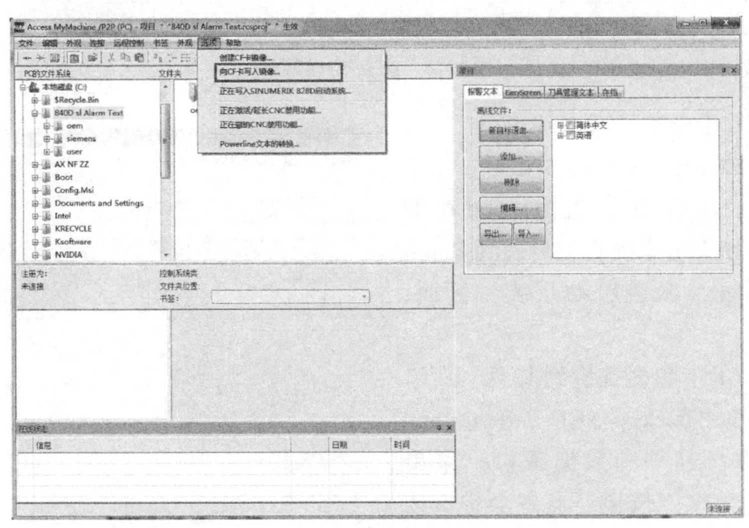

图 9-20 单击“选项”→“向 CF 卡写入镜像”

（2）刷新 U 盘容量

经写入镜像文件操作后，原 16GB 容量的 U 盘容量显示只有 3.96MB。机床断电，将 U 盘插入 NCU 的 X125 接口，机床上电，系统会重新启动两次，机床断电，拔下 U 盘，U 盘容量刷新完毕，容量恢复为 16GB，如图 9-22 所示。

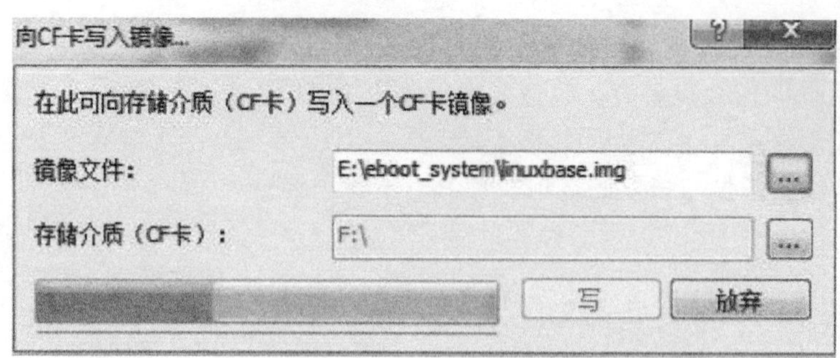

图 9-21　向 CF 卡写入镜像文件

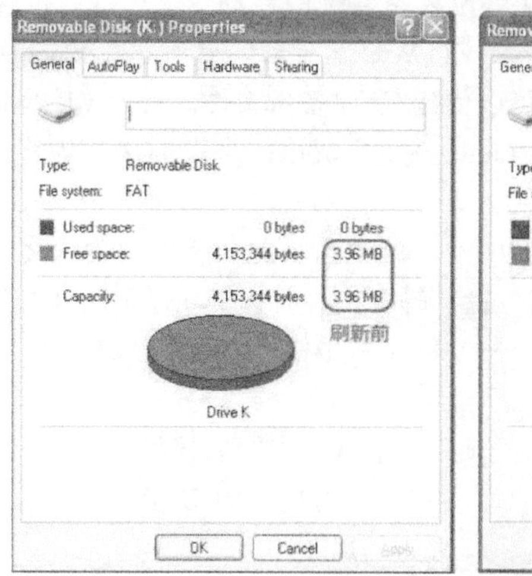

图 9-22　刷新 U 盘容量

2. 创建 CF 卡备份

（1）启动 Emergency Boot System

机床断电，将启动 U 盘插入 NCU 的 X125 接口，机床上电系统自动启动到 Emergency Boot System（紧急启动系统）界面，如图 9-23 所示。

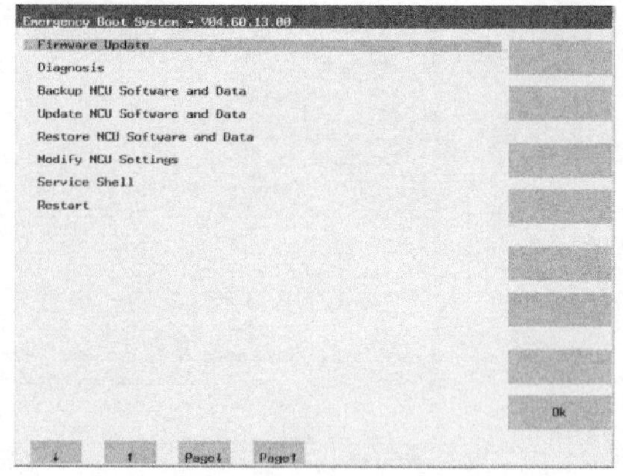

图 9-23　紧急启动系统界面

（2）系统 CF 卡数据备份到 U 盘

用鼠标选择"Backup NCU Software and Data"（NCU 系统软件和数据备份）菜单项，然后单击"OK"按钮。有多个备份选项可用，选择"Backup Complete CF card to USB memory stick"（将整个 CF 卡备份到 U 盘）菜单项。输入适当的文件名，文件名中应包含有助于其他用户识别此文件的信息，如日期及备份内容、备份机床名等。扩展名 tgz 是强制内容，不允许更改，如图 9-24 所示。

随即备份过程开始，直到出现"Syncing archive... done."提示，如图 9-25 所示，OP 操作面板上按任一按键完成备份。机床断电移除 U 盘，即完成 CF 卡的备份工作。

```
Backup complete CF card to USB memory stick
Backup user data to USB memory stick
Backup license key to USB memory stick
Backup complete CF card to network drive
Backup user data to network drive
Backup license key to network drive
Connect to network drive

Enter filename  SystemCF_backup_02_12_2010.tgz
Example: myNCU_Arc_2009-12-14.tgz (extension mandatory!)
```

图 9-24　备份 CF 卡数据

```
Backup complete CF card SystemCF_backup_02_12_2010.tgz
Writing full backup to /data/SystemCF_backup_02_12_2010.tgz:
   33800 kB (uncompressed)

Backup complete CF card SystemCF_backup_02_12_2010.tgz
Writing full backup to /data/SystemCF_backup_02_12_2010.tgz:
   594205 kB (uncompressed)
done.
Syncing archive... done.
Press any key to continue
```

图 9-25　备份过程及完成显示

3. 还原 CF 卡数据备份

(1) 启动 Emergency Boot System

机床断电，将启动 U 盘（含有 CF 卡备份的 TGZ 文件）插入 NCU 的 X125 接口，机床上电系统自动启动到 Emergency Boot System（紧急启动系统）。

(2) 从 U 盘数据还原 CF 卡备份

选择“Restore NCU Software and Data”（NCU 系统软件和数据还原）。单击“OK”按钮。然后选择“Recover system from USB memory stick（reformat CF card）”（从 U 盘数据还原 CF 卡系统），如图 9-26 所示。

选择需要还原的 CF 卡备份文件，系统会进一步提示原有 NCK 将被选中文件覆盖，需要使用者再次确认文件及任务的正确性。确认无误后单击“OK”按钮，CF 卡中原有 NCK 将被 U 盘中备份文件更新，直到出现“Syncing disks... done.”提示，如图 9-27 所示，在 OP 操作面板上按任意按键完成备份。机床断电移除 U 盘，完成 CF 卡数据还原。

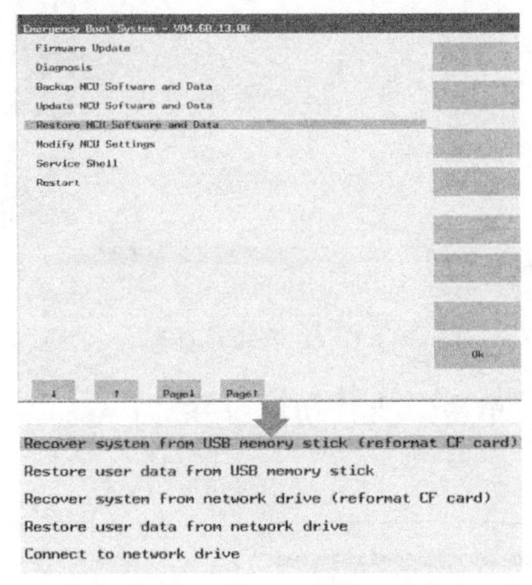

图 9-26　还原 CF 卡数据菜单

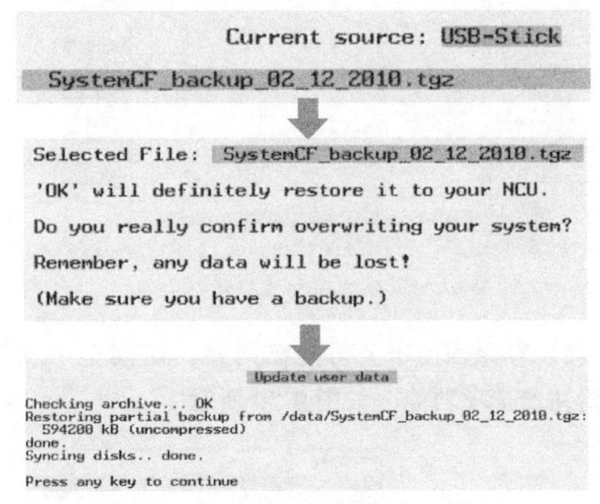

图 9-27　还原过程

系统 CF 卡备份与还原经验分享：

1）使用的 U 盘容量要大于等于 8GB，必须无病毒；

2）制作 USB 维修启动盘时，必须刷新 U 盘容量，否则后期无法正常使用；

3）从 U 盘数据还原 CF 卡备份之前，请备份系统数据和授权文件到外部 U 盘，以备后用。

9.3 SINUMERIK 840D sl 系统授权管理

CF 卡作为 NCK 系统的核心，有控制用户使用权限的功能。在购买所需选项功能的 CF 卡时，将取得相应的软件授权密钥，本节主要讲述如何对授权进行管理。

1. 选项功能

通过单击“菜单”→“调试”→“扩展键>”→“授权”→“全部选件”的方式进入授权界面，查看可以使用及缺少授权的功能情况，如图 9-28 所示。

已授权：表示已经与系统 CF 卡绑定的选项功能。

已设置：表示系统正在使用的系统选项功能。

在未激活授权状态下使用相应的功能，系统将自动报警“8081 设置了 X 个选件，但没有输入选件必需的授权码”，并且当系统配置了实际伺服轴时，NC 系统将被禁止启动。

2. 选项功能注册

1）记录系统 CF 卡序列号和硬件类型。在“授权”→“概览”界面下有完整的 CF 卡序列号，此序列号与 NCK 系统一一对应，是启动数控机床的“钥匙”，如图 9-29 所示。CF 卡上对应的操作权限有可能不同，尽量不要混用，因此序列号不要记混。

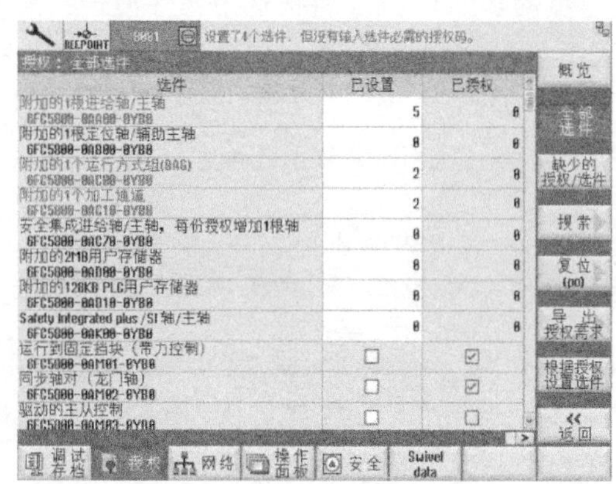

图 9-28　全部选件授权状态

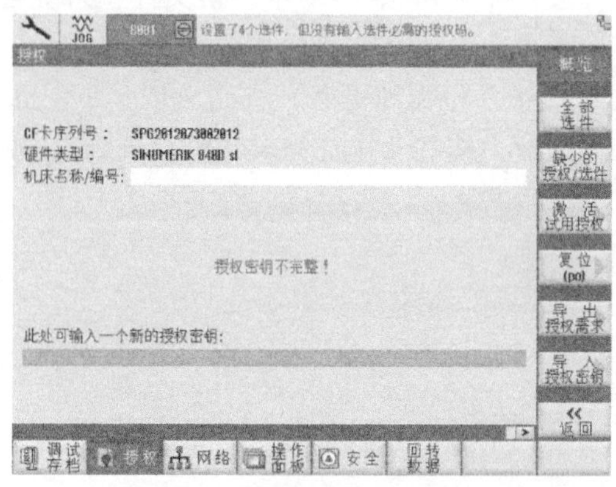

图 9-29　CF 卡序列号查询

2）登录西门子公司授权网站，切换至中文界面，单击“直接访问（Direct Access）”，开始注册选项功能，如图 9-30 所示。

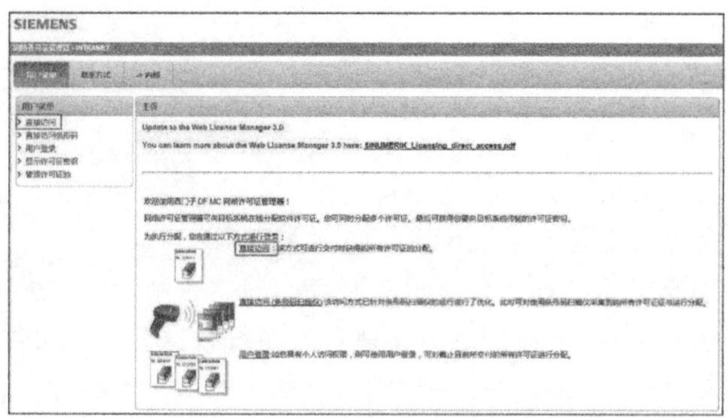

图 9-30　西门子授权网站注册界面

3）输入选项授权的“许可证号（License-No.）”和“交货单号（Dispatch note No.）”，单击“下一步”按钮，如图 9-31 所示。

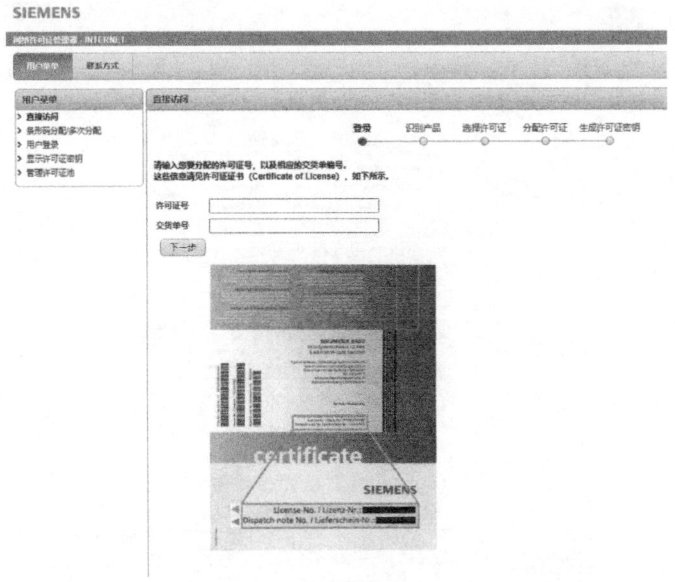

图 9-31 输入许可证号与交货单号

4）输入 CF 卡的硬件序列号和产品类型，单击“下一步”按钮，如图 9-32 所示。

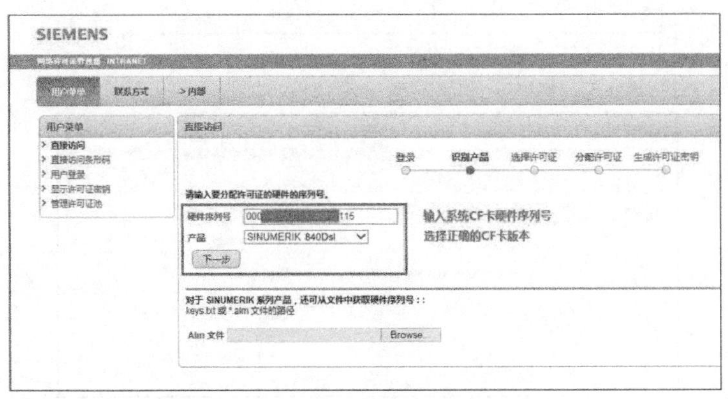

图 9-32 输入硬件序列号及产品类型

5）在弹出的界面中可以识别系统 CF 卡及已绑定的选项，单击“下一步”按钮，如图 9-33 所示。

6）选择需要绑定的选项功能，单击“下一步”按钮，如图 9-34 所示。

7）单击“分配许可证”按钮，绑定选项功能到 CF 卡，如图 9-35 所示。

8）将生成的新授权码其输入到系统即可，如图 9-36 所示。

3. 授权码的备份与还原

进入“授权”界面，可单击“导出授权需求”“导入授权密钥”按钮，备份和恢复授权码。授权码保存在/card/keys/sinumerik/keys. txt 文件中，也可使用该文件恢复授权码，如图 9-37 所示。

备份授权

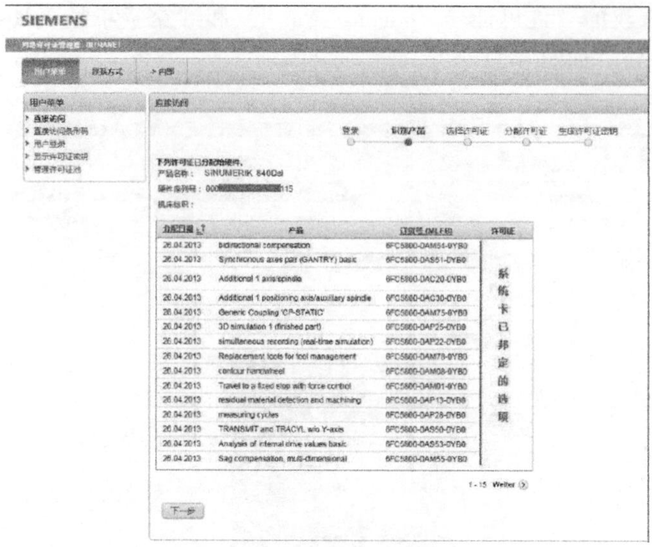

图 9-33　CF 卡及已绑定的选项

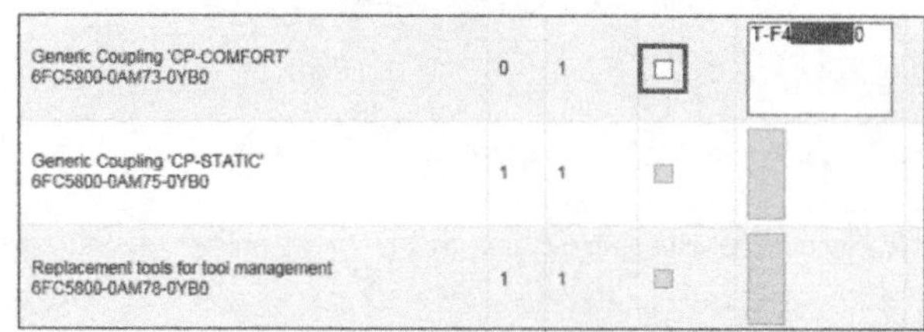

图 9-34　绑定选项功能

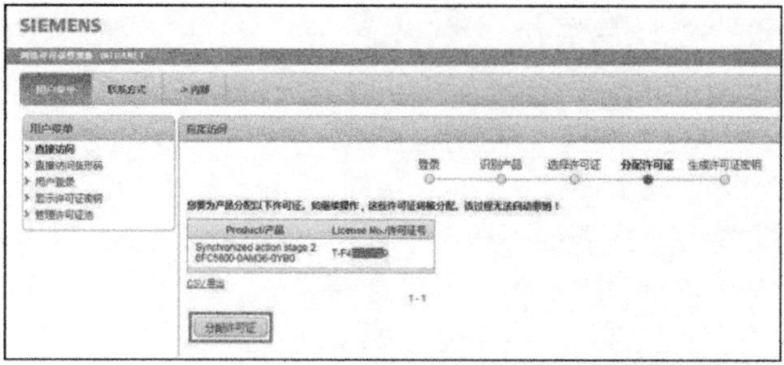

图 9-35　分配许可

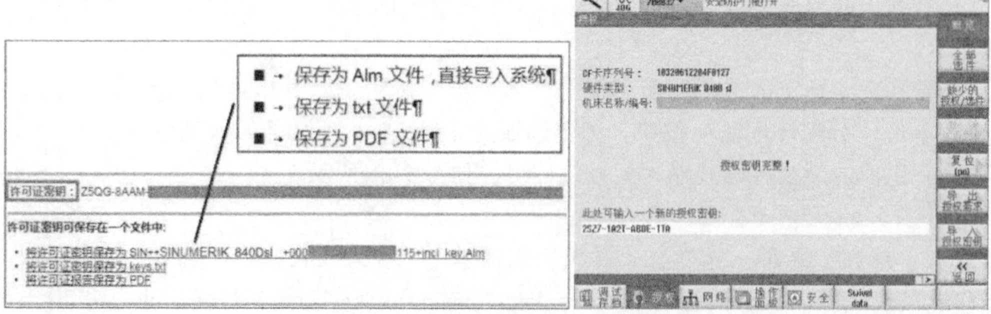

图 9-36　生成及输入授权码

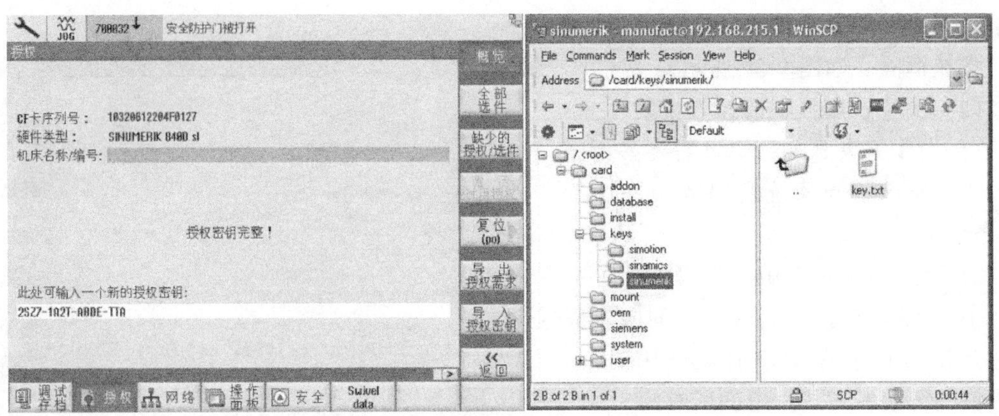

图 9-37　授权码导入导出及备份路径

4. 试用授权

如果想正常使用没有购买授权的选件，可以通过试用授权在规定的期限内激活选件进行使用。系统提供了 6 个试用阶段。第一阶段，试用授权期限拥有较长的运行时间，第二～六阶段，每个阶段试用授权期限为 150h（以控制系统运行时间计算），见表 9-1。

表 9-1　选件试用授权期限

NCU	每个试用阶段的试用授权期限					
	第一阶段	第二阶段	第三阶段	第四阶段	第五阶段	第六阶段
710.3	1000h	150h	150h	150h	150h	150h
720.3	2000h	150h	150h	150h	150h	150h
730.3	3000h	150h	150h	150h	150h	150h

（1）激活试用授权操作步骤

1）单击“菜单”→“调试”→“扩展键>”→“授权”，打开授权界面，如图 9-38 所示。在右侧功能键列单击“激活试用授权”按钮，系统将出现关于试用授权期限剩余个数的提示信息。

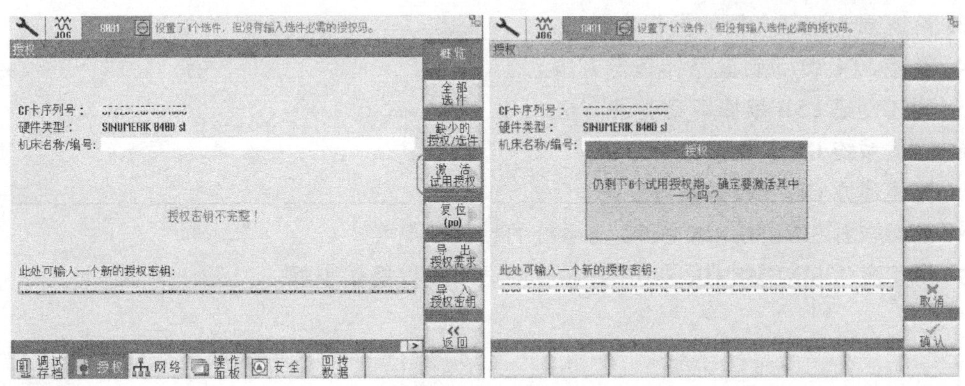

图 9-38　激活试用权限

2）单击“确认”按键进行激活。激活成功后，系统将显示“试用授权期已激活”，有效试用授权期和剩余工作小时数也会显示，并弹出报警“8084 试用授权期×已激活，还剩×

个小时到期”，该报警可通过单击“复位”按钮消除，如图 9-39 所示。

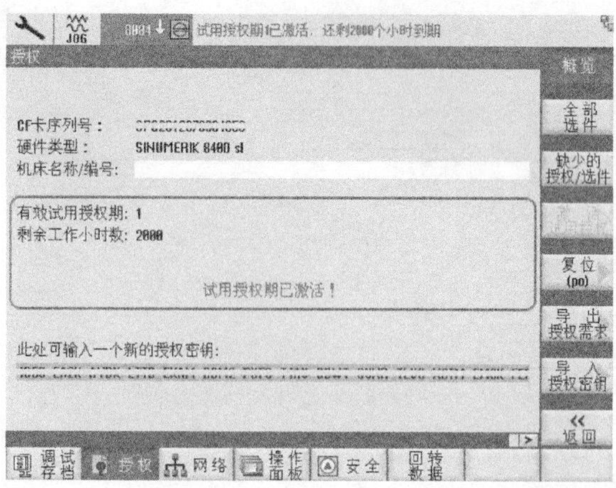

图 9-39　试用权限已激活

（2）关于试用授权的几点说明

1）操作等级要求。如果需要激活试用授权，要求访问系统密码等级在 2 级（服务人员）及以上。

2）下列情况不占用试用授权时间。

① 伺服轴不能有效运行：伺服轴只有在真正运行过程中才消耗试用时间，在模拟运行状态下不占用试用时间。

② 用户取消试用授权：在试用一段时间后，暂停该试用功能时，试用时间自动暂停计时。

3）下列情况下试用授权终结。

① 试用授权时间达到上限：当到达六个阶段全部使用时限时，试用功能将自动关闭，且 NCU 禁止其他试用激活。

② 购买并输入了有效的授权密钥。

SINUMERIK 840D sl 系统授权管理经验分享：

1）系统 CF 卡硬件序列号与授权密钥是相关联的；

2）系统调试完毕，要导出授权以防遗失；

3）试用授权期限的第一阶段运行时间长短取决于所使用的 NCU 型号。

[思考练习]

1. 数据备份前主要修改哪几个参数？如何修改？
2. 简述建立调试存档的操作步骤。
3. 简述载入调试存档的操作步骤。
4. 简述 PCU50.5 硬盘整体备份方法。
5. 简述创建 USB 维修启动盘的方法。
6. 简述系统 CF 卡数据备份方法。
7. 简述还原 CF 卡数据备份方法。
8. 如何查看 SINUMERIK 840D sl 系统的授权情况？
9. 简述激活 SINUMERIK 840D sl 系统的试用授权操作步骤。

第10章 Chapter 10

系统网络通信与机床联网

SINUMERIK 840D sl 系统提供网盘功能，可以实现在线加工。编程人员可以在计算机上对加工程序进行修改，SINUMERIK 840D sl 系统通过 NCU 板的 X130 接口与计算机网线连接，直接调用计算机上指定文件夹中的程序，而无需人工将修改好的程序传入到机床，极大地提高了生产效率。

10.1 设置网络驱动盘

1. 计算机端设置

1）关闭计算机的防火墙及杀毒软件。

2）在计算机任意驱动器（如 F 盘）下新建一个文件夹，此文件用于存放传输程序。单击鼠标右键，在弹出菜单中选择“新建”，然后选择“文件夹（F）”，将文件夹命名为“SIEMENS”。文件夹的名称一定要以字母命名，存入加工程序，例如“Test program. SPF”，如图 10-1 所示。

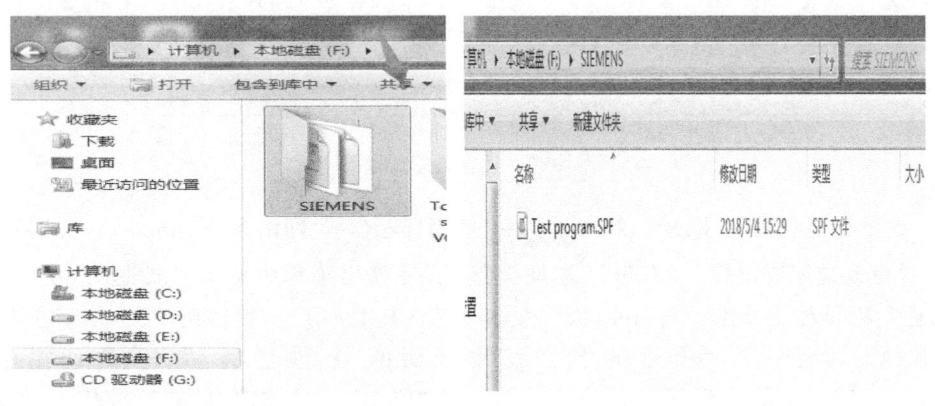

图 10-1　新建文件夹

3）设置共享权限。单击 →“控制面板”→“网络和 Internet”→“网络和共享中心”→“更改高级共享设置”→“关闭密码保护共享”，其他选项为启用或允许，然后单击“保存修改”按钮，如图 10-2 所示。

4）为新建文件夹“SIEMENS”设置共享。在已命名的“SIEMENS”文件夹上右击，在弹出菜单中单击“共享”→“特定用户”，在“文件共享”界面单击下拉列表，选择“Everyone”选项，然后单击“添加”按钮，选中下面的“Everyone 读取写入”，然后单击右下角

“共享”按钮，如图 10-3 所示。

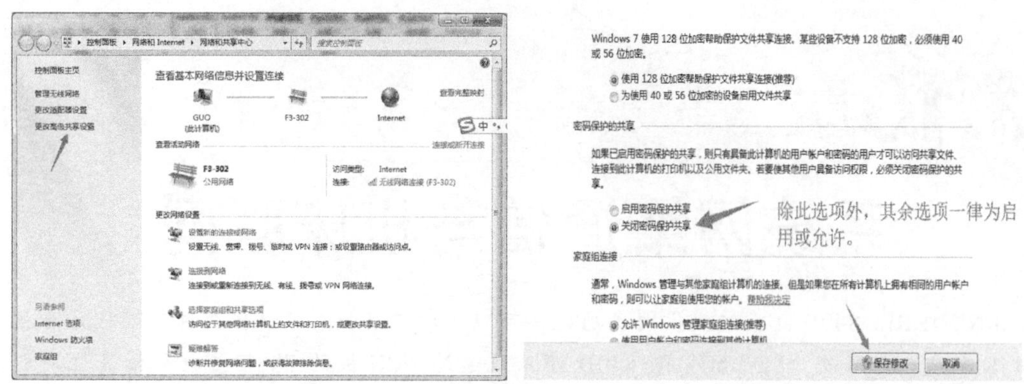

图 10-2　共享设置

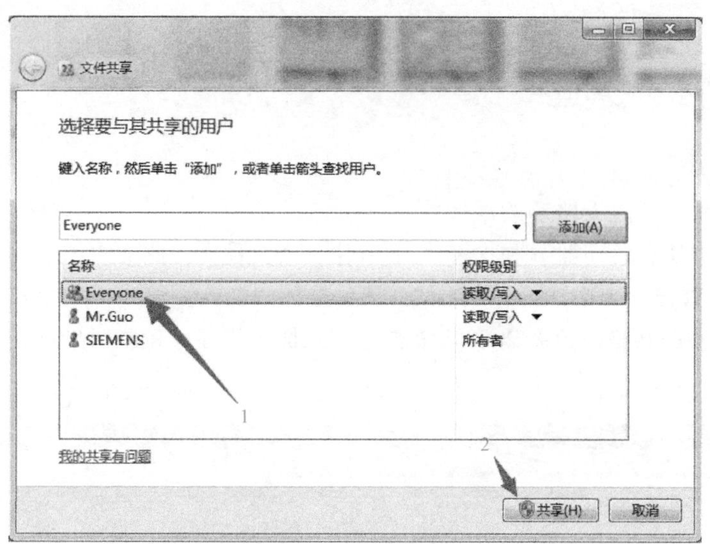

图 10-3　设置共享文件夹

5）设置计算机的 IP 地址。单击→“控制面板”→“网络和 Internet”→“网络和共享中心”→“更改适配器设置”，右击“本地连接”，在弹出菜单中单击“属性”，在“本地连接 属性”对话框下双击“Internet 协议版本 4（TCP/IPv4）”，然后在“Internet 协议版本 4（TCP/IPv4）属性”对话框下选择“使用下面的 IP 地址”，在 IP 地址栏中输入“192.168.2.2”、子网掩码栏中输入“255.255.255.0”，单击“确定”按钮，如图 10-4 所示。

6）在计算机上新建一个 Windows 账户，用户名为“SIEMENS”，密码为“SUNRISE”。单击“控制面板”，在弹出界面中将“查看方式”选为“大图标”。然后单击“用户账户”，在弹出界面右上角“搜索控制”栏搜索“用户”，然后在弹出界面选择“创建账户”，在“新账户名”中输入“SIEMENS”，然后单击“创建账户”按钮创建账户。单击→“创建密码”，在弹出界面中将密码设为“SUNRISE”，如图 10-5 所示。

7）创建完成后退出当前账户，登录到 SIEMENS 账户。

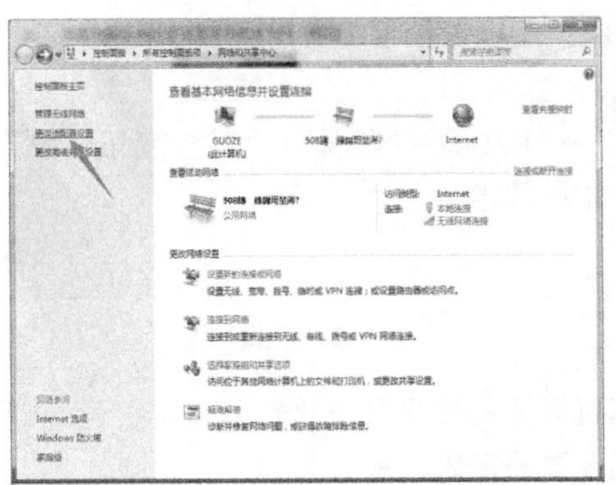

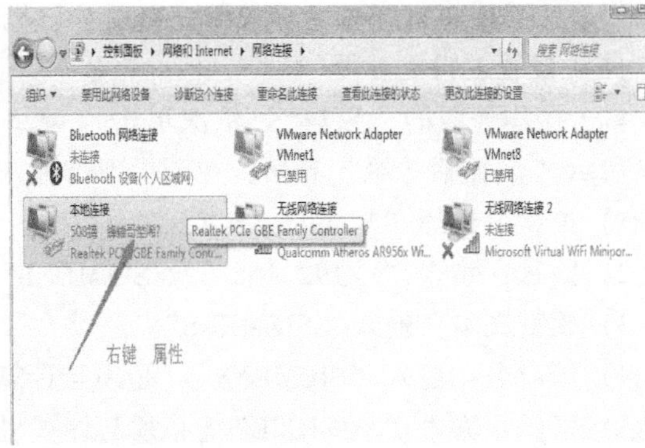

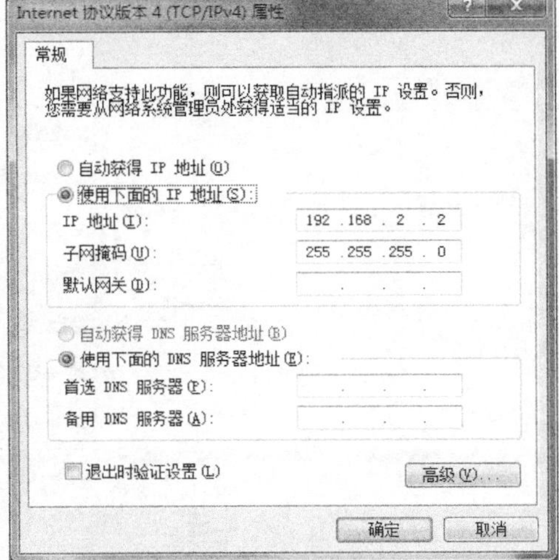

图 10-4　设置计算机 IP 地址

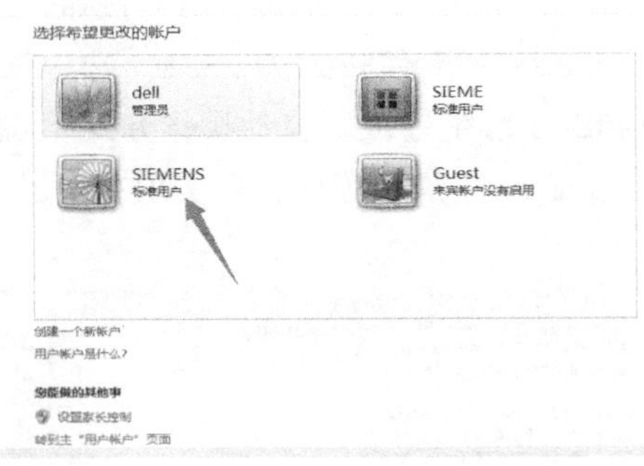

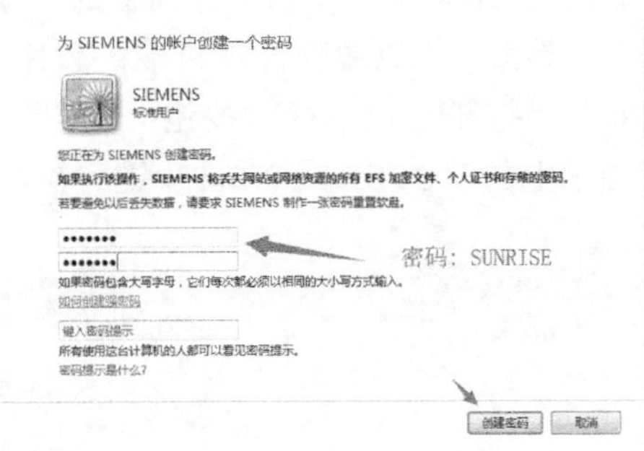

图 10-5　新建标准用户账户

2. SINUMERIK 840D sl 系统端设置

(1) 分配 X130 网口网址

单击操作面板的“菜单”，依次单击“诊断”→“>”→“TCP/IP 总线”→“TCP/IP 诊断”→“TCP/IP 配置”→“更改”按钮，出现如图 10-6 所示“TCP/IP 配置”界面，输入 IP 地址为“192.168.2.1”、子网掩码为“255.255.255.0”，最后单击“确认”按钮。完成上述操作后，必须将机床总电源关闭，重新开启机床，才可以正常工作。

（2）设置逻辑驱动器

单击操作面板的“菜单”，依次单击“调试”→“HMI”→“逻辑驱动器”按钮，弹出图10-7所示“设置驱动器”界面，在图中下部输入相应的内容。

1）类型：选择“Windows NW”。

2）路径：输入“//192. 168. 2. 2/SIEMENS”。

3）软键文本：输入“SIEMENS”。

4）用户名：输入“SIEMENS”（必须与计算机设置的用户名一致）。

5）密码：输入“SUNRISE”（必须与计算机设置的密码一致）。

然后，单击“确认”按钮，会在屏幕左下角出现“驱动器已激活”标识，表示系统端已经设置成功。

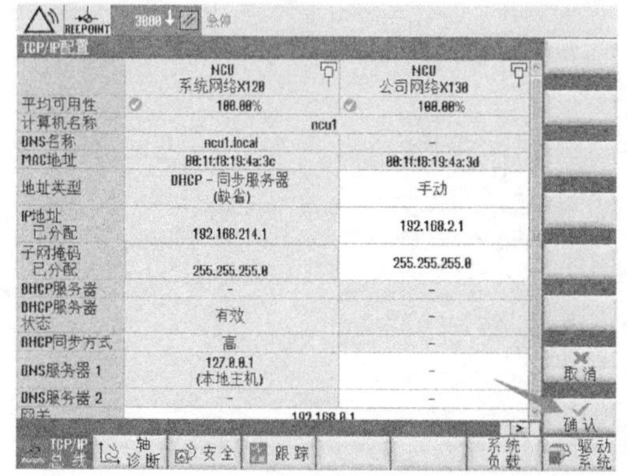

图 10-6　TCP/IP 配置

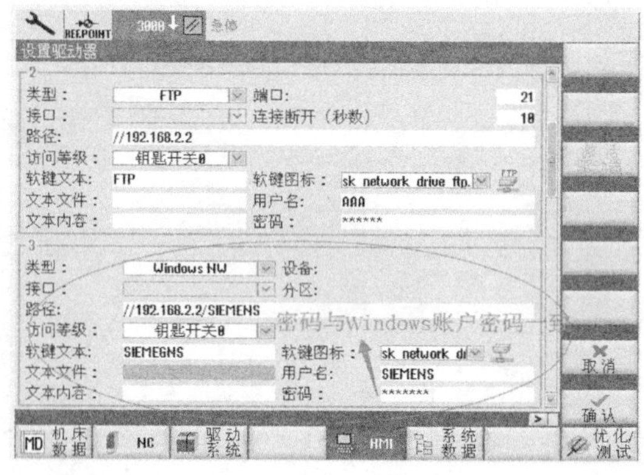

图 10-7　设置逻辑驱动器

3. 程序传输验证

完成以上设置后，网线一端插入计算机，另一端连接到 SINUMERIK 840D sl 系统端 NCU 板的 X130 网口。单击操作面板的“菜单”，单击“程序”→“SIEMENS”按钮，弹出图10-8所示界面，可以看到计算机端的程序“Test program”文件格式为 . SPF。选中该文件，依次单击“打开”→“执行”按钮，SINUMERIK 840D sl 系统进入“自动操作方式”，然后按 MCP 面板上的“CYCLE START”键，执行“Test program”加工程序，可实现在线加工。

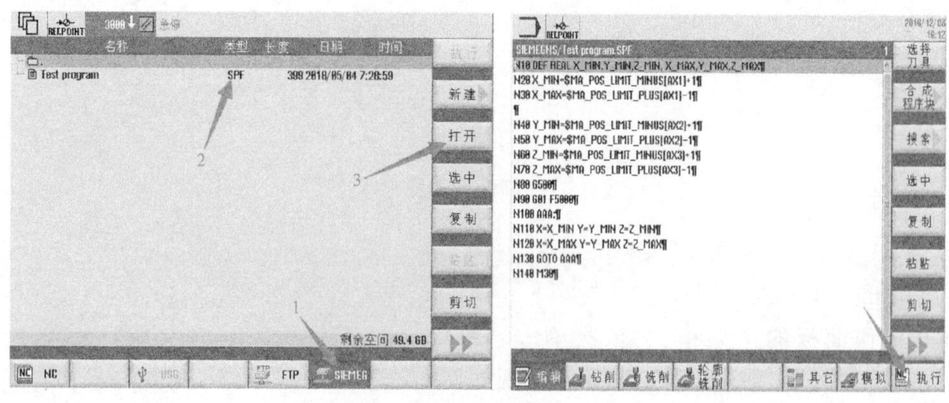

图 10-8　访问服务器实现在线加工

设置网络驱动盘经验分享：

1）分配 X130 网口 IP 地址时，必须和计算机为同一网段。设置 IP 地址时，应避开 192.168.215.X（X127 网口已占用）和 192.168.214.X（PROFINET 已占用）；

2）设置 X130 网址和逻辑驱动器前，需输入制造商级口令“SUNRISE”；

3）设置完 X130 网址和逻辑驱动器后，机床必须大断电（大断电指 NC 和驱动器等一切与系统有关的设备均断电），否则 X130 网口分配不成功。

10.2 设置 FTP 功能

FTP（File Transfer Protocol）即文件传输协议，是一个应用于网络传输的标准协议，用户通过一个客户机程序连接至远程计算机上运行的服务器程序。SINUMERIK 840D sl 系统的 FTP 功能支持通过互联网访问远程 FTP 服务器上的资源文件，例如，可进行 NC 加工程序的复制、粘贴、删除等操作，但不支持执行 FTP 服务器上的程序。

1. 网口配置

FTP 功能也要使用 X130 网口，所以首先要配置 X130 网口网址并且修改计算机（此时的计算机视为 FTP 服务器）端 TCP/IPv4 地址，前面已经介绍，这里不再赘述。

2. 搭建 FTP 服务器

可使用 Windows 自带的 FTP 服务，但 Windows 自带的 FTP 服务有时可能与西门子系统不兼容，导致不能正常工作。推荐使用 FileZilla-Server 软件作为 FTP 服务器软件。

（1）创建用户

打开 FileZilla-Server 软件，单击“Edit”→“User”→“Page”→“General”，单击右侧“Add”按钮，在弹出的界面输入用户名，如“AAA”，单击“OK”按钮。然后在弹出界面勾选“Password”，输入密码“123456”，然后单击“OK”按钮，如图 10-9 所示。

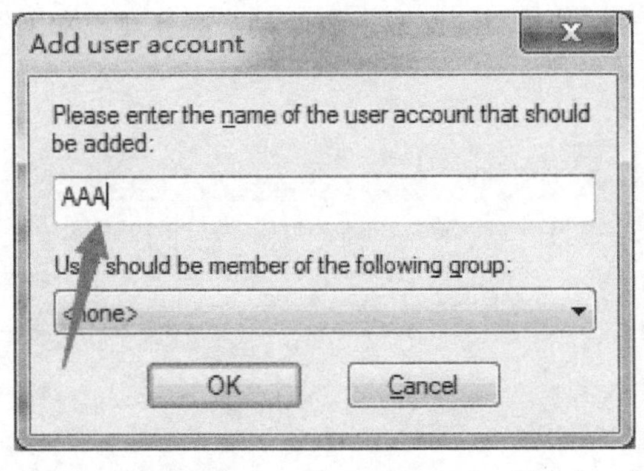

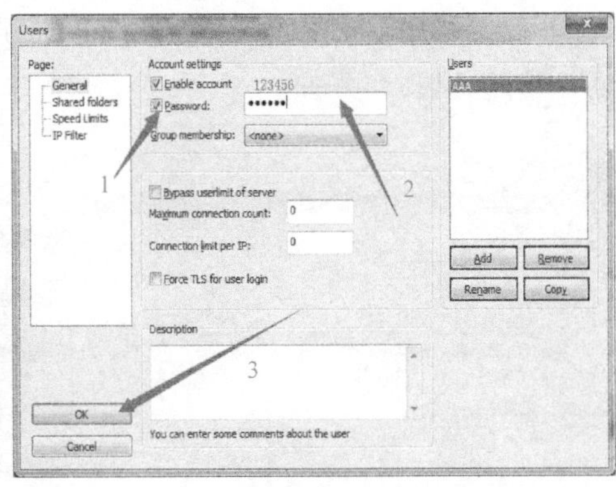

图 10-9　创建用户

（2）添加 FTP 访问文件夹

在 FileZilla-Server 软件“Users”界面单击“Page”→“Shared folders”，然后单击“Add”按钮，从计算机中选择一个英文名称的文件夹，如 D 盘的“SIEMENS”文件夹。在“Files”中勾选用“Read”“Write”“Delete”“Append”，然后单击“Set as home dir”按钮，再单击

“OK”按钮，如图 10-10 所示。

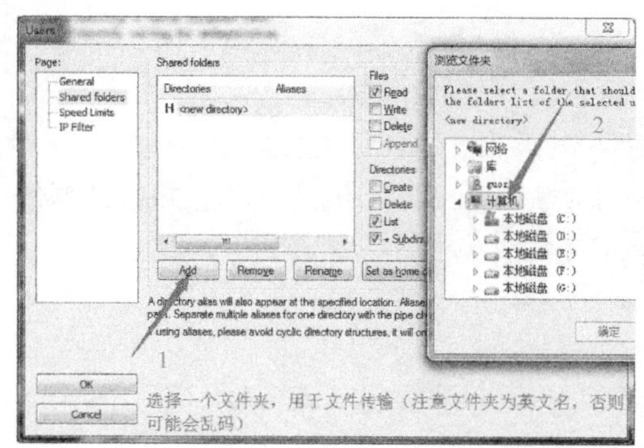

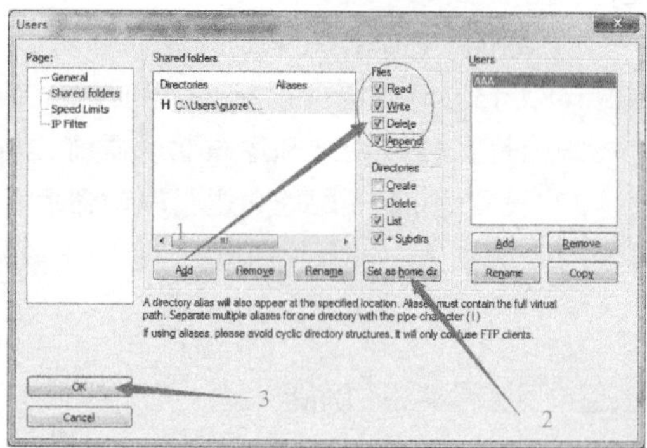

图 10-10　创建文件夹

3. 设置逻辑驱动器

设置 FTP 逻辑驱动器与设置网盘逻辑驱动器类似，单击操作面板的“菜单”，单击“调试”→“HMI”→“逻辑驱动器”按钮，弹出图 10-11 所示“设置驱动器”界面，在界面中下部输入相应的内容：

1）类型：选择“FTP”。

2）路径：输入“192.168.2.2”。

3）软键文本：输入“FTP”。

4）用户名：输入“AAA”（必须与计算机设置的用户名一致）。

5）密码：输入“123456”（必须与计算机设置的密码一致）。

然后，单击“确认”按钮，屏幕左下角会出现“驱动器已激活”标识，表示系统端已经设置成功。

4. 连接 FTP 服务器

完成设置后，机床访问 FTP 服务器上创建的文件夹内的文件。单击操作面板的“菜单”，单击“程序”→“FTP”，登录 FTP 服务器，如果系统配置正确且 FTP 服务器正常工作，将弹出图 10-12 所示界面。

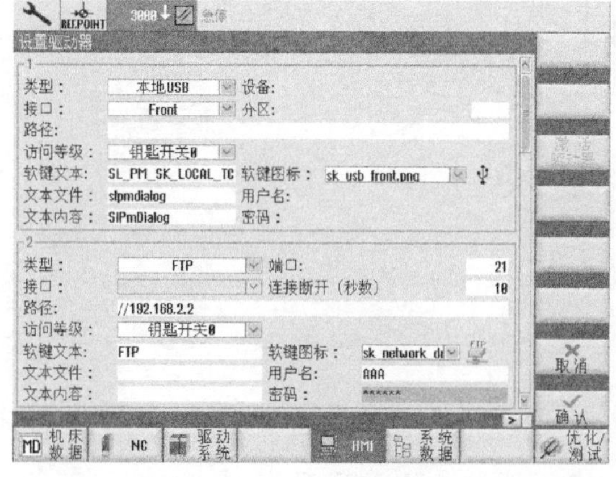

图 10-11　设置逻辑驱动器

图 10-12　机床访问 FTP 服务器文件

设置 FTP 功能经验分享：

1）创建用户名时需使用英文字母，不能使用中文；

2）使用 FTP 功能时，服务器端防火墙不能屏蔽访问 SINUMERIK 840D sl 系统。

3）FTP 功能与网络驱动盘的区别是，网络驱动盘支持的是局域网内的资源共享，而 FTP 功能则支持 SINUMERIK 840D sl 系统通过互联网访问远程 FTP 服务器上的加工程序资源。

10.3 机床联网

通过机床联网可实现由一台计算机与多台数控机床进行通信，从而大大减轻调试人员以及数控编程人员的工作量。同时，可以对机床进行远程诊断，使人员能及时了解每台机床的工作状态。下面以两台安装 SINUMERIK 840D sl 系统的机床为例介绍如何进行机床联网。

1. 准备工作

1）取两根 RJ-45 网线，分别插入两台机床 NCU 板的 X130 网口。

2）取无线路由器一个，将两根网线的另一头插入路由器 LAN 口，如图 10-13 所示。

3）IP 地址分配，无线路由器 IP 地址为 192. 168. 1. 1；机床一的 IP 地址为 192. 168. 1. 2；机床二的 IP 地址为 192. 168. 1. 3。

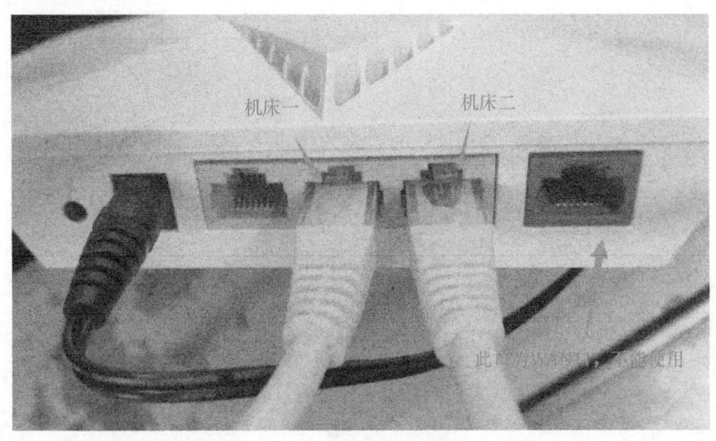

图 10-13 无线路由器网线连接

2. 网址配置

（1）计算机端网址配置

计算机端网址配置前面已经讲过，这里不再赘述。需要注意的是，这里的计算机与路由器通过无线连接，所以要修改无线连接的 IP 地址为 192. 168. 1. 1，如图 10-14 所示。

（2）SINUMERIK 840D sl 系统端网址设置

SINUMERIK 840D sl 系统端仅需要分配 X130 网口 IP 地址。关于如何配置 X130 地址前面也已经讲过，这里不再赘述。

3. 通过 Access MyMachine 软件验证两台机床联网

1）打开 Access MyMachine 软件，单击 图标，如图 10-15 所示。

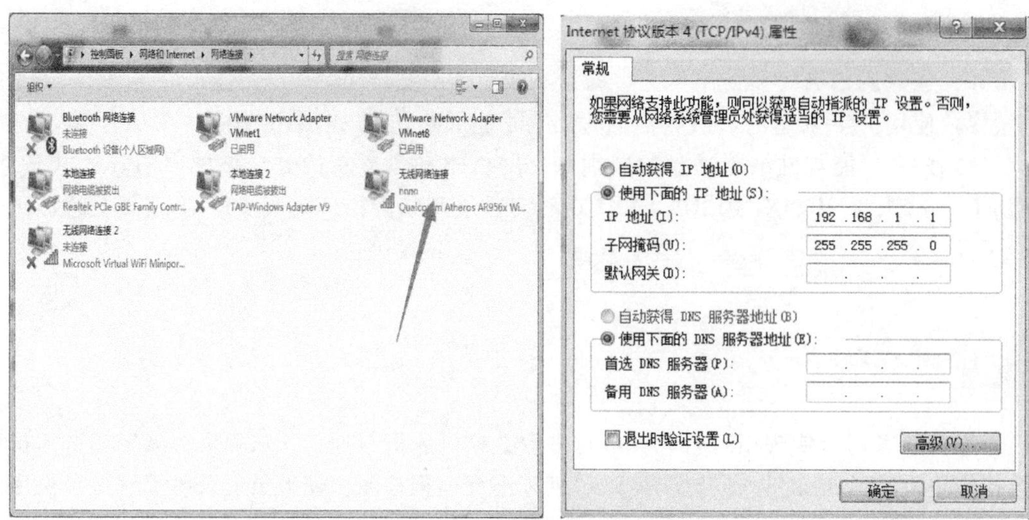

图 10-14　无线网络连接 IP 设定

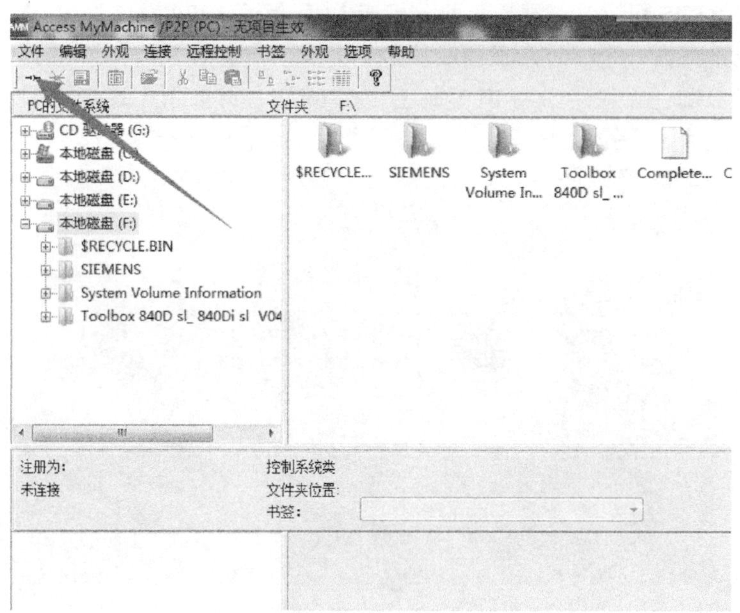

图 10-15　单击连接图标

2）添加机床一和机床二。单击“网络连接”→“新建”，如图 10-16 所示，编辑信息，分别添加两个机床的“IP/主机名称”，机床一的“IP/主机名称”为 192.168.1.2，机床二的“IP/主机名称”为 192.168.1.3，同时设置密码为“SUNRISE”。

3）连接机床一。查看机床一“system”文件夹下的系统文件，如图 10-17a 所示，单击“网络连接”下的“840D sl 1@192.168.1.2::22”，然后单击“连接”按钮，连接成功后，如图 10-17b 所示。

4）断开当前机床一的连接，连接机床二。单击“远程控制”查看机床二的轴机床数据，如图 10-18 所示。

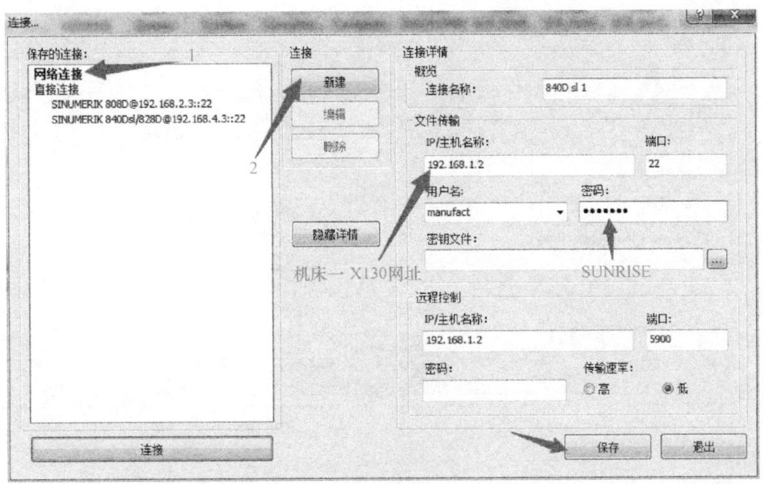

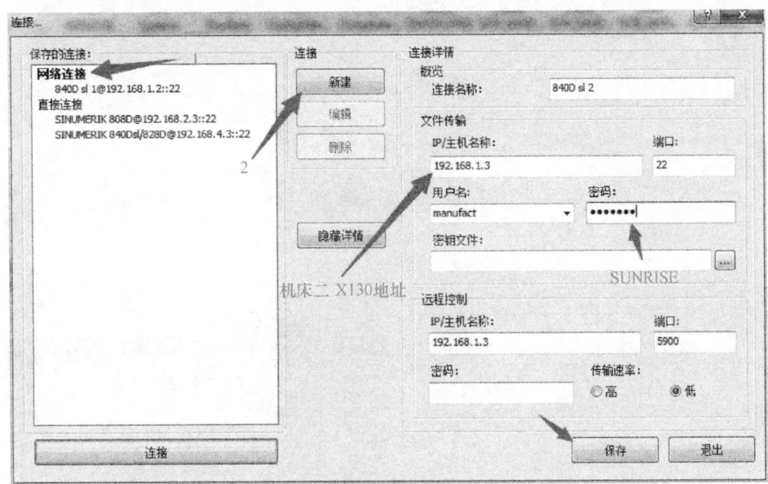

图 10-16 Access MyMachine 添加机床

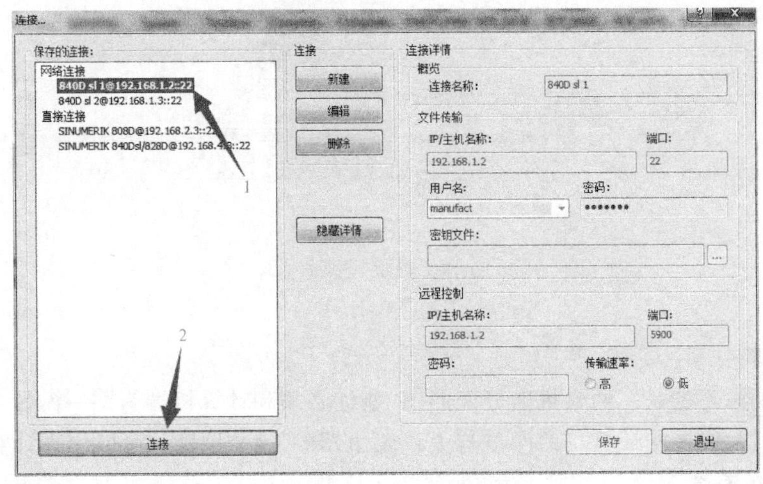

a)

图 10-17 机床一连接

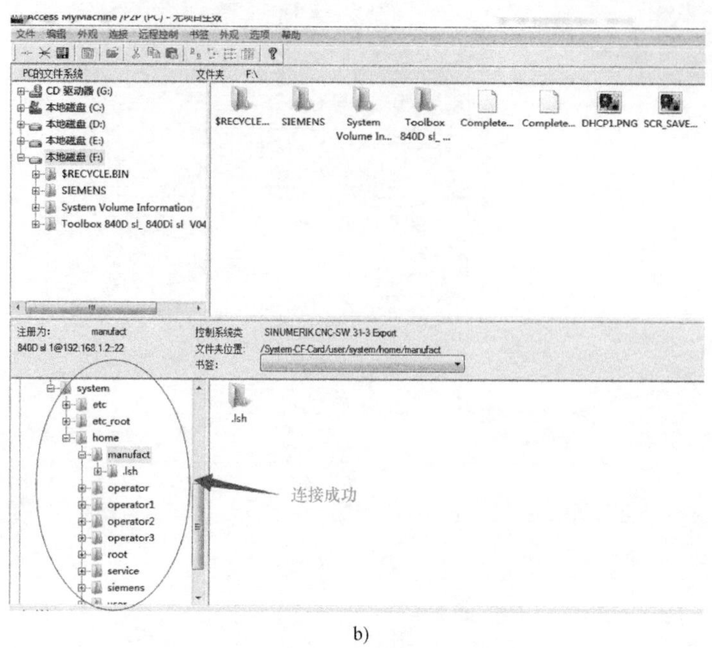

b)

图 10-17 机床一连接（续）

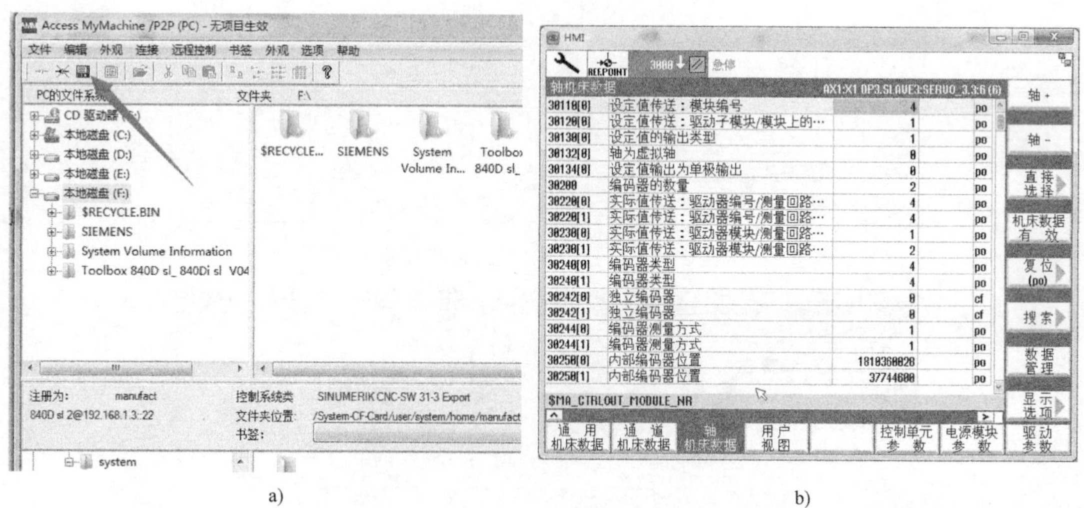

a) b)

图 10-18 机床二远程监控

机床联网经验分享：

1）需要注意的是，两台机床分配的 IP 地址必须和计算机端为同一网段；

2）通过网线连接计算机的网口与无线路由器的 LAN 接口，可以实现计算机与机床一和机床二的有线连接。

[思考练习]

1. 简述设置网络驱动盘时计算机端设置的步骤。
2. 简述设置网络驱动盘时 SINUMERIK 840D sl 系统端设置的步骤。
3. 简述设置网络驱动盘时的注意事项。
4. 简述 FTP 功能与网络驱动盘的区别。
5. 简述 FTP 服务器软件的操作步骤。
6. 简述两台机床通过无线路由器的联网步骤。
7. 简述两台机床通过无线路由器联网时的注意事项。
8. 简述 Access MyMachine 软件“远程控制”功能的使用方法。

参考文献

[1] 周兰，陈建坤，周树强，武坤．数控系统连接与调试（SINUMERIK 828D）［M］．北京：机械工业出版社，2019.

[2] 昝华，杨铁峰．五轴数控系统加工编程与操作维护（基础篇）［M］．北京：机械工业出版社，2018.

[3] 黄家善，陈兴武．计算机数控系统［M］．2版．北京：机械工业出版社，2018.

[4] 吴国雄．数控系统连接、调试与维修［M］．北京：人民邮电出版社，2016.

[5] 黄风．数控系统现场调试实战手册［M］．北京：化学工业出版社，2016.

[6] 刘树青．数控系统PLC编程与实训教程（西门子）［M］．南京：东南大学出版社，2016.

[7] 龚仲华．数控系统连接与调试［M］．北京：高等教育出版社，2012.

[8] 张亚萍，顾军．数控系统的安装与调试［M］．上海：上海交通大学出版社，2012.

[9] 陈先锋．西门子数控系统故障诊断与电气调试［M］．北京：化学工业出版社，2012.